MIKROELEKTRONIK

Herausgegeben von
Walter Engl
Hans Friedrich
Hans Weinerth

Axel Kemper · Manfred Meyer

Entwurf von Semicustom-Schaltungen

Mit 84 Abbildungen

Springer-Verlag Berlin Heidelberg NewYork
London Paris Tokyo Hong Kong 1989

Dr.-Ing. Axel Kemper
VALVO UB
Bauelemente der Philips GmbH
Support Zentrum
Vogt-Kölln-Straße 30
2000 Hamburg 54

Dipl.-Ing. Manfred Meyer
VALVO UB
Bauelemente der Philips GmbH
Abt. DWE
Burchardstraße 19
2000 Hamburg 1

Herausgeber der Reihe:

Prof. Dr. rer. nat. Walter L. ENGL
Institut für Theoretische Elektrotechnik
RWTH Aachen
Kopernikusstraße 16
D-5100 Aachen

Dr.-Ing. Hans FRIEDRICH
Siemens AG, HL BA
Balanstraße 73
D-8000 München 80

Dr.-Ing. Hans WEINERTH
Valvo Unternehmensbereich Bauelemente
der Philips GmbH
Burchardstraße 19
D-2000 Hamburg 1

ISBN 3-540-51561-5 Springer-Verlag Berlin Heidelberg New York
ISBN 0-387-51561-5 Springer-Verlag New York Berlin Heidelberg

CIP-Titelaufnahme der Deutschen Bibliothek
Kemper, Axel:
Entwurf von Semicustom-Schaltungen / Axel Kemper; Manfred Meyer.
Berlin; Heidelberg; New York; London; Paris; Tokyo; Hong Kong: Springer, 1989
  (Mikroelektronik)
  ISBN 3-540-51561-5 (Berlin ...)
  ISBN 0-387-51561-5 (New York ...)
NE: Meyer, Manfred:

Druck: Color-Druck Dorfi GmbH, Berlin; Bindearbeiten: Lüderitz & Bauer, Berlin
2068/3020-543210 – Gedruckt auf säurefreiem Papier

Geleitwort der Herausgeber

Mikroelektronik entscheidet als Schlüsseltechnologie über den Fortschritt auf vielen Feldern moderner Technik und beeinflußt damit weite Bereiche von Produktion und Dienstleistung. Indem sie Informations- und Kommunikationstechnik, Automatisierungstechnik und Datenverarbeitungstechnik als Grundlage dient, ist sie gleichzeitig die Basis einer Informationsgesellschaft, in der neben Kapital und Arbeit die Verarbeitung von Daten eine zentrale Rolle einnimmt.

Angesichts der zentralen technischen und wirtschaftlichen Bedeutung der Mikroelektronik muß es vorrangiges Anliegen sein, die vorhandenen Kenntnisse und Fähigkeiten auf diesem Gebiet zu verbessern, weiterzuentwickeln und zu publizieren, um sie einem möglichst großen Kreis Interessierten zugänglich zu machen.

Diesem Ziel dient die Buchreihe »Mikroelektronik«. Die Herausgeber haben sich bemüht, für dieses umfassende Vorhaben ein für die deutsche Mikroelektroniklandschaft repräsentatives Autorenteam zu gewinnen, in dem Hochschulen, Forschungsinstitute und die Industrie gleichermaßen vertreten sind.

Die Reihe behandelt aktuell und praxisnah nahezu alle Aspekte der Mikroelektronik, wobei neben den Grundlagen sowohl Entwurf, Fertigung und Test Integrierter Schaltungen als auch Produkte und Anwendungen die Themenschwerpunkte sind. Jeder Band ist einem bestimmten Einzelthema der Mikroelektronik gewidmet, wobei Aspekte des Anwenders von Integrierten Schaltungen besonders berücksichtigt werden.

Walter Engl, Aachen
Hans Friedrich, München
Hans Weinerth, Hamburg

Vorwort

Wäre die Mikroelektronik nur eine Domäne hochspezialisierter
Halbleitertechnologen, beschränkt auf wenige Laboratorien,
so hätte sie wohl kaum eine "zweite industrielle Revolution"
bewirken können. Nicht prinzipielle Machbarkeit, sondern wirtschaftliche Vorteile und neue Lösungen in immer neuen Einsatz-
gebieten haben die Mikroelektronik zu einer Schlüsseltechnologie
werden lassen.

Man muß kein Experte für integrierte Schaltungen sein, um sich
dieser Basistechnologie für das Informationszeitalter bedienen
zu können. Fast alle Halbleiterhersteller bieten heute auch
für anwendungsspezifische Schaltungen (ASICs) leistungsfähige
Entwurfshilfen an, die ein hohes Maß an Benutzerfreundlichkeit
erlangt haben.

Das vorliegende Buch behandelt den Entwurf von Semicustom-
Schaltungen: PLDs, Gate Arrays und Standardzellen-ICs. Der
Diskussion der für ASICs verwendeten Technologien schließt sich
eine ausführliche Darstellung des Aufbaus sowie der typischen
Eigenschaften von Semicustom-Schaltungen an. Den Themen "CAD-
Werkzeuge" und "Testbarkeit" sind wegen ihrer Bedeutung eigene
Kapitel gewidmet. Zur Anwendung der dort gegebenen Informationen
wird der praktische Design-Ablauf an Hand zweier überschaubarer
Beispiele an einer Workstation demonstriert.

Unser Ziel war, dem Entwicklungsingenieur die für einen ASIC-
Entwurf wesentlichen Zusammenhänge aufzuzeigen, Anregungen und
weiterführende Hinweise zu geben sowie dem Studenten einen
Einstieg in das Thema zu ermöglichen. Wir waren deshalb um eine
systematische Gliederung des Stoffes, um Klarheit im Text und

Aussagekraft der Bilder bemüht. Jedes Kapitel wird zusätzlich
von einem umfangreichen Literaturverzeichnis begleitet.

Wir danken unseren Kolleginnen und Kollegen aus dem Valvo Design
Zentrum in Hamburg, die mit ihren langjährigen Erfahrungen viel
zu dem Buch beigetragen haben. Besonders die Unterstützung von
Herrn Wolgang Teich bei Fragen zur Technologie war uns eine
große Hilfe. Unser Dank gilt Herrn Direktor Dr. Hans Weinerth
für seine Förderung als Herausgeber und den Mitarbeitern des
Springer-Verlages für die vorbildliche Betreuung und die sorgfältige Produktion.

Hamburg, im Oktober 1989   Axel Kemper, Manfred Meyer

Inhaltsverzeichnis

1 Anwendungsspezifische integrierte Schaltungen (ASICs)

Die Erfindung der integrierten Schaltung vor 30 Jahren legte den Grundstein zur Mikroelektronik. Sie stellt aus heutiger Sicht eine Basisinnovation dar, die den Lebensstil des Einzelnen und sein Zusammenleben in der Gesellschaft wesentlich verändert hat und auch in Zukunft stark beeinflussen wird.

Integration bedeutete höhere Packungsdichte, Zuverlässigkeit und Geschwindigkeit und damit ein völlig neues Kosten/Nutzen-Verhältnis pro Funktion. Die Geräteindustrie stand nicht mehr unter dem Zwang, Lösungen mit möglichst wenig aktiven Bauelementen anzustreben, sondern konnte durch den Einsatz integrierter Schaltkreise technisch aufwendigere Produkte entwickeln. Noch weit wichtiger aber war, daß neue Konzepte verwirklicht werden konnten, die vorher gar nicht denkbar waren. Als Beispiele seien der Ersatz der Ferritkernspeicher durch Halbleiterspeicher, die Entwicklung der Mikroprozessortechnik sowie der allgemeine Übergang von der Analogtechnik zur Digitaltechnik in vielen Bereichen genannt (Fernsprecher, Filter, Übertragungstechnik, usw.). Insbesondere mit der Einführung der MOS-Technologien um 1970 konnte die Mikroelektronik in immer neue Anwendungsfelder eindringen (Elektronisch gesteuerte Werkzeugmaschinen, Industrie-Roboter, Geräte der Meß-, Steuer- und Regelungstechnik, Taschenrechner, Personal-Computer, Compact Disk, digitale Fernsehgeräte, usw.) [1.1].

Aus ersten Anfängen ist eine leistungsfähige Halbleiterindustrie erwachsen, deren ständiges Bemühen um kleinere Strukturen in Wechselwirkung steht mit dem Wunsch der Anwender nach Integra-

tion immer komplexerer Systeme. Starke Impulse gehen hierbei
besonders von der Datentechnik und der Telekommunikation aus.
Die Integrationsdichte erreicht heute etwa 10^6 Transistoren
pro Chip, bei Speichern liegt sie um fast eine Zehnerpotenz
höher. Sie wächst, wie Gordon Moore bereits 1975 festgestellt
hat, alle zwei bis drei Jahre um den Faktor zwei.

Die ständig wachsende Komplexität ermöglicht zunehmend die Integration ganzer Systeme auf einem Chip. Dadurch aber wird die
allgemeine Verwendbarkeit eingeschränkt, denn ein solches System
ist oft nur für eine Anwendung geeignet, bestenfalls für einige
wenige. Bei Einbindung von Mikroprozessoren und -controllern
kann der Anwendungsbereich durch Software graduell erweitert
werden (z.B. Btx-Dekoder, Heizungsregler). Grundsätzlich aber
ist festzustellen, daß sich mit zunehmender Hochintegration der
Übergang von der Standardschaltung zur anwendungsspezifischen
Schaltung fast automatisch vollzieht. Damit verbunden sind meist
relativ kleine Stückzahlen, so daß ein solches Produkt nur dann
wirtschaftlich sein kann, wenn CAD-Werkzeuge zur Verfügung
stehen, die einen möglichst fehlerfreien Entwurf in möglichst
kurzer Zeit durchzuführen gestatten.

Integrierte Schaltungen geringerer Komplexität können von der
Funktion her ebenfalls so gestaltet sein, daß sie nur für je-
weils eine Anwendung geeignet sind. Die Anforderungen an die
Design-Werkzeuge bleiben davon unberührt.

Anwendungsspezifische Schaltungen haben sich zu einem eigen-
ständigen Produktbereich entwickelt. Als zusammenfassende
Bezeichnung für die unterschiedlichen Varianten hat sich der
Begriff "ASIC" durchgesetzt, abgeleitet aus Application Specific
Integrated Circuit. Dabei stellen die sogenannten "Semicustom"-
Schaltungen eine ASIC-Untergruppe dar. Über Aufbau, Auswahl und
Design dieser Schaltungen wird in den nachfolgenden Kapiteln
berichtet.

1.1 Einordnung der Semicustom-Schaltungen

Die Einordnung in die Welt der monolithisch integrierten Schaltungen geschieht in der Fachliteratur nicht ganz einheitlich, da in den verschiedenen Veröffentlichungen jeweils andere Gesichtspunkte im Vordergrund stehen.

Der Vorschlag in Bild 1.1 unterteilt die Gesamtheit der integrierten Schaltungen in ASICs und Standardbauelemente. Dabei werden als Standardbauelemente diejenigen Schaltungen bezeichnet, die vom Halbleiterhersteller nach den Erfordernissen des Marktes entwickelt werden und für eine breite Anwendung gedacht sind. Sie sind in Datenblättern ausführlich dokumentiert und in der Regel bei mehreren Herstellern im Programm. In diesem Sinne gehören auch Mikroprozessoren und RAM-Bausteine dazu, ebenso wie Mikrocontroller und ROMs als maskenprogrammierbare Bauelemente. Die Funktionsmöglichkeiten dieser Bausteine sind fest vorgegeben. Deren Abruf, d.h. die Bestimmung der Abfolge der möglichen Operationen geschieht dagegen durch das Anwenderprogramm.

Anwendungsspezifische ICs (ASICs) entstehen auf Grund der Anforderungen einer bestimmten Anwendung oder eines Anwendungsbereiches. Hierzu gehören auf der einen Seite die sogenannten

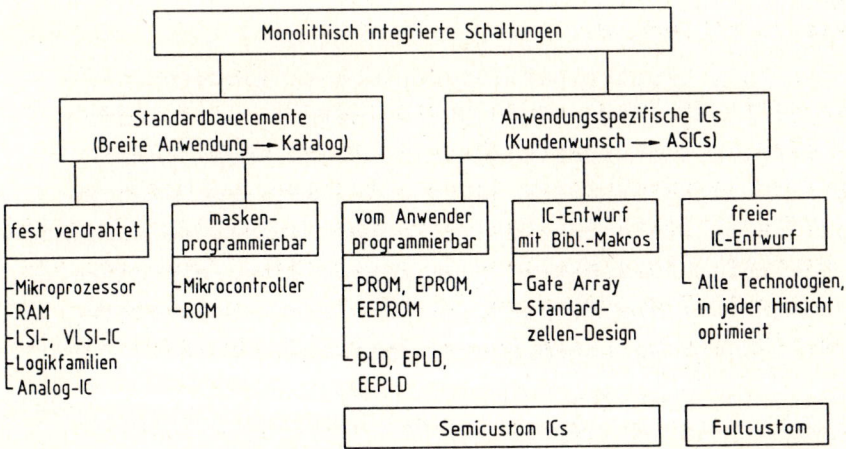

Bild 1.1. Einordnung monolithisch integrierter Schaltungen

"Fullcustom"-Schaltungen, auf der anderen PLDs, Gate Arrays und Standardzellen-ICs. Die letzten drei Varianten bezeichnet man auch als Semicustom-Schaltungen.

In der Vergangenheit waren ASICs in erster Linie Fullcustom-Schaltungen. Die Entwicklung solcher ICs erfolgt auf Transistor-Ebene, d.h. jeder einzelne Transistor wird seiner Aufgabe entsprechend konstruiert. Das Ergebnis ist eine hinsichtlich Eigenschaften und Chipfläche optimierte Schaltung, bei der niedrige Fertigungskosten oberstes Gebot sind. Kam früher vorzugsweise eine bipolare Technologie zum Einsatz, einschließlich I^2L-Technik für digitale Schaltkreise, so gewinnen heute auch hier die MOS-Technologien zunehmend an Bedeutung [1.2].

Ein Fullcustom-Design setzt tiefgehende Kenntnisse der verwendeten Technologie voraus, z.B. Kenntnisse über erlaubte Abstände, Breiten von Leiter- und Widerstandsbahnen, Transistor-Konfigurationen, usw. Die Entwicklung ist deshalb meist Sache des Halbleiterherstellers, wobei aber eine enge Zusammenarbeit mit dem Auftraggeber Grundvoraussetzung für den Erfolg ist. Der Entwurfsaufwand beträgt je nach Aufgabenstellung nicht selten einige Mannjahre. Die Kosten sind entsprechend hoch, so daß dieser Weg zum anwendungsspezifischen IC in der Regel Projekten mit hohem Stückzahlbedarf vorbehalten bleibt (Telekommunikation, Automobil-Elektronik, usw.).

Stehen Design-Zeit, -Kosten und -Sicherheit im Vordergrund, bietet sich der Einsatz von Semicustom-Schaltungen an, entweder als programmierbare Logikschaltung (PLD), Gate Array oder Standardzellen-Design. Grundlage aller drei Wege zum ASIC ist ein gewisses Maß an Standardisierung. Hierdurch ist es möglich, benutzerfreundliche CAD/CAE-Werkzeuge zu schaffen, die einen IC-Entwurf ohne besondere technologiespezifische Halbleiterkenntnisse und ohne Computer-Systemkenntnisse erlauben.

Für das Standardzellen-Design stellt der Halbleiterhersteller eine ausgetestete Makro-Bibliothek zur Verfügung. Die darin enthaltenen Basismakros (Gatter, Flipflops, usw.) haben eine

einheitliche (standardisierte) geometrische Höhe und sind jedes
für sich flächenoptimiert. Sie werden auf dem Chip durch ein
entsprechendes Layout-Programm ohne Lücke in Reihen angeordnet.
In eine solche Struktur lassen sich auch Blöcke mit abweichenden
Abmessungen einbinden, zum Beispiel RAMs, ROMs, Mikroprozessor-
kerne und auch analoge Bausteine. Ein Standardzellen-Design
bietet also noch ein hohes Maß an Entwurfsfreiheit, erfordert
dafür aber Masken (zehn oder mehr) für sämtliche Fertigungsschritte. Die CAE-Werkzeuge sind heute so beschaffen, daß die
Design-Arbeiten, zumindest bis zur Simulation, vom Systemingenieur auf einer Workstation selbst durchgeführt werden
können.

Der Entwurf eines Gate Arrays geht von vorgefertigten Wafern
aus. Auf jedem einzelnen Chip sind matrixförmig eine bestimmte
Anzahl Zellen angeordnet. Bei den überwiegend eingesetzten CMOS
Gate Arrays enthält jede Zelle je nach Typ zwei oder vier p-
und n-Kanal-Transistoren. Aus den räumlich festliegenden Zellen
bildet das Layout-Programm die in der Schaltung verwendeten
Basismakros und verdrahtet sie, anwendungsspezifisch variabel,
gemäß Netzwerkliste. Die Basismakros sind auch hier vom Halbleiterhersteller ausgetestet und in einer Bibliothek abgelegt.
Wegen der festliegenden Zellen können sie jedoch nicht flächenoptimiert sein. In der Regel ist ein Gate Array auch nicht
geeignet, Analogblöcke oder Blöcke mit Mikroprozessoren, RAMs
oder ROMs aufzunehmen.

Programmierbare Logikbausteine (PLDs) sind am weitesten vor-
gefertigt. Alle Ein- und Ausgangsschaltungen, Gatter und Flipflops sind als Hardware auf dem Chip bereits vorhanden. Sie sind
auch schon miteinander verdrahtet, allerdings jeder Ausgang mit
jedem Eingang. Um daraus eine sinnvolle Funktion zu machen,
müssen bestimmte Leitungszüge durch Programmierung aufgetrennt
werden. Die Entwursfreiheit ist hier natürlich am stärksten
eingeschränkt. Dafür aber benötigt man kein Layout und somit
keinen Zeitaufwand für die Herstellung von Masken.

Allen drei geschilderten Wegen ist gemeinsam, daß der Anwender

die Funktion jeder Teilschaltung und die der Gesamtschaltung
erst in einer Design-Phase selbst bestimmt. Hierfür sind benutzerfreundliche Software-Pakete erhältlich, von denen die
meisten auch für den Einsatz auf einer Workstation gut geeignet
sind.

Obgleich Semicustom-Schaltungen eine Untergruppe darstellen,
werden sie in der Fachliteratur oft mit dem Oberbegriff "ASIC"
gleichgesetzt. Aus Sicht des Anwenders ist dies verständlich,
da ihm der unmittelbare Kontakt zu den Entwicklungsarbeiten an
einem Fullcustom-IC im Labor des Halbleiterherstellers fehlt.
Eine gewisse Berechtigung liegt auch darin, daß mit weiter
wachsender Leistungsfähigkeit der CAD-Programme (z.B. Logik-
Compiler) die Grenze zwischen Fullcustom- und Semicustom-
Entwürfen verschwimmt.

Abweichend von Bild 1.1 findet man in der Literatur auch Ein-
ordnungen, nach denen Standardzellen-ICs zu den Fullcustom-
Schaltungen zählen. Hierbei steht die Tatsache im Vordergrund
der Betrachtung, daß ein Standardzellen-Design nicht auf vorgefertigte Wafer zurückgreift. Gelegentlich wird die Art der
Programmierung als Kriterium genommen und zwischen dem Aufdampfen von Leiterbahnen und dem Unterbrechen (Schmelzen)
bereits vorhandener Bahnen unterschieden. Schließlich gibt es
auch Vorschläge, die PLDs gar nicht zu den ASICs, sondern zu
den Standardbauelementen rechnen. Meist geschieht dies aus
Sicht der Halbleiterhersteller.

Es fehlt bisher eine allgemein verbindliche Definition. Aus
Sicht des Anwenders stößt jedoch die Einordnung der Semicustom-
Schaltungen nach Bild 1.1 wegen der Gemeinsamkeiten im Design-
ablauf inzwischen auf breite Akzeptanz.

1.2 Wirtschaftlichkeit

Die Entscheidung für den Einsatz von ASICs überhaupt bzw. für
die Entwicklung eines PLDs, Gate Arrays oder Standardzellen-ICs

hängt von einer Reihe Faktoren ab, die in der Regel bei jedem Projekt eine andere Gewichtung erfahren. Im Ergebnis soll der eingeschlagene Weg entweder zu geringeren Kosten des Gesamtsystems führen oder zu innovativen Produkten, die ohne ASICs nicht möglich wären. Die bestimmenden Faktoren bei der Entscheidungsfindung sind:

Design-Zeit

Die mit integrierten Schaltungen aufgebauten neuen Produkte sollen die Wettbewerbsfähigkeit eines Unternehmens erhalten oder wiederherstellen. Dabei ist der Fall nicht selten, daß trotz hervorragender technischer Eigenschaften oder innovativer Merkmale der Erfolg vom Zeitpunkt der Markteinführung abhängt. Die Entwicklungszeit stellt dann bei der Konzeptfindung des neuen Systems einen übergeordneten Gesichtspunkt dar.

Semicustom-Schaltungen benötigen nur eine relativ kurze Design-Zeit und erfüllen somit die Forderung nach schneller Realisierung neuer hochintegrierter Schaltungen. PLDs erhalten in einem Programmiergerät vor Ort die gewünschte Funktion und stehen daher in kürzester Zeit zur Verfügung. Entsprechend dem Aufwand in der Fertigung folgen mit Abstand Gate Arrays (drei bis sechs Wochen) und danach Standardzellen-ICs (fünf bis zehn Wochen). Es kann sinnvoll sein, ein neues System zur schnellen Markteinführung zunächst mit PLDs oder einem Gate Array aufzubauen und erst später auf die optimale Lösung überzugehen. Besonders der Übergang vom Gate Array zum Standardzellen-Design bereitet keine nennenswerten Schwierigkeiten, wenn die Makro-Bibliotheken kompatibel sind.

Systemkosten

Das Ergebnis einer Kostenanalyse der verschiedenen Wege zur Hochintegration wird weitgehend von der Komplexität und vom Stückzahlbedarf bestimmt. Bei einem Vergleich gegenüber einer Lösung mit Standardbauelementen spielen außerdem folgende Faktoren eine Rolle:

- Reduzierung der Leiterplattenkosten, z.B. durch den kleineren

Flächenbedarf, evtl. Ersatz von Multilayer- durch doppelsei-
tige Karten.
- Verringerung der Baupruppenzahl, dadurch Einsparung an Ver-
drahtung, Steckverbindungen und Halterungsteilen bei Ein-
schubsystemen.
- Einsparung im Netzteil durch geringere Leistungsaufnahme
integrierter CMOS-Schaltungen.
- Verringerung der Bestückungs- und Montagekosten durch weniger
Bauelemente. Weniger Nacharbeit durch Fehlbestückung.
- Geringerer Zeitaufwand für Test und Fehlersuche.
- Erhöhung der Systemzuverlässigkeit, daher weniger Kosten im
Service.
- Verringerung der Logistik-Kosten durch weniger Bauelemente
beim Einkauf, Wareneingangstest und im Lager.

Die Erfahrung zeigt, daß bei Beachtung vorstehender Gesichtspunkte die Kostenvorteile einer Semicustom-Lösung gegenüber
einem Ansatz mit Standardbauelementen bei 10 bis 40 % liegen.

CAD/CAE-Werkzeuge

Der Entwurf eines ASICs erfordert mit Beginn der Schaltungs-
definition eine intensive Rechnerunterstützung. Anfangs standen
hierfür nur CAD-Programme für Großrechner zur Verfügung. Inzwischen ist die Entwicklung soweit fortgeschritten, daß ASIC-
Entwürfe überwiegend auf Workstations vom Systemingenieur selbst
durchgeführt werden. Als Hardware-Plattform kann hierbei auch
ein PC dienen, d.h. die Kosten bleiben überschaubar (Abschnitt
4.4).

Der Anwender kann die Aufgabenverteilung zwischen sich und dem
von ihm ausgewählten Halbleiterhersteller nach seinen Wünschen
frei gestalten. Die Grenzen sind: Übernahme der Design-Arbeiten
bis zum Layout durch den Anwender bzw. die Übergabe aller Ent-
wurfsarbeiten an den Halbleiterhersteller ("turn-key design").
Als zweckmäßig hat sich die Mitarbeit des Anwenders bis zur Simulation und Fehlersimulation des Schaltkreises herausgestellt
(Abschnitt 5.2.1).

Verlustleistung

Der Ruhestrom einer CMOS-Schaltung ist vernachlässigbar klein.
Die dynamische Verlustleistung steigt zwar linear mit der
Betriebsfrequenz an, bleibt aber im Vergleich zur diskreten
Lösung mit Bausteinen der CMOS-4000-Reihe bei gleicher Frequenz
um mindestens eine Größenordnung kleiner. Grund ist in erster
Linie der Wegfall der Puffer und deren kapazititve Belastung
an den Gehäuseanschlüssen. Beim Vergleich mit LSTTL-Bausteinen
ergibt sich eine noch wesentlich höhere Reduzierung.

Die Verringerung der Verlustleistung bringt Kostenvorteile für
das Gesamtsystem. Bei batteriegetriebenen Geräten ist sie ein
besonders wichtiger Gesichtspunkt, ebenso bei sehr eng aufgebauten Systemen, bei denen die Wärmeabfuhr ungünstig ist.

Volumen und Gewicht

Die Hochintegration in Form von ASICs bzw. Semicustom-ICs erlaubt den Aufbau volumenoptimierter Geräte. Ein einziges Gate
Array kann z.B. die Funktionen mehrerer Europakarten reprä-
sentieren, so daß sich außer dem kleinen Volumen auch ein sehr
geringes Gewicht ergibt. Beispiele für Systeme, bei denen
Volumen und Gewicht entscheidende Größen sind, finden sich in
allen Bereichen, besonders aber in der Raumfahrtindustrie, der
Foto- und Uhrentechnik, der Medizintechnik, in der Telekommunikation sowie bei allen tragbaren Geräten.

Zuverlässigkeit

Der Einsatz hochintegrierter Schaltungen verringert die Zahl
der Bauelemente im System um den Faktor F. Um etwa den gleichen
Faktor sinkt die Ausfallwahrscheinlichkeit, wie sich aus (6.1)
durch Einsatz der Näherung $k^n = 1 + n \cdot \ln(k)$ (Satz von Taylor)
ergibt. Außerdem sind im gleichen Maße weniger Verbindungsleitungen und weniger Lötstellen vorhanden, was die Zuverlässigkeit
noch einmal erhöht. Der MTBF-Wert (Mean Time Between Failure)
eines Gerätes steigt so leicht um mehr als eine Größenordnung.

Durch Erhöhung der Zuverlässigkeit können die Aufwendungen im
Service verringert werden. Außerdem ist der Aufbau von Systemen

möglich, die aus Sicherheitsgründen eine hohe Zuverlässigkeit aufweisen müssen. Dies gilt z.B. für lebenserhaltende Maschinen in der Medizin, für die Fahrzeugtechnik sowie die Luft- und Raumfahrtindustrie.

Nachbausicherheit
Ein hochintegrierter Schaltkreis ist innerhalb einer Zeit, in der ein Nachbau noch sinnvoll wäre, nicht kopierbar. Dies steht im Gegensatz zu Systemen, die mit Standardelementen aufgebaut sind, und stellt wegen des möglichen Wettbewerbsvorteils oft einen gewichtigen Gesichtspunkt bei der Entscheidung für die Entwicklung eines Gate Arrays oder Standardzellen-ICs dar.

Bei PLDs konnte man früher relativ leicht feststellen, welche Verbindungen geschmolzen und damit programmiert und welche intakt waren. Daraus ergab sich eindeutig die Funktion. Moderne PLD-Bausteine bieten die Möglichkeit, nach Abschluß der Programmierung eine spezielle Verbindung aufzuschmelzen ("last fuse"), wodurch die Programmierlogik von den Eingängen des Bausteins abgetrennt wird. Das mißbräuchliche Auslesen dieser Logik wird auf diese Weise verhindert (Abschnitt 3.1).

1.3 Anwendungsbereiche

Anwendungsspezifische Schaltungen dienen heute noch häufig der Substitution von Schaltungskonzepten, die vorher mit Standardbauelementen aufgebaut waren. Inzwischen können mit ASICs hochkomplexe Schaltungen realisiert werden. Außerdem weiten die Halbleiterhersteller das Angebot an komplexen Makros, wie Speicher, Mikrocontroller und analoge Komponenten, stark aus. Beides wirkt zunehmend als Triebfeder für die Entwicklung auch innovativer Produkte und läßt das ohnehin hohe Wachstum des ASIC-Anteils am Gesamtverbrauch integrierter Schaltungen weiter steigen.

Die Mikroelektronik beeinflußt in entscheidendem Maße die Produkte der sogenannten Fünfergruppe: Maschinenbau, Straßen-

fahrzeugbau, Elektrotechnik, Feinmechanik und Optik, Büro-
und Datentechnik. In der Bundesrepublik lag der Wert der dort
eingesetzten integrierten Schaltungen, bezogen auf den Gesamt-
umsatz der Gruppe mit knapp 600 Mrd. DM (etwas mehr als ein
Viertel des Bruttosozialprodukts), im Jahr 1988 bei 0,5 %,
d.h. etwas unter 3 Mrd. DM. Der ASIC-Anteil daran und dessen
Veränderung in der Zukunft ist in den einzelnen Marktsegmenten
sehr unterschiedlich. Die Situation innerhalb dreier Bereiche
soll hierüber einen Eindruck vermitteln [1.3].

Industrieelektronik
Der wertmäßige ASIC-Anteil ist hier kleiner als in anderen
Bereichen, wird aber nach Einschätzung der "Gesellschaft für
Mikroelektronik" (GME), einer gemeinsamen Fachgesellschaft
des VDE und VDI, bis zum Jahr 2000 auf über 50 % anwachsen.
Bild 1.2 macht dies deutlich. Gründe dafür werden hauptsächlich
sein: der Zwang zur Miniaturisierung, die Möglichkeit der Mit-

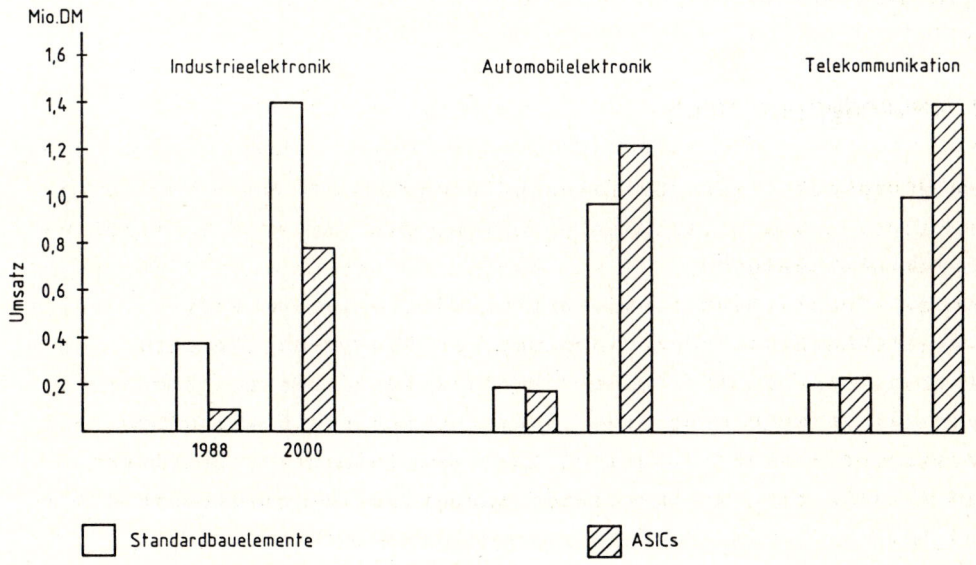

Bild 1.2. ASIC-Anteil in verschiedenen Marktsegmenten
(Quelle: GME)

integration analoger Komponenten, der Wunsch nach Wettbewerbs-
vorteilen durch Schutz vor Nachbau und das Ziel, Sensoren mit
der Abgleich- und Auswerteelektronik zusammen auf einem Chip zu
integrieren.

Produkte der Industrieelektronik sind gekennzeichnet durch eine
große Vielfalt und durch die sehr unterschiedlichen Anwendungs-
gebiete, in denen sie eingesetzt werden. Dadurch sind die Anforderungen an die zu entwerfenden ASICs sehr heterogen. Außerdem
werden Geräte und Systeme im Vergleich zu anderen Marktsektoren,
z.B. der Konsumelektronik, überwiegend in kleinen Serien hergestellt. Aufgrund dieser Strukturen sind auch die Stückzahlen
pro Schaltung vergleichsweise klein. Die Halbleiterhersteller
unternehmen deshalb Anstrengungen, um die Anpassung an diese
besondere Situation laufend zu verbessern.

Anwendungsspezifische Schaltungen in der Industrieelektronik
werden selten flächenoptimierte Fullcustom-ICs sein, sondern
vorzugsweise PLDs, Gate Arrays und Standardzellen-Entwürfe,
also Semicustom-Schaltungen. Die Optimierung der Design-Zeit
und -Kosten steht hier im Vordergrund, um die schnellen Verän-
derungen des Marktes aufzunehmen.

Die Umfeldbedingungen sind oft rauh und nicht sehr leicht zu
erfüllen. Man denke beispielsweise an die Elekronik im Bergbau,
im Kraftwerk oder in explosionsgefährdeten Räumen.

Automobilelektronik
Anwendungsspezifische integrierte Schaltungen erreichen bereits
jetzt fast den Wert der eingesetzten Standardbauelemente und
werden ihn gemäß Bild 1.2 im Jahr 2000 weit übertroffen haben.
Überwiegend handelt es sich jedoch um Fullcustom-Schaltungen,
die wegen der hohen Stückzahlen in jeder Hinsicht optimiert
sein müssen. Für Semicustom-Schaltungen gibt es ein Anwendungs-
feld in der für den Komfort zuständigen Elektronik und darüber
hinaus bei solchen Schaltungen, bei denen während der Serie
Änderungen zu erwarten sind. Die Möglichkeit der schnellen
Reaktion hat hier Vorrang.

Die Anforderungen durch das Umfeld sind ähnlich hart wie in der
Industrieelektronik. Zusätzlich werden sehr hohe Zuverlässig-
keits- und Sicherheitanforderungen gestellt.

Telekommunikation

Das Umsatzvolumen der anwendungsspezifischen Schaltungen über-
trifft heute schon den der Standardbauelemente. Hier spielt die
digitale Signalverarbeitung eine überragende Rolle und mit ihr
die MOS-Technologie. Gefordert werden hohe Integrationsdichten
und Schaltungskomplexitäten und bei tragbaren Geräten zusätzlich
niedrige Verlustleistungen. Wie Bild 1.2 zeigt, treten Standardbauelemente in ihrer Bedeutung künftig deutlich zurück.

Der hohe ASIC-Anteil ergibt sich beispielsweise durch die in
großen Stückzahlen eingesetzten Fullcustom-Schaltungen in End-
geräten, wie im Telefon oder entsprechenden Teilnehmeranschluß-
einheiten, und bei der in Zukunft zu erwartenden Realisierung
der Grundfunktionen des ISDN. Dem gegenüber stehen sehr kleine
Stückzahlen in anderen Teilgebieten, z.B. bei hochkomplexen
Bausteinen für die Vermittlungstechnik oder die Satellitentechnik. Hier liegt das Potential für Semicustom-Schaltungen.

2 Technologien

Die in der Produktion verwendeten verschiedenartigen Herstel-
lungsprozesse für integrierte Schaltungen bedingen noch
keine unterschiedlichen Entwurfsmethoden bei der Schaltungsentwicklung. Grundkriterium ist vielmehr die Einhaltung der
für die jeweilige Technologie aufgestellten elektrischen und
geometrischen Entwurfsregeln. Insofern sollte auch den Anwendern
von Semicustom-Produkten das volle Spektrum der aktuellen
Prozeßgenerationen zur Verfügung stehen. Im Gegensatz zu den
Spezialisten der "Fullcustom-Welt" ist ihnen eine Technologie
nur dann zugänglich, wenn sie für die Semicustom-Belange aufbereitet wurde. Im einzelnen sind dafür erforderlich:

- Weitgehend vorgefertigte Schaltkreise oder Schaltkreisteile
  (Bibliotheken).
- Ein leistungsfähiges CAD-System, das rechnerkontrollierte
  und damit fehlerfreie Programm-Übergänge verwendet und für
  Simulation und Layout spätestens in der Schlußphase eines
  Designs die Eigenschaften der gewählten Technologie berück-
  sichtigt.
- Einhaltung der wirtschaftlichen Randbedingungen, d.h. im
  wesentlichen kurze Entwurfs- und Fertigungszeiten bei ver-
  nünftigem Kosten/Nutzen-Verhältnis.

Das Kapitel 2 beschränkt sich schwerpunktmäßig auf diejenigen
Technologien, die die oben genannten Gesichtspunkte erfüllen.
Ziel ist die Vermittlung einer globalen Übersicht über die
jeweils signifikanten Kenngrößen, um die Vor- und Nachteile der
verschiedenen Technologien gegenüberzustellen. Bezüglich der
physikalischen Grundlagen der Halbleitertechnik, exakter

theoretischer Ableitungen und detaillierter Einzelheiten von
Fertigungsschritten sei auf die umfangreiche Fachliteratur
verwiesen [2.1, 2.2].

Die Hauptarten integrierter Schaltkreise,

- Bipolare Schaltkreise (Abschnitt 2.1) und
- MOS-Schaltkreise (Abschnitt 2.2),

werden dabei nach folgenden Gesichtspunkten bewertet:

- Integrationsgrad
- Schaltgeschwindigkeit
- Leistungsverbrauch
- System-Kompatibilität
  (z.B. Schaltschwellen, Versorgungsspannung).

Im Abschnitt 2.3 folgt ein Ausblick auf wichtige Neuentwicklungen. Neben der Kombination von Bipolar- und MOS-Prozessen
(BiCMOS) kommt dabei besonders der Einsatz von GaAs-Material
und die Verwendung von epitaxialen Siliziumschichten auf
Isolator-Substraten (z.B. Silizium auf Saphir) zur Sprache.

2.1 Bipolare Halbleiterprozesse

In der Bipolar-Technologie wird der gewünschte Verstärker-Effekt
durch die Beteiligung beider Ladungsträgerarten, also durch
Elektronen und Löcher (Elektronenlücken) bewirkt. Grundlage
aller auf Bipolar-Transistoren beruhenden Schaltungsfamilien für
den Einsatz in Semicustom-Produkten ist die Integrierbarkeit
einer Vielzahl von Bauelementen durch Silizium-Planarprozesse.
Sie stehen dem Anwender hauptsächlich für bipolare Gate Arrays
zur Verfügung, z.B. als "Uncommited Logic Array" (ULA) von
Ferranti [2.3]. Bipolare Standardzellen werden aus wirtschaftlichen Gründen nicht angeboten.

Bild 2.1 zeigt den Querschnitt eines integrierten npn-Transi-

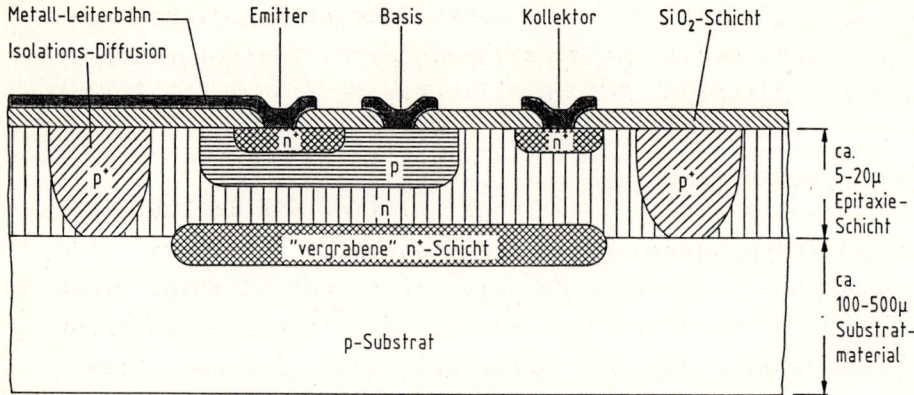

Bild 2.1. Querschnitt eines integrierten npn-Transistors

stors. Die Trennung von Nachbarelementen aktiver Art (Dioden, Transistoren) und passiver Art (Widerstände, Kondensatoren) ist hier durch das Verfahren der Sperrschicht-Isolationsdiffusion (p^+-Gebiete) gewährleistet. Die zu Beginn des Herstellungs-Prozesses aufgebrachte und später "vergrabene" n^+-Schicht setzt den Kollektor-Bahnwiderstand herab und verbessert so die Eigenschaften des Transistors im digitalen Schalterbetrieb. Die zu den Transistor-Anschlüssen gehörigen Diffusionsgebiete sind in einer nachfolgend aufgewachsenen Epitaxie-Schicht aus n-leitendem Material realisiert. Über der isolierenden SiO_2-Schicht mit den notwendigen Kontaktfenstern verlaufen schließlich die Metall-Leiterbahnen zur Verdrahtung der Elemente.

Alternative Möglichkeiten zur platzaufwendigen Isolations-diffusion durch Sperrschichten sind mit einem höheren Aufwand an Lithografie-Masken und Prozeßschritten zu erkaufen. Herstellungsverfahren mit lokaler Oxidation (LOCOS) können beispielsweise die einzelnen Kollektorinseln durch SiO_2 auf dielektrische Weise gegeneinander isolieren. Das Verfahren trägt in zweifacher Hinsicht zur Verbesserung der dynamischen Transistoreigenschaften bei: die realisierbaren Strukturgrößen, und mit ihnen die parasitären Kapazitäten, werden kleiner, außerdem entfällt die zusätzliche Kollektor-Substrat-Kapazität der Sperrschicht-Isolation. Bei der Bewertung des im Vergleich

zu MOS-Technologien nicht sehr hohen Integrationsgrades von
Bipolar-Prozessen muß man also differenzieren. Insbesondere gilt
dies für die typischen Mehrfach-Kollektorinseln der I^2L-Technik
(Abschnitt 2.1.1).

Für die unterschiedlichen Schaltungsfamilien, die im Laufe der
Zeit aus den integrierten Bipolar-Transistoren entstanden sind,
gilt generell das gemeinsame Prinzip der Stromsteuerung. Diese
zuweilen auch als "niederohmig" bezeichnete Technik ermöglicht
hohe Schaltgeschwindigkeiten und relativ große Ausgangsströme
bzw. -leistungen. Damit eng verbunden ist ein wesentliches
Gütemaß: Das Verzögerungszeit-Verlustleistungs-Produkt.

In Bild 2.2 ist das Ausgangskennlinienfeld eines bipolaren
Transistors zusammen mit den maßgeblichen Strömen und Spannungen
dargestellt. Relativ kleine Verlustleistungen bei gleichzeitig
ausreichend hohen Spannungshüben zur Sicherung der statischen
und dynamischen Störfestigkeit erreicht man durch den für
digitale Schaltungen typischen Betrieb zwischen dem Sättigungsbereich (Transistor leitend = "Ein") und dem Sperrbereich
(Transistor sperrend = "Aus"). Ein Hauptmerkmal aller mit
"gesättigter Logik" arbeitenden bipolaren Schaltungsfamilien
(TTL, I^2L, vgl. Abschnitt 2.1.1) ist allerdings eine größere

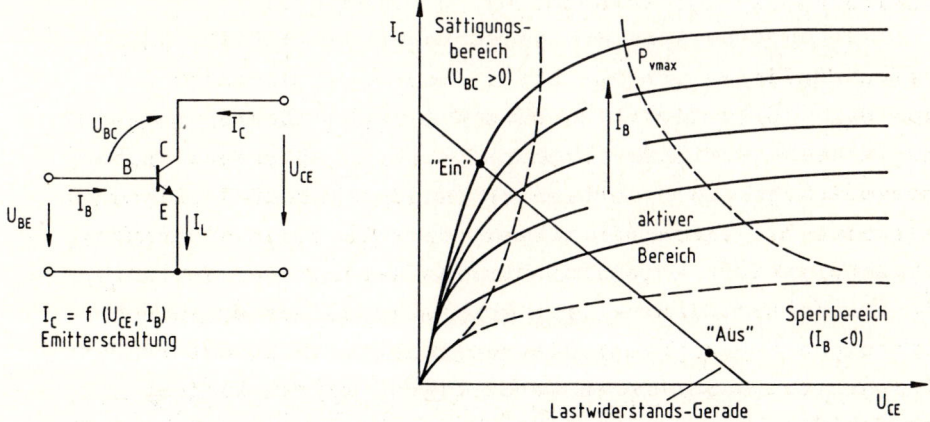

Bild 2.2. Ausgangskennlinienfeld eines bipolaren Transistors

Verzögerungszeit. Dies wird durch die Übersteuerung des Transistors und eine damit verbundene, zusätzliche Speicherzeit verursacht, in der beim Umschaltvorgang die beteiligten Ladungsträger aus der Basiszone zuerst abfließen müssen [2.4].

Im Gegensatz dazu zeigen Schaltungsfamilien, die als "ungesättigte Logik" aufgebaut sind, ein nicht übersteuertes Verhalten. Die Arbeitspunkte des Schalterbetriebes liegen hier im aktiven Bereich bzw. im Sperrbereich des Ausgangskennlinienfeldes (Bild 2.2) in der Nähe der Kurve für die maximale Verlustleistung P_{vmax}. Damit werden durch höhere Verlustleistung kleinere Verzögerungszeiten erkauft. Die unterschiedlichen Methoden zur Vermeidung der Sättigung bestimmen die Eigenschaften der Schaltungsfamilien dieser Gruppe (LSTTL, ECL, siehe Abschnitt 2.1.2).

Ein wichtiges und allgemeingültiges Merkmal bei der Verwendung von Bipolar-Prozessen ist die Kompatibilität zur Realisierung schneller Funktionsblöcke der Analogtechnik. Neben den Ein- und Ausgangsstufen von Semicustom-Produkten gewinnen z.B. Gleichrichterschaltungen, Operationsverstärker, Spannungs- und Stromquellen, Potentialverschiebungsstufen und der Komplex der schnellen, hochauflösenden Analog-Digital- bzw. Digital-Analog-Wandlung mehr und mehr Bedeutung als Bibliotheksbestandteile.

2.1.1 Schaltungsfamilien mit gesättigter Logik (TTL, I^2L)

Die Erweiterung des in Bild 2.1 dargestellten Transistors auf mehrere Emitteranschlüsse führt zum Multi-Emitter-Transistor. Seine Herstellbarkeit im Silizium-Planarprozeß ermöglichte den Übergang von den ältesten Schaltungsfamilien, der Widerstands-Transistor-Logik (RTL) und der Dioden-Transistor-Logik (DTL), zur Transistor-Transistor-Logik (TTL).

Bild 2.3 zeigt die Grundschaltung eines TTL-NAND-Gatters mit zwei Eingängen. Befindet sich mindestens einer der Eingänge auf dem Pegel LOW (0 bis 0,8 V), so gelangt bei entsprechender

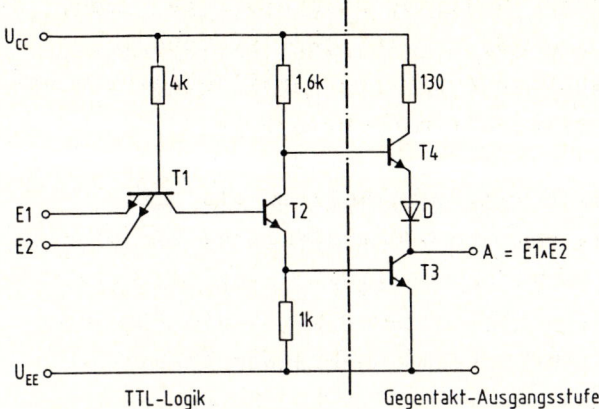

Bild 2.3. Basisschaltung eines TTL-NAND-Gatters

Dimensionierung des Basiswiderstandes der Multi-Emitter-Transistor T1 in die Sättigung. Dieser übersteuerte EIN-Zustand von
T1 sperrt den nachfolgenden Transistor T2. Werden nun alle
Emitteranschlüsse von T1 auf den Pegel HIGH geschaltet (2 bis
5 V), kann der Basisstrom von T1 nicht mehr über einen Eingang
bzw. beide Eingänge abfließen. T1 wird dadurch in den Invers-
betrieb gezwungen, bei dem die Basis-Kollektor-Diode in Durch-
laßrichtung gepolt ist. Auf diese Weise fließt der Basisstrom
von T1 fast vollständig in die Basis von T2 und bringt diesen
in den gesättigt leitenden Zustand. Für den Schaltvorgang folgt
so das Kollektor-Potential von T2 der logischen NAND-Verknüpfung
von E1 und E2.

Zur Verbesserung der dynamischen Eigenschaften des Umschalt-
vorganges kann der TTL-Logikstufe eine Gegentakt-Ausgangsstufe
nachgeschaltet werden. Dies dient zum einen der Erzeugung einer
möglichst kleinen und symmetrischen Flankenanstiegs- und
abfallzeit bei kapazitiver Last, zum anderen aber auch der
Bereitstellung einer ausreichenden Strom-Treiberfähigkeit für
z.B. zehn Eingänge der gleichen Schaltungsfamilie. Neben der
Gegentaktstufe ist die Tristate-Ausgangsstufe weit verbreitet,
beispielsweise zur Ansteuerung von Bus-Systemen mit parallel
geschalteten Datensendern. Über einen zusätzlichen Steuereingang

kann sie in einen dritten, hochohmigen Ausgangszustand versetzt werden. Von Bedeutung ist außerdem die Open-Collector-Ausgangs-stufe, die gemeinsam mit gleichartigen Stufen eine passive WIRED-OR-Verknüpfung ermöglicht.

Der Einsatz von Multi-Elektroden-Transistoren aus der TTL-Technik führt, bei gleichzeitigem Verzicht auf ohmsche Last-widerstände, zum Prinzip der "Integrierten Injektions-Logik" (I^2L). Bild 2.4a zeigt die Grundschaltung eines I^2L-Negators. Ein pnp-Transistor T1 bildet den Strom-Injektor für den nach-geschalteten Multi-Kollektor-Transistor T2. Bei einem auf LOW liegenden Eingang (etwa 0 V) fließt der eingeprägte Strom I_0 aus dem Eingang heraus und hält T2 gesperrt. Ein HIGH-Pegel am Eingang (etwa 0,7 V) verursacht hingegen einen Basisstrom in T2 und öffnet diesen bis in den Sättigungsbereich. Die logisch und elektrisch gleichwertigen Kollektoranschlüsse A1 und A2 werden dadurch auf den LOW-Pegel gezwungen und sind in der Lage, ihrerseits Injektorströme von nachgeschalteten I^2L-Stufen zum Masse-Potential abzuführen. In Bild 2.4b sind beispielhaft logische Verknüpfungen zur Realisierung der Invertierung, NOR- und ODER-Funktion dargestellt [2.5].

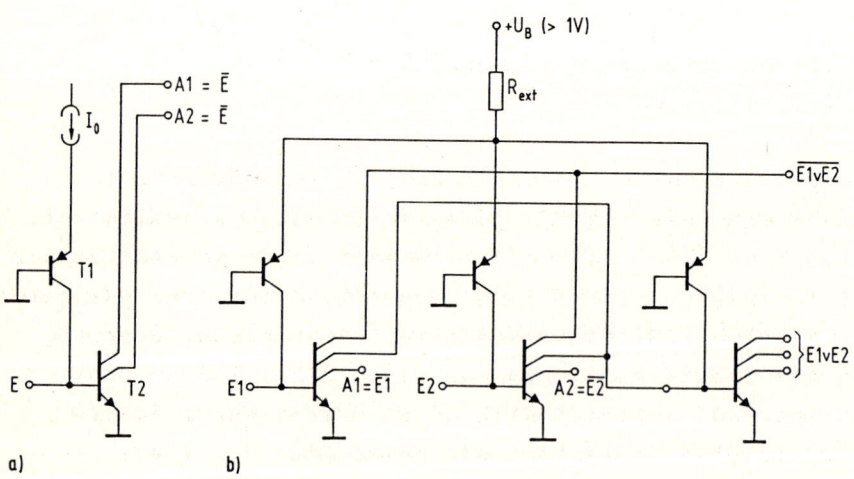

Bild 2.4. I^2L-Technik, a) Negator, b) Realisierung der Invertierung, NOR- und ODER-Funktion

Das hier angewandte WIRED-OR-Prinzip ist typisch für die interne
Verbindung von I^2L-Stufen. Die pro Stufe notwendigen Injektor-
transistoren können für eine Vielzahl von Gatterfunktionen mit
einem gemeinsamen Emitter betrieben werden. Auf diese Weise sind
die Elektroden der an der Logik-Verknüpfung beteiligten Tran-
sistoren ohne isolierende Maßnahmen miteinander verschmelzbar.
Zusammen mit der sehr effizienten Realisierbarkeit von
Multi-Kollektor-Transisitoren führt dies zu einem für die
Bipolar-Technik außerordentlich hohen Integrationsgrad (etwa
Faktor 10 gegenüber Standard-TTL).

Eine entsprechende Dimensionierung des externen Widerstandes
R_{ext} in Bild 2.4b ermöglicht eine auch im Betrieb veränderbare
Steuerung des Injektorstromes über einen großen Bereich. Damit
ist eine direkte Beeinflussung der Gatterverzögerungszeit gegeben, deren Untergrenze z.Zt. bei etwa 10 ns liegt. Die Einstellung des Injektorstroms programmiert gleichzeitig den
Leistungsverbrauch der Schaltung. Für das Verzögerungszeit-
Verlustleistungs-Produkt ist gegenwärtig ein minimaler Wert von
1 pJ erreichbar [2.5]. Der geringe Signalhub von nur 0,5 V
für die intern verwendeten Logik-Pegel erfordert Anpassungs-
schaltungen für die Ein- und Ausgangsstufen eines I^2L Gate
Array.

2.1.2 Schaltungsfamilien mit ungesättigter Logik
(LSTTL, STTL, ECL)

Die im vorigen Abschnitt beschriebene TTL-Technik wird im
Semicustom-Bereich nur noch in jüngeren Schaltungsfamilien mit
verbesserten Kenngrößen angewendet. Wesentliches Merkmal dieser
neuen Familien ist der Einsatz von Schottky-Dioden zur gezielten
Vermeidung jeglicher Sättigungseffekte. Ein Schottky-Übergang
wird durch die Grenzfläche zwischen einem n-Halbleiter und
Metall gebildet und zeichnet sich durch extrem kurze Sperr-
Erholzeit sowie eine Schwellenspannung von nur 0,3 V aus.

Wird ein integrierter Schottky-Übergang gemäß Bild 2.5 parallel
zur Basis-Kollektor-Diode eines Transistors angebracht, so

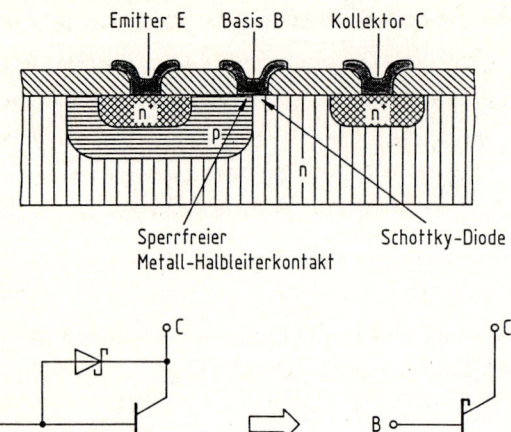

Sperrfreier
Metall-Halbleiterkontakt   Schottky-Diode

Bild 2.5.   Schottky-TTL-Technik

entsteht ein "Schottky-Transistor" mit signifikant kürzerer
Schaltzeit. Beim Kollektor- und Emitterkontakt verhindert das
eindiffundierte n+-Gebiet die Entstehung dort nicht erwünschter
Schottky-Übergänge [2.5].

Eine entsprechende Dimensionierung der Gatterwiderstände
ermöglicht eine Einstellung auf geringe Verlustleistung bei
mittleren Schaltzeiten für "Low Power Schottky TTL" (LSTTL)
oder auf höhere Verlustleistung bei kürzeren Schaltzeiten für
"Schottky TTL" (STTL). Beide Schaltungsfamilien haben seit
einigen Jahren durch die Anwendung von Ionenimplantations-
Verfahren und Oxidisolation eine Nachfolgegeneration: Advanced
LS (ALS) und Advanced S (AS). Zwischen ALS und AS ist noch die
FAST-Familie angesiedelt. Sie ist bei höherer Treiberfähigkeit
durch sehr symmetrische Anstiegs- und Abfallzeiten der Schalt-
flanken charakterisiert. Die wesentlichen Eigenschaften der
genannten Logik-Familien sind in Tabelle 2.1 zusammengefaßt.
Speziell für bipolare Gate Arrays entwickelte ALS-Prozesse
können allerdings noch wesentlich kleinere Verzögerungszeiten
und Verlustleistungen aufweisen, bis hinab zu 1 ns bzw. 0,15 mW
pro Gatter.

Tabelle 2.1. Kenngrößen moderner TTL-Standardprodukte, typische Werte pro Gatter

Familie	Verzögerungszeit t_d in ns	Leistungsaufnahme P_V in mW	Produkt $P_V t_d$ in pJ
LSTTL	9,5	2	19
ALS	4,0	1	4
FAST	3,5	4	14
STTL	3,0	19	57
AS	1,5	20	30

Die kommerzielle Bedeutung bipolarer Standard-Logikreihen ist noch immer herausragend, während bipolare Gate Arrays nach Marktübersichten aus jüngerer Zeit [2.6, 2.7] eine rückläufige Tendenz zeigen.

Die kleinsten Schaltzeiten von bipolaren Transistoren sind nur mit einer nicht übersteuernden Technik im aktiven Bereich des Kennlinienfeldes von Bild 2.2 zu erzielen. In der ECL-Grund-schaltung (Emitter Coupled Logic) in Bild 2.6 geschieht dies im Differenzverstärker T2/T3. Er wirkt als Stromschalter, da der durch R_E fließende gemeinsame Emitterstrom je nach Pegel am Eingang E2 seinen Weg entweder durch T2 oder T3 nimmt. Ein hinzugefügter paralleler Transistor T1 kann mit seinem Eingang E1 schließlich zur Realisierung einer logischen OR- bzw. NOR-Verknüpfung benutzt werden. Die Dimensionierung der Widerstände und Transistoren erfolgt gemäß der festgelegten ECL-Logikpegel von U_E (LOW) = - 1,7 V und U_E (HIGH) = - 0,8 V. Eine in der Mitte dieser Spannungswerte durch T4, R3 und R4 eingestellte Referenzspannung U_{ref} = - 1,25 V stellt den Umschaltvorgang sicher. Die Widerstände R1, R2 und R_E sind so zu bemessen, daß die vier Transistoren zu keiner Zeit in den Sättigungsbereich gelangen.

24

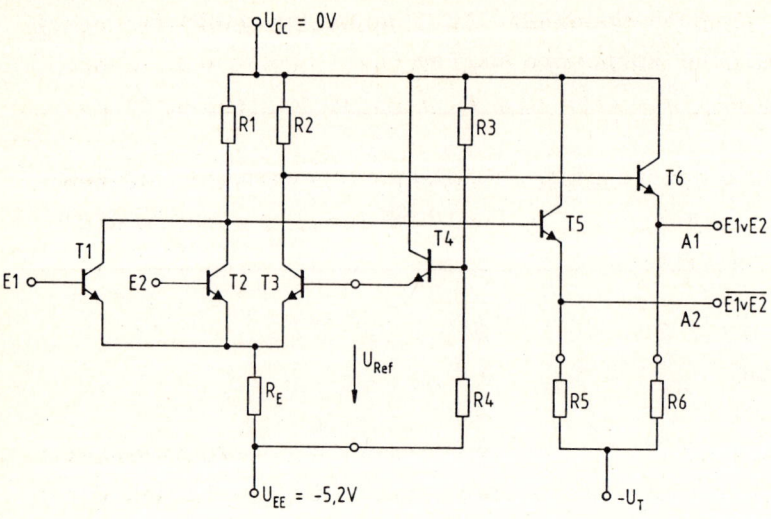

Bild 2.6. ECL-Grundschaltung

Da die Ausgangspegel an den Kollektoren von T1, T2 und T3 nicht
direkt zur Ansteuerung weiterer ECL-Gatter geeignet sind, müssen
die Emitterfolger-Stufen T5 und T6 ergänzt werden. Sie können
durch ihren niedrigen Ausgangswiderstand die schnelle Umschal-
tung der Lastkapazitäten an A1 und A2 noch beschleunigen und
mit Vorteil zusätzliche WIRED-OR-Verknüpfungen bilden. Die
steilen Flanken von ECL-Signalen erfordern eine sorgfältige
Anpassung der Wellenwiderstände, z.B. durch ein Abschluß-Wider-
standsnetzwerk. Der exakte Gegentakt der jeweils in invertierter
und nicht invertierter Form verfügbaren Signale ist für interne
Logik-Verknüpfungen bei hohen Schaltgeschwindigkeiten vorteilhaft.

Allerdings sind Verzögerungen durch schaltungsinterne Laufzeiten
sowie das angeschlossene Fanout nicht zu vernachlässigen.
Moderne ECL-Semicustom-Familien [2.8, 2.9] können daher pro
Funktionsblock z.B. mit unterschiedlich großen Emitterströmen
arbeiten. Der Gesamt-Versorgungsstrom ist stets konstant und
führt deshalb in den Umschaltzeitpunkten nicht zu Problemen mit
Spannungseinbrüchen durch Querströme.

ECL-Schaltungen haben einen hohen Leistungsverbrauch, der durch
geeignete Gehäuse mit Kühlkörpern abgeführt werden muß. Dabei
lassen sich gegenwärtig Werte bis zu etwa 10 W beherrschen.

Schaltgeschwindigkeit und Verlustleistung als wesentliche Kenngrößen liegen bei 0,1 bis 1,5 ns bzw. im Bereich von 0,5 bis
10 mW pro internem Gatter.

2.2 MOS-Prozesse

Die Verstärker-Eigenschaften des unipolaren Feldeffekt-Transi-
stors beruhen auf der Steuerung eines elektrischen Feldes durch
eine Gate-Elektrode [2.10, 4.31]. Im Gegensatz zum bipolaren
Transistor ist jeweils nur eine Ladungsträgerart (Elektronen
oder Löcher) am Stromtransport beteiligt. Die Ausbildung eines
n-leitenden Kanals im p-dotierten Substrat bzw. eines p-leiten-
den Kanals im n-dotierten Substrat kann grundsätzlich auf zwei
unterschiedliche Weisen zustandekommen.

Beim historisch älteren Sperrschicht-Feldeffekt-Transistor ist
die steuernde Gate-Elektrode durch einen pn- oder Schottky-
Übergang vom Stromkanal isoliert. Das Gate-Potential bestimmt
die Ausdehnung einer Raumladungszone und damit den jeweils
wirksamen Kanalquerschnitt zwischen Source- und Drain-Elektrode.
Durch Variation der Leitfähigkeit des Kanals kann so der resultierende Ausgangsstrom beeinflußt werden. Dieses Prinzip wendet
man überwiegend zur Verstärkung analoger und hochfrequenter Signale mit diskreten Halbleitern an. In integrierten Semicustom-
Schaltungen kommt dagegen die zweite Art des MOS-Transistors,
der MOS-Feldeffekt-Transistor, zum Einsatz.

2.2.1 MOS-Transistoren

Bild 2.7 zeigt den Querschnitt durch einen p-Kanal MOS-
Transistor, der mit nur wenigen Maskenschritten im Silizium-
Planarprozeß gefertigt werden kann. Die Bezeichnung "MOS" ergibt

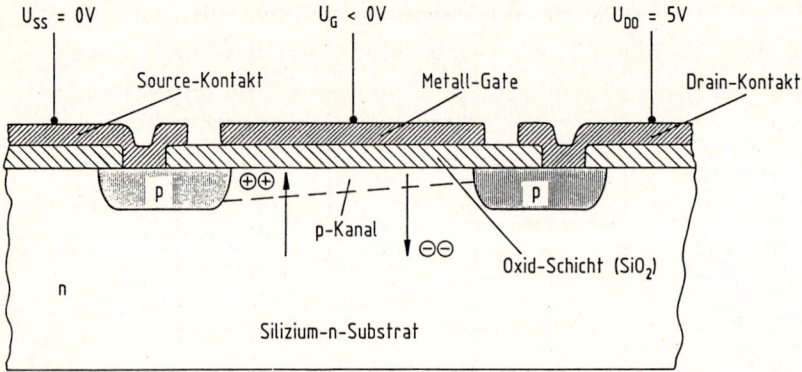

Bild 2.7. Prinzip eines p-Kanal MOS-Transistors

sich aus der Schichtfolge der dabei verwendeten Werkstoffe:
M̲etal-O̲xide-S̲emiconductor. Die Gate-Elektrode ist durch ein sehr
dünnes Dielektrikum (z.B. Silizium-Dioxid, SiO_2) vom n-leitenden
Substratmaterial isoliert. Eine negative Spannung auf dem Gate
($V_{GS} < 0$ V) bewirkt durch Ladungsträgerinfluenz eine Verdrängung
von Elektronen in das Kristallinnere. Dies bedeutet gleichzeitig
den Transport von Löchern an die Oberfläche des Halbleiter-
Substrats [2.10]. Es bildet sich ein p-leitender Kanal zwischen
den eindiffundierten Source- und Drain-Kontakten. Der Querschnitt des Kanals und damit der Strom zwischen Drain und Source
läßt sich so über die Gate-Source-Spannung stromlos steuern.

Heute wird der Gate-Anschluß meist in polykristallinem Silizium
und nicht in Metall ausgeführt. "Silicon-Gates" haben gegenüber
"Metal-Gates" kleinere Überlappungskapazitäten zu Source und
Drain. Durch die Lage des Silizium-Gates wird die Lage des
Transistors vorgegeben. Das spart Fläche ein, da man die Kanallänge kürzer wählen kann. Im Ergebnis erhält man einen kleineren
und schnelleren Transistortyp.

In der Digitaltechnik setzt man MOS-Transistoren meist als gesteuerte Schalter ein. Ein NMOS-Transistor schließt und leitet
Strom, sobald die Gate-Source-Spannung U_{GS} einen gewissen
Schwellenwert überschreitet. Liegt die Spannung U_{GS} unterhalb
dieser Schwelle, so sperrt der Transistor.

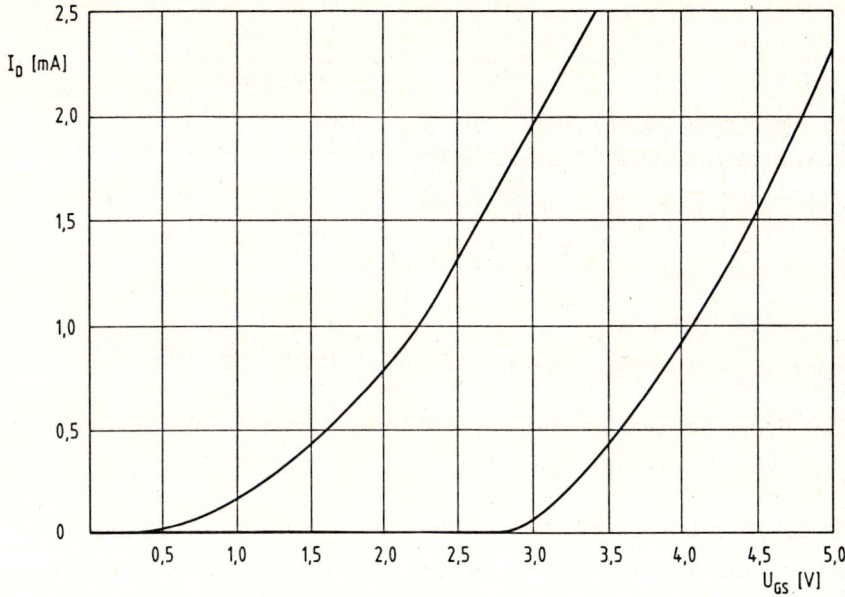

Bild 2.8. Drain-Strom I_D eines NMOS-Enhancement-Transistors
(links) und eines NMOS-Depletion-Transistors (rechts)
in Abhängigkeit von der Gate-Source-Spannung U_{GS}

Durch Dotierung des Kanalgebiets durch Diffusion oder Ionen-
implantation kann man für die Schwellenspannung unterschiedliche
Werte erreichen. Bild 2.8 stellt die Kennlinie eines NMOS-
Transistors vom Anreicherungstyp ("enhancement transistor") der
Kennlinie eines NMOS-Transistors vom Verarmungstyp ("depletion
transistor") gegenüber.

Transistoren vom Verarmungstyp sind selbstleitend, da ihre
Schwellenspannung entgegengesetzt zur Betriebsspannung gepolt
ist. Sie leiten für U_{GS} = 0 V und werden z.B. in NMOS-Schaltungen als Pull-up-Widerstände eingesetzt.

Elektrisch und geometrisch sind MOS-Transistoren hinsichtlich
ihrer Source- und Drain-Anschlüsse symmetrisch. Normalerweise
wird als Source dasjenige Ende des Kanals bezeichnet, das in
der Schaltung näher zum Substratpotential liegt.

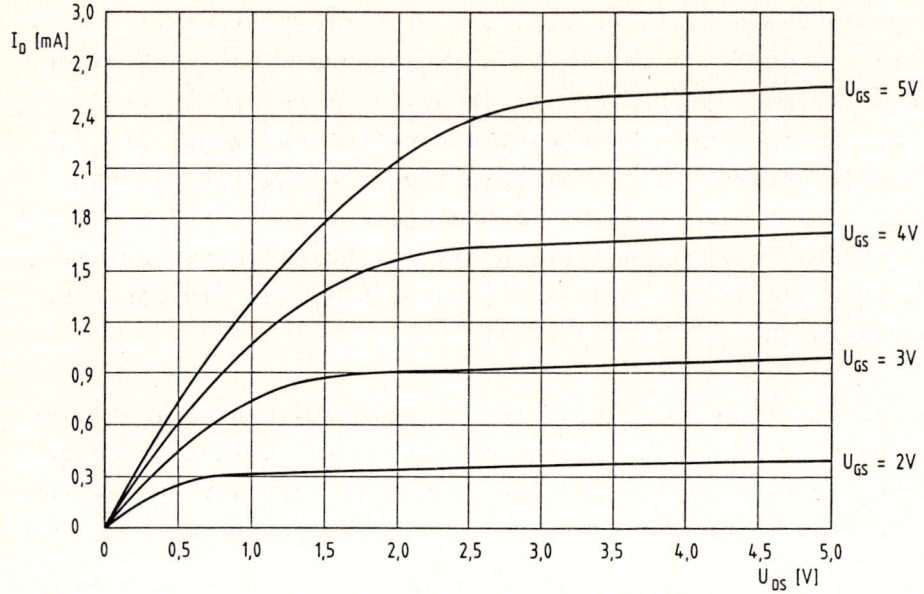

Bild 2.9. Drain-Strom I_D eines NMOS-Transistors in
Abhängigkeit von Drain-Source-Spannung U_{DS} und
Gate-Source-Spannung U_{GS}

Für kleine Drain-Source-Spannungen U_{DS} verhält sich der MOS-
Transistor wie ein Widerstand, d.h. der Drain-Strom I_D wächst
etwa linear mit U_{DS}. Steigt U_{DS} jedoch stärker an, kommt es zu
einer Abschnürung des Kanals: der Drain-Strom erreicht einen
Sättigungswert und wird kaum noch größer. Bild 2.9 stellt
die entsprechenden Kennlinien für verschiedene Gate-Source-
Spannungen dar.

Der Innenwiderstand und demzufolge der Drain-Strom eines MOS-
Transistors sind proportional zum Verhältnis W/L von Kanal-
breite W zu Kanallänge L und zur Ladungsträgerbeweglichkeit.
W und L legt man durch das Transistor-Layout fest. Für schnelle
Schaltungen wird als Kanallänge L meist das technologisch rea-
lisierbare Minimum gewählt, um niederohmige Transistoren und
damit schnelle Schaltvorgänge zu ermöglichen. Beim Vergleich
verschiedener Technologien verwendet man daher die Kanallänge
als Indikator dafür, wie sehr eine Technologie für zeitkri-

tische Anwendungen geeignet ist. Die elektrisch wirksame
"effektive" Kanallänge ist (z.B. durch Unterdiffusion) kleiner
als die im Layout eingezeichnete Länge. In Werbebroschüren
findet man daher oft Angaben über die effektive Länge, die die
jeweilige Technologie in einem günstigeren Licht erscheinen
läßt. Für eine realistischere Technologiebewertung muß man
wissen, welche Verzögerungszeiten die gebräuchlichsten Gattertypen unter definierten Randbedingungen aufweisen (Temperatur,
Versorgungsspannung, Lastkapazität).

Die Ladungsträgerbeweglichkeit hängt von der Dotierung, vom La-
dungsträgertyp und von der Temperatur ab. Mit steigender Temperatur sinkt die Beweglichkeit der Ladungsträger, der Innenwiderstand des Transistors wird größer.

Kommerziell haben NMOS-Schaltungen eine große Bedeutung erlangt.
Die NMOS-Technik war lange Zeit die Standard-Technologie für
LSI- und VLSI-Schaltkreise. Folgende Vorteile haben NMOS zu die-
ser Stellung verholfen:

- Logikgatter lassen sich vollständig aus MOS-Transistoren aufbauen, ohne zusätzliche Widerstände, Dioden und Kondensatoren.
- Die Verlustleistung ist gering.
- Die Integrationsdichte liegt um eine Größenordnung über der
  von TTL.
- Durch die geringe Zahl von Prozeßschritten ergeben sich
  niedrige Herstellungskosten.
- NMOS-Schaltungen können TTL-kompatibel mit 5 V Versorgungsspannung betrieben werden.

Obwohl PMOS-Schaltungen mit noch weniger Prozeßschritten auskommen, konnten sie sich wegen ihrer niedrigeren Integrationsdichte und ihrer geringeren Signalverarbeitungsgeschwindigkeit
nicht gegen NMOS-Schaltungen behaupten.

Beispiele für einfache NMOS-Gatter zeigt Bild 2.10. Der Ausgang
eines NMOS-Gatters wird über einen Depletion-Transistor auf die
Versorgungsspannung gezogen, solange der Pfad vom Gatterausgang

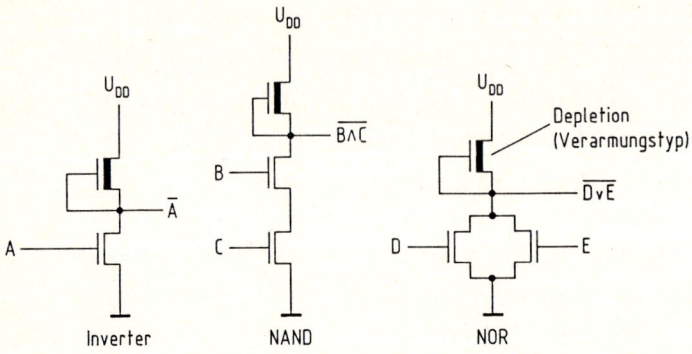

Bild 2.10. NMOS-Inverter, NOR- und NAND-Gatter

nach Masse unterbrochen ist. Sobald jedoch z.B. beim NAND-Gatter
beide Eingänge auf HIGH liegen, wird der Gatterausgang LOW. Dazu
muß der Pfad nach Masse niederohmiger werden als der Pull-up-
Transistor. Ist der Gatterausgang LOW, fließt ein Querstrom von
der Versorgungsspannung nach Masse. Diese Querströme bestimmen
die statische Verlustleistung einer NMOS-Schaltung.

Ein MOS-Gate ist gegenüber dem Transistorkanal isoliert und
stellt daher für die treibende Stufe eine kapazitive Last dar.
Nur beim Umladen der Gate-Elektrode fließt daher ein Gate-Strom.

Um die Verzögerungszeit eines MOS-Gatters näherungsweise zu
bestimmen, kann man gedanklich die Transistoren durch gesteuerte
Schalter mit Innenwiderständen ersetzen und als Last eine Kapazität annehmen. Das Ersatzschaltbild für ein NMOS-Gatter sieht
dann wie Bild 2.11 aus.

Als Näherung für die Verzögerungszeit ergibt sich die Zeit, in
der C_L über R_{up} aufgeladen wird, wenn man eine steigende Flanke
am Ausgang betrachtet. Für eine fallende Flanke wird C_L über
mindestens ein R_{dwn} entladen. Die Werte für R_{up}, R_{dwn} und
C_{int} hängen vom Layout und von der Technologie ab. Halbleiterhersteller charakterisieren ihre MOS-Gatter meist durch zwei
Delay-Angaben der folgenden Art:

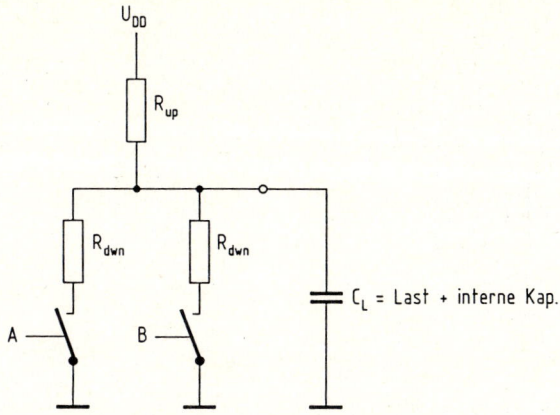

Bild 2.11. Ersatzschaltbild für ein NMOS NAND-Gatter

$$\mathrm{TPLH} = t_{LH} + \Delta t_{LH} \cdot \mathrm{FO} \qquad\qquad (2.1)$$
$$\mathrm{TPHL} = t_{HL} + \Delta t_{HL} \cdot \mathrm{FO} \ . \qquad\qquad (2.2)$$

Die Verzögerungszeiten sind also abhängig von der Flankenrichtung am Ausgang und von der Lastkapazität FO (Fanout), die vom Gatter in Form von nachfolgenden Stufen und Verdrahtungsleitungen getrieben wird. Meist gibt man neben den typischen auch noch minimale und maximale Werte für die Verzögerungszeiten an, um den Einfluß von Temperatur-, Spannungs- und Technologie-Schwankungen auszudrücken (Abschnitt 3.2.3).

2.2.2 CMOS-Transistoren und -Grundschaltungen

Kombiniert man NMOS- und PMOS-Transistoren, so läßt sich der statische Querstrom reiner NMOS- bzw. PMOS-Gatter vermeiden. Wegen der zueinander komplementären Transistortypen heißt diese Schaltungstechnik CMOS, als Kürzel abgeleitet aus "Complementary Metal Oxide Semiconductor". In Bild 2.12 sind drei Gattertypen in CMOS dargestellt.

Üblicherweise zeichnet man in CMOS-Schaltbildern die Transistoren ohne Substratkontakt. Wenn nicht anders angegeben, wird

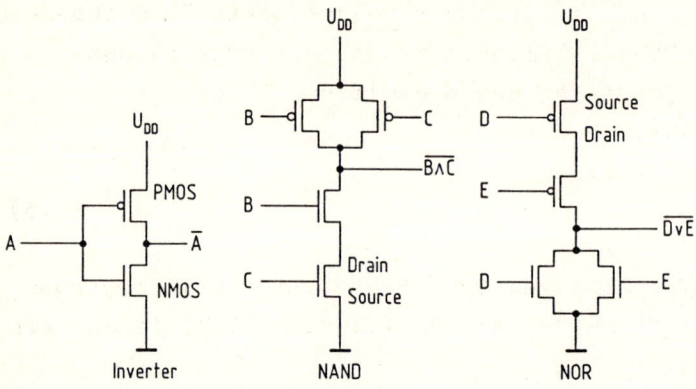

Bild 2.12. CMOS-Inverter, NOR- und NAND-Gatter mit vereinfachten Symbolen für NMOS- und PMOS-Transistoren

das Substrat aller NMOS-Transistoren mit Masse (U_{SS}) und das
Substrat aller PMOS-Transistoren mit der positiven Versorgungsspannung verbunden.

Beträgt die Versorgungsspannung 5 V, so liegt die Schaltschwelle
der PMOS-Transistoren meist um etwa 1 V unterhalb des Substrat-
potentials und damit bei 4 V. Demgegenüber liegt die NMOS-
Schaltschwelle bei etwa 1 V. PMOS-Transistoren schalten durch,
wenn ihre Gate-Spannung unterhalb der Schwellenspannung liegt.
Umgekehrt sperren NMOS-Transistoren, sobald ihre Gate-Spannung
die Schaltschwelle unterschreitet. Legt man also an den Inver-
ter-Eingang in Bild 2.12 einen LOW-Pegel, so sperrt der NMOS-
Transistor und der PMOS-Transistor leitet. Nur während eines Umschaltvorgangs kann kurzzeitig ein Strom fließen. Die statische
Verlustleistung von CMOS-Schaltungen ist daher fast Null.

Ihr geringer Leistungsverbrauch bei kleinen und mittleren Taktfrequenzen macht CMOS-Schaltungen sehr attraktiv für die Höchst-
integration. Der erreichbare Integrationsgrad wird nämlich nicht
nur durch geometrische Verhältnisse, sondern auch durch die ent-
stehende Verlustleistung begrenzt.

Bei jedem Umschaltvorgang eines Gatters müssen dessen Lastkapazitäten und die internen parasitären Kapazitäten umgeladen

werden. Faßt man diese Kapazitäten zur Gesamtkapazität C zusammen und geht von der Umschaltfrequenz f und der Versorgungsspannung U_{DD} aus, so folgt für den dynamischen Leistungsverbrauch P_d pro Gatter:

$$P_d = C \cdot U_{DD}^2 \cdot f \ . \qquad\qquad (2.3)$$

Man gibt die Verlustleistung von CMOS-Schaltungen meist bezogen
auf ihre Taktfrequenz in mW/MHz an, da sie nach (2.3) linear mit
der Taktfrequenz wächst.

Bei 5 V Versorgungsspannung und durchschnittlich 400 fF Last
ergeben sich 10 μW/MHz für Gatter im Schaltungsinneren. Peripheriezellen, die z.B. 50 pF treiben müssen, verbrauchen demnach
1,26 mW/MHz.

Aus komplementären Anordnungen von PMOS- und NMOS-Transistoren
lassen sich lediglich invertierende Gattertypen aufbauen. UND-
und ODER-Gatter werden durch NAND- bzw. NOR-Gatter mit nach-
geschaltetem Inverter realisiert.

Für den Aufbau von Multiplexern und Flipflops leistet das in
Bild 2.13 dargestellte Transmission-Gate wertvolle Dienste.
Transmission-Gates sind bidirektionale Schalter. Liegt am Steu-
ereingang S ein HIGH-Pegel ($\overline{S}$=LOW), schaltet das Transmission-
Gate durch, für S=LOW sperrt es. Strenggenommen könnte man den
in Bild 2.13 eingezeichneten PMOS-Transistor weglassen, wie es

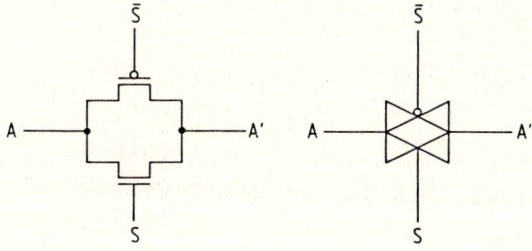

Bild 2.13. CMOS-Transmission-Gate mit vereinfachtem
Schaltsymbol

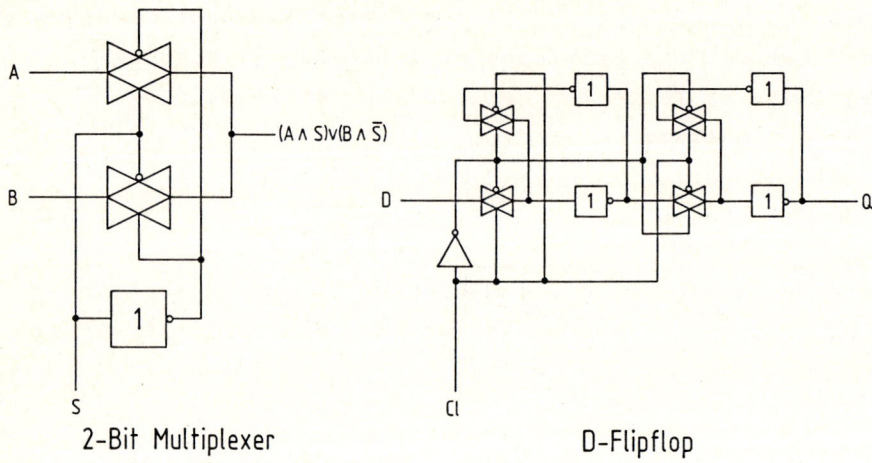

2-Bit Multiplexer   D-Flipflop

Bild 2.14. CMOS-Multiplexer und D-Flipflop mit Transmission-
Gates

in der NMOS-Technik auch gemacht wird. Da ein PMOS-Transistor
jedoch HIGH-Pegel besser durchschaltet als LOW-Pegel und für
den NMOS-Transistor die Verhältnisse gerade umgekehrt liegen,
ist der Spannungsabfall an einem CMOS-Transmission-Gate niedriger als bei einem einzelnen NMOS-Pass-Transistor.

Bild 2.14 zeigt, wie man mit Transmission-Gates Flipflops und
2-Bit-Multiplexer realisieren kann.

Die Beweglichkeit der Ladungsträger in NMOS-Transistoren ist
mehr als doppelt so hoch wie die in PMOS-Transistoren. NMOS-
Transistoren sind daher niederohmiger als PMOS-Transistoren mit
gleichen Abmessungen. Diesem Umstand läßt sich durch eine entsprechende Dimensionierung Rechnung tragen. Um z.B. die Verzögerungszeiten eines CMOS-Inverters unabhängig von der
Flankenrichtung am Ausgang zu machen, muß der PMOS-Transistor
doppelt so breit wie der NMOS-Transistor ausgelegt werden.

Bei Gattern mit mehreren Eingängen müssen die Innenwiderstände
der Pfade zwischen Ausgang und U_{DD} bzw. U_{SS} aufeinander abgestimmt werden, wenn man für beide Flankenrichtungen annähernd

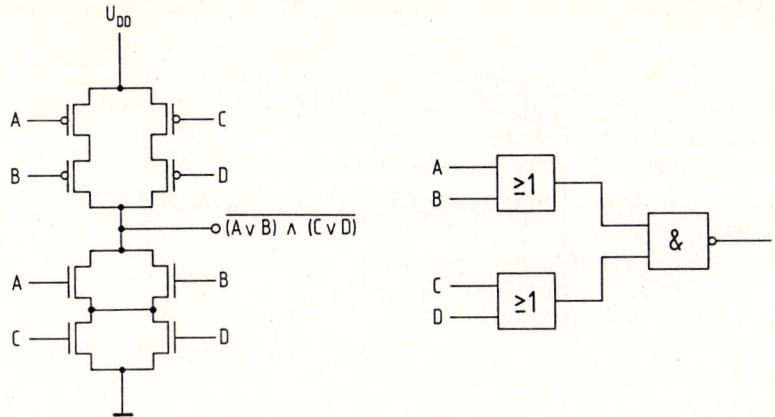

Bild 2.15. ODER-NAND-Komplexgatter, a) Schaltung, b) Ersatzschaltbild

gleiche Verzögerungszeiten erreichen will. NOR-Gatter mit ihrer
Reihenschaltung von PMOS-Transistoren weisen in der CMOS-Technik
bei gleichen Abmessungen größere Verzögerungszeiten auf als
NAND-Gatter, bei denen die niederohmigeren NMOS-Transistoren in
Reihe geschaltet sind.

In den meisten CMOS-Bibliotheken findet man eine Reihe von sogenannten Komplexgattern. Bild 2.15 zeigt ein Beispiel. Komplex-
gatter realisieren Boolesche Funktionen günstiger als eine
entsprechende Schaltung aus einzelnen Gattern. Sie benötigen
weniger Fläche und weisen kürzere Verzögerungszeiten auf.

Um NMOS- und PMOS-Transistoren auf einem Chip integrieren zu
können, braucht man p- und n-dotierte Gebiete. Bild 2.16 stellt
den Querschnitt durch ein p-dotiertes Substrat mit einer n-
dotierten "Wanne" ("n-well") für PMOS-Transistoren dar. Es gibt
auch Halbleiterprozesse, die sowohl n-dotierte als auch p-
dotierte Wannen einsetzen, damit die Transistorparameter für
beide Typen einzeln und damit gezielter optimiert werden können.

In Bild 2.16 erkennt man eine pnpn-Schichtfolge zwischen dem
Source-Anschluß des PMOS-Transistors und dem des NMOS-Transi-

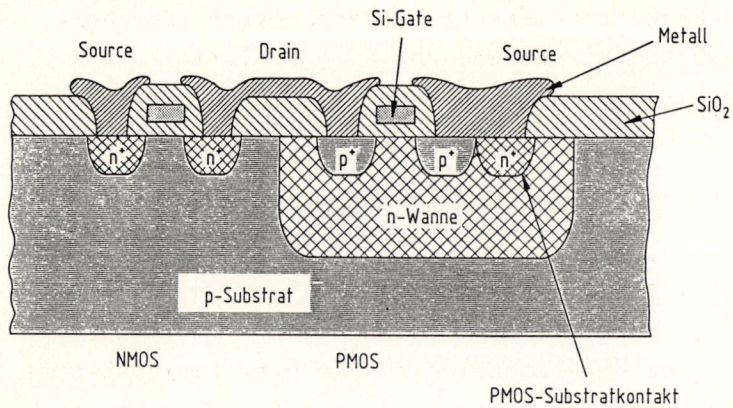

Bild 2.16. p-dotiertes Si-Substrat mit n-dotierter Wanne

stors. Unter ungünstigen Bedingungen (hoher Strom, Strahlung, Wärme) kann diese Schichtfolge wie ein Thyristor "durchzünden" und so die Schaltung zerstören [2.11]. Dieser "Latchup"-Effekt läßt sich jedoch durch Maßnahmen im Layout (Substratkontakte, Schutzzonen usw.) weitgehend ausschließen.

Neben rein digitalen Makro-Bibliotheken findet man im ASIC-Bereich zunehmend auch analoge Blöcke. Darin werden MOS-Transistoren nicht lediglich als Schalter, sondern auch im linearen Bereich und im Übergangsbereich ihrer Kennlinie (Bild 2.8) betrieben. Analoge Schaltungen wurden durch technologische Fortschritte ermöglicht, die eine exaktere Einstellung der Schwellenspannungen und geringere Toleranzen bei den Kanaldimensionen ergaben. Dennoch muß die Kanallänge heute noch deutlich größer gewählt werden als bei Transistoren für digitale Schaltungen (um 5 μm). Ein ähnliches Problem ergibt sich bei den Abmessungen für Polysilizium-Widerstände. Zur Einhaltung akzeptabler Toleranzen darf die Streifenbreite nicht zu klein gewählt werden. Beispiele für analoge Blöcke sind: Komparatoren, Operationsverstärker, Analog-Digital- sowie Digital-Analog-Wandler (ADCs, DACs), Oszillatoren und Widerstandsnetzwerke.

Analoge Blöcke entstehen auf einem ASIC-Chip gemeinsam mit den digitalen Schaltungsteilen. Von der Fertigungstechnik her sind

deshalb Kompromisse bezüglich der erreichbaren Daten erforderlich. Höchste Optimierung, Schaltungsabgleich (Trimmen) und
genauester Analogtest verbieten sich, wenn man die schnelle Realisierbarkeit und die Kostenvorteile beim Einsatz von ASICs
nicht aufgeben will.

2.3 Kombinierte und neuartige Halbleiterprozesse

Den großen Vorteilen der MOS-Technologie, wie hohe Integrationsdichte und geringe Verlustleistung stehen auch Nachteile gegenüber [2.12]: Die Signalverarbeitungsgeschwindigkeit ist für
einige Anwendungen zu gering; MOS-Ausgänge können nur relativ
kleine Ströme (< 40 mA) aufnehmen bzw. abgeben.

Die nachfolgenden Abschnitte schildern Halbleitertechnologien
für Anwendungsbereiche, in denen MOS-Schaltkreise zu langsam
oder zu leistungsschwach sind. Wegen der im Vergleich zu CMOS
hohen Fertigungskosten handelt es sich bisher um "Nischen-
Technologien", die erst durch größere technologische Fortschritte die Dominanz von CMOS durchbrechen könnten.

2.3.1 BiCMOS - Bipolar kombiniert mit CMOS

Wenn große Lasten mit geringer Verzögerungszeit getrieben werden
sollen, sind Bipolartransistoren oft besser geeignet als die
relativ hochohmigen MOS-Transistoren. Das hat zur Entwicklung
der Zwittertechnologie BiCMOS geführt, die Bipolar- und CMOS-
Transistoren auf einem Chip vereinigt, um die Vorteile beider
Technologien auszunutzen [2.13 - 2.16]. Seit etwa 1986 werden
BiCMOS-Schaltungen angeboten. Inzwischen beginnen sie auch im
ASIC-Bereich eine gewisse Rolle zu spielen [2.15].

Zur Erläuterung des Prinzips zeigt Bild 2.17 einen BiCMOS-
Inverter. Zwei bipolare npn-Transistoren werden über einen CMOS-
Inverter und zwei NMOS-Transistoren angesteuert. Die Eingangs-
impedanz ist wie bei CMOS-Schaltungen sehr groß. Nur während

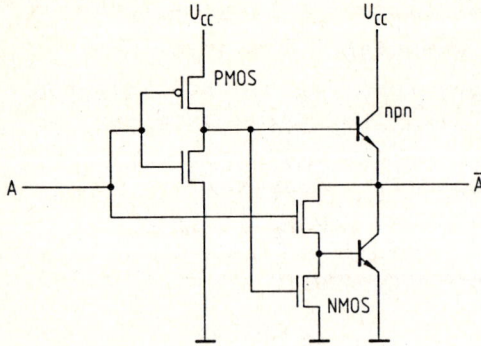

Bild 2.17. BiCMOS-Inverter

eines Umschaltvorgangs kann ein Querstrom fließen. Die Verlustleistung ist also wie bei CMOS frequenzabhängig und verschwindet
im statischen Betrieb. Ein Geschwindigkeitsvorteil gegenüber
reiner CMOS-Technik ergibt sich erst für größere Lastkapazitäten, da die Grundverzögerung eines BiCMOS-Inverters über der
eines CMOS-Inverters liegt.

Ein Vorteil der BiCMOS-Technik besteht darin, daß man CMOS-
Logik mit bipolaren Analogschaltungen auf einem Chip kombinieren kann. Das ist z.B. für analog/digitale Signalverarbeitung
[2.13] und für Anwendungen in der Leistungselektronik inter-
essant. Die Vorteile von BiCMOS muß man sich jedoch durch eine
aufwendige und damit teure Prozeßtechnologie erkaufen. Bild 2.18
zeigt den Querschnitt einer BiCMOS-Schaltung.

2.3.2 SOI - Silizium auf Isolator

Schutzstrukturen gegen den in Abschnitt 2.2.2 beschriebenen
Latchup-Effekt (z.B. "guard rings") verringern wie die Trenn-
zonen zwischen benachbarten Transistoren die erreichbare Integrationsdichte von CMOS-Schaltkreisen [2.17, 2.18]. Ersetzt
man jedoch das dotierte und damit leitfähige Silizium-Substrat
durch einen Isolator, so sind keine weiteren Schutzmaßnahmen
gegen Latchup-Durchbrüche erforderlich. Die Transistorabstände

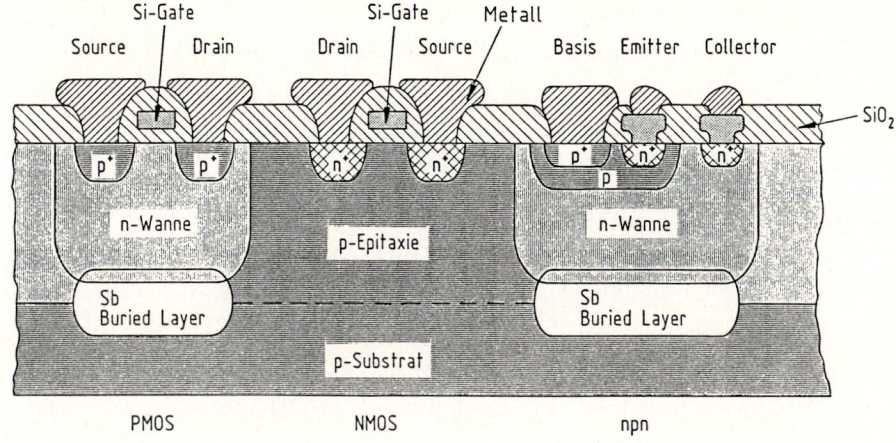

Bild 2.18. Querschnitt einer BiCMOS-Schaltung

können geringer sein, außerdem braucht man keine n- oder p-
Wannen mehr. Die Integrationsdichte kann somit deutlich erhöht
werden.

Siliziumprozesse mit isolierendem Substrat werden unter dem
Kürzel SOI (Silicon On Insulator) zusammengefaßt. Als Isolatoren
setzt man u.a. Saphir-Scheiben (Al_2O_3), oxidierte Silizium-
Scheiben (SiO_2) oder amorphes Silizium ein. In der Fachlitera-
tur ist das erstgenannte Verfahren als SOS bekannt (Silicon On
Saphire). Bild 2.19 zeigt einen Querschnitt durch eine SOS-
Schaltung.

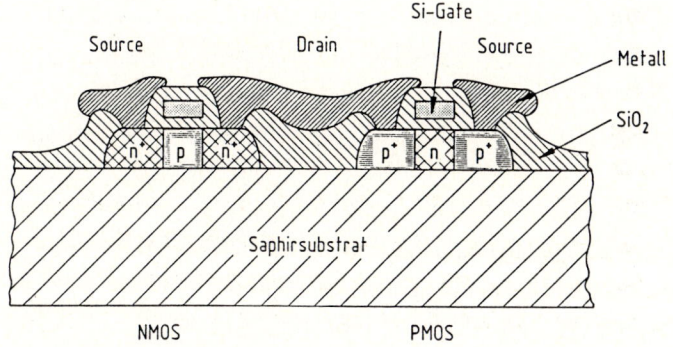

Bild 2.19. Querschnitt einer Silicon-on-Saphire-Schaltung

Durch den Wegfall des leitenden Substrats weisen SOI-Schaltungen
keine Substratkapazitäten auf. Dies und die bei unveränderten
Transistor-Abmessungen verringerten Leiterbahnlängen führen zu
ähnlich hohen Signalverarbeitungsgeschwindigkeiten wie bei
ECL-Bausteinen. Da keine Substratkapazitäten umgeladen werden
müssen, liegt die Verlustleistung unter der von CMOS-Schaltkreisen. SOI-Schaltkreise sind durch ihre Latchup-Sicherheit
unempfindlicher gegen Strahlung. Das macht diese Technik inter-
essant für Anwendungen im Weltraum und in kerntechnischen Anlagen. Durch die Isolation des Substrats lassen sich Hochvolt-
und Niedervolt-Schaltungsteile miteinander kombinieren.

Die bisher geringe wirtschaftliche Bedeutung von SOI-Techniken
liegt neben den hohen Substratkosten in den niedrigen Ferti-
gungsausbeuten begründet. An der Grenzschicht zwischen Substrat
und Silizium kommt es zu Störungen in der Gitterstruktur, die
zu parasitären Drain-Source-Strömen und zu (Funkel-)Rauschen
führen. SOI-Techniken werden daher kaum für Analogschaltungen
und auch nicht für Digitalschaltungen angewendet, bei denen es
auf geringe Leckströme ankommt (z.B. dynamische Speicher). Der
Überspannungsschutz an den Eingängen von SOI-Schaltungen ist
aufwendig, da sich keine Substratdioden realisieren lassen.

2.3.3 Galliumarsenid

In Anwendungen mit Taktraten im GHz-Bereich haben GaAs-Schaltkreise ihre Domäne. Die Ladungsträgerbeweglichkeit des Verbin-
dungshalbleiters Galliumarsenid ist zwei- bis sechsmal höher als
die von Silizium (je nach Dotierung). Dadurch lassen sich Lastkapazitäten schneller umladen und entsprechend höhere Taktraten
verarbeiten [2.18, 2.19].

Bisher hat Galliumarsenid seine größte Bedeutung als Halbleiter-
material für diskrete Bauelemente der Mikrowellentechnik und für
Leuchtdioden. Mit 1,4 eV weist GaAs gegenüber Silizium (1,1 eV)
einen deutlich höheren Bandabstand auf. Das macht sich positiv
bemerkbar durch bessere Isolationseigenschaften, einen größeren

thermischen Einsatzbereich (-200 bis +200 °C) und eine höhere
Strahlungsfestigkeit.

In GaAs-Schaltungen werden MESFET-Transistoren und neuerdings,
zumindest im Labor, auch HEMT- (High Electron Mobility Transistor) und sogenannte "ballistische" Transistoren realisiert
[2.20].

Zwei typische GaAs-Schaltungsarten skizziert Bild 2.20. Bei der
dargestellten "buffered FET logic" (BFL) wird Schnelligkeit
durch relativ hohen Leistungsverbrauch und Flächenbedarf
erkauft. Die "direct coupled FET logic" (DCFL) ist nicht so
schnell, verbraucht aber weniger Leistung und eignet sich durch
ihren höheren Integrationsgrad auch für komplexere Schaltungen.

Man findet GaAs-Schaltungen häufig an der Schnittstelle zwischen
Datenleitungen im GHz-Bereich und CMOS-Schaltungen, für die
solche Datenraten zu hoch sind. Für Schaltkreise, die eine
höhere Komplexität aufweisen als etwa ein Frequenzumsetzer mit
Steuerlogik, wird GaAs kaum eingesetzt. Zum einen sind große
GaAs-Schaltungen wegen der damit verbundenen niedrigen Ferti-

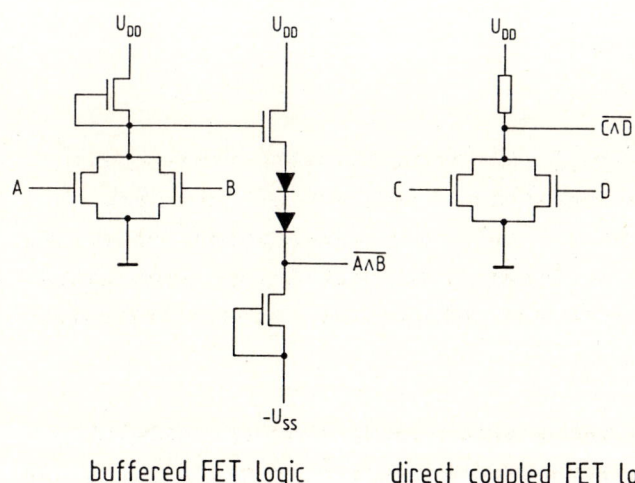

buffered FET logic   direct coupled FET logic
        BFL   DCFL

Bild 2.20. Galliumarsenid NAND-Gatter

gungsausbeute zu teuer, zum anderen dominieren mit zunehmender
Größe die Leitungslaufzeiten die Gatterverzögerungen. Der
Geschwindigkeitsvorteil von Galliumarsenid gegenüber Silizium
kommt also vor allem für kleinere Schaltungen zum Tragen.

GaAs-Schaltkreise sind aus mehreren Gründen teuer. Gallium ist
ein seltener Stoff. Arsen muß als Gift mit großer Sorgfalt ver-
arbeitet werden. Die Herstellung von GaAs-Wafern kostet etwa
fünfzehnmal mehr als die von Si-Wafern des doppelten Durch-
messers. GaAs-Wafer sind zudem recht brüchig und müssen äußerst
vorsichtig prozessiert werden. Die Halbleiterprozesse werden
auch dadurch erschwert, daß sich eine Isolationschicht nicht
durch Oxidation bilden läßt.

Die geschilderten Nachteile haben dazu geführt, daß immer noch
mehr als 95 % aller integrierten Schaltungen aus Silizium hergestellt werden. Durch die Einführung neuer Telekommunikations-
systeme (z.B. ISDN, Satellitentechnik) und durch immer schnellere Großrechner findet man GaAs-Bausteine heute zu etwa 70 % in
zivilen und nur noch zu etwa 30 % in militärischen Anwendungen
[2.21 - 2.23].

3 Semicustom-Schaltungen

Den Wunsch des Systementwicklers nach hochintegrierten Schaltungen, deren Funktion auf eine bestimmte Anwendung abgestimmt ist, hat die Halbleiterindustrie mit der Entwicklung der Semicustom-Technik beantwortet. Programmierbare Logikschaltungen, Gate Arrays oder Standardzellen-ICs ersetzen die Funktionen der Bausteine einer oder mehrerer Platinen oder ermöglichen überhaupt erst die Entwicklung eines neuen Produktes.

Standardisierte Vorfertigung von Hard- bzw. Software, leistungsfähige Rechner und komfortable Programme stellen den Schlüssel dar, mit dessen Hilfe der Anwender schnell und kostengünstig ein anwendungsspezifisches IC realisieren kann. Ein solches Verfahren erfüllt die Forderung nach hoher Funktionsdichte, höherer Zuverlässigkeit und kleinerem Volumen. Zusätzlich gewährleistet es ein hohes Maß an Nachbausicherheit, ein Gesichtspunkt, der zunehmend an Bedeutung gewinnt. Bei Bewertung aller Einflüsse ergibt die Hochintegration die gewünschten Kostenvorteile.

Die nachfolgenden drei Abschnitte behandeln Aufbau und Eigenschaften der heute verfügbaren Semicustom-Schaltungen. Im Abschnitt 3.1 wird ausführlich über programmierbare Logikschaltungen berichtet. Auch die Neuentwicklungen in diesem Bereich werden angesprochen. Die Abschnitte 3.2 und 3.3 befassen sich mit dem grundsätzlichen Aufbau und den Eigenschaften von Gate Arrays und Standardzellen-ICs. Eine ausführliche Darstellung der hierfür verfügbaren CAD-Werkzeuge, des praktischen Design-Ablaufes und eine Diskussion der wichtigen Fragen der Testbarkeit geben die Kapitel 4, 5 und 6.

44

3.1 Programmierbare Logikschaltungen (PLD)

Die seit mehr als zehn Jahren bekannten programmierbaren Logikschaltungen werden heute unter dem Akronym PLD zusammengefaßt.
Es steht für "Programmable Logic Devices" und bezeichnet Bausteine, die in großen Stückzahlen unprogrammiert hergestellt
werden und erst vor ihrem Einsatz im Gerät durch einen Program-
miervorgang die gewünschte Funktion erhalten. PLDs sind wie
Standardbauelemente ausführlich in Datenblättern dokumentiert
und werden nach Katalog bestellt. Ihre Anwendung finden sie mit
Vorteil dort, wo man sonst eine größere Anzahl SSI- bzw. MSI-
Bausteine der TTL- oder CMOS-Logikreihen einsetzen müßte.

Nach allgemeiner Definition [3.1] ist ein PLD ein Bauelement,
das eine bestimmte Anzahl Ein- und Ausgänge besitzt, deren
funktionale Abhängigkeit vom Anwender selbst programmiert
werden kann. Hierzu setzt der Anwender den Logikplan manuell
oder über ein CAE-Programm in Boolesche Gleichungen um oder
listet die gewünschten Eingangs- und Ausgangsbedingungen in
einer Funktionstabelle auf. Grundsätzlich implementierbar sind
Gleichungen der Form

$$F_1 = T_{11} \lor T_{12} \lor ... \lor T_{1n} \qquad (3.1)$$
$$F_2 = T_{21} \lor T_{22} \lor ... \lor T_{2n} \qquad (3.2)$$
$$.$$
$$.$$
$$.$$
$$F_m = T_{m1} \lor T_{m2} \lor ... \lor T_{mn} \qquad (3.3)$$

mit den Produkttermen
$$T = I_1 \land I_2 \land ... \land I_p. \qquad (3.4)$$

Ein PLD kann also je nach Größe und Konfiguration maximal
m Ausgangsfunktionen $F_1...F_m$ liefern, wobei jede dieser
Funktionen eine ODER-Verknüpfung aus maximal n Produkttermen
$T_{11}...T_{mn}$ darstellt. Ein Produktterm wiederum repräsentiert
eine UND-Verknüpfung aus maximal p Eingangssignalen, wobei
für jeden Eingang das direkte oder das invertierte Signal
programmiert werden kann. Die ODER-Verknüpfung wird meist als
Summenfunktion bzw. "Sum of Products" (SOP) bezeichnet.

In der Praxis braucht die Anzahl der Produktterme in den einzelnen Ausgangsfunktionen nicht gleich zu sein, ebenso kann
die Anzahl der Eingangssignale in jedem Produktterm unterschiedlich sein.

Programmierbare Logikschaltungen, die ausschließlich UND- und
ODER-Gatter enthalten, eignen sich vorteilhaft zum Aufbau kombinatorischer Logik. Komplexere PLDs sind außerdem mit speichernden Elementen (Flipflops) ausgestattet und ermöglichen dadurch
die Realisierung sequentieller Logik.

Mit PLDs realisierte Schaltungen bestehen gemäß (3.1) bis (3.4)
immer aus zwei Ebenen, der UND- und der ODER-Ebene. Prinzipiell
läßt sich jede Logikschaltung auf eine solche Zwei-Ebenen-
Struktur zurückführen. Das gilt auch bei sequentiellen Logikschaltungen. Nur erfordert deren Beschreibung noch zusätzlich
die Aufstellung der gewünschten Zustandsdiagramme bzw. Zustands-
vektoren.

Moderne CAE-Programme unterstützen auch die grafische Eingabe
des Netzwerkes. Aus der automatisch erstellten Netzliste leiten
sie die genannten Gleichungen ab und stellen so die Verbindung
zu den bisher üblichen Verfahren her. Ausführlicher werden die
Design-Werkzeuge in Abschnitt 5.1 dargestellt.

Aus Booleschen Gleichungen, Funktionstabellen und Zustands-
vektoren werden manuell, besser jedoch mit Rechnerunterstützung,
die Eingabedaten für das Programmiergerät abgeleitet. Das Über-
gabeformat ist genormt (JEDEC-Norm), so daß beinahe jedes
marktgängige Programmiergerät verwendet werden kann [3.2].

Die Programmierung erfolgt bei den meisten PLD-Familien durch
Trennen von Schmelzpfaden und ist damit irreversibel. Bild 3.1
zeigt einen Pfad nach dem Aufschmelzen. Erreicht wird dies im
Programmiergerät durch Überspannungsimpulse definierter Länge,
mit denen die normalen Baustein-Anschlüsse beaufschlagt werden.
Sie sind mit Zener-Dioden ausgestattet und geben darüber den Weg
zur Programmierlogik frei.

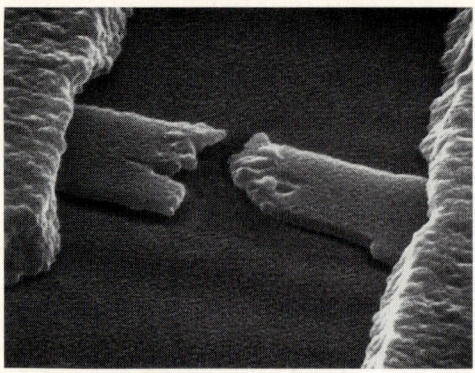

Bild 3.1. Ni-Cr-Schmelzpfad (fusible link)

Eine neuere Art der Programmierung besteht in der Erzeugung
von Kurzschlüssen in Halbleiterübergängen (Vertical Fuse).
Die gewünschten Verbindungen bleiben hier nicht stehen,
sondern werden durch die Programmierung erst erzeugt. Sie
benötigen wesentlich weniger Platz und lassen bei gleicher
Chipfläche mehr Raum für aktive Logik.

Programmierbare Logikschaltungen werden in Bipolar- und seit
etwa 1985 auch in CMOS-Technologie hergestellt. Bei CMOS-
Bausteinen erfolgt die Programmierung jedoch nicht durch
Schmelzen dafür vorgesehener Pfade, sondern elektrisch durch
Ladungsverschiebung (Floating Gate).

Die Hersteller liefern die Bausteine unprogrammiert oder auf
Wunsch auch kundenspezifisch programmiert. Im letzten Fall
kann die Schnittstelle einfach nur der Logikplan sein. Besser
ist jedoch die Übergabe einer vollständigen Dokumentation,
bestehend aus Booleschen Funktionen und Zustandsdiagrammen.
Die darin liegende Selbstbeteiligung des Anwenders hat für ihn
den Vorteil, daß Zeit- und Kostenrahmen immer transparent
bleiben und keine Systemkenntnisse an den Halbleiterhersteller
zu transferieren sind.

Bei wachsendem Bedarf pro Anwendung kann das Programmieren
jedes einzelnen Bausteines unwirtschaftlich werden. Deshalb
gibt es die meisten PLD-Familien, einschließlich CMOS-PLDs,
auch als maskenprogrammierbare Version.

Motivation zum Einsatz programmierbarer Logikbausteine kann
auch der Nachbauschutz sein. Hierzu haben viele PLDs eine
sogenannte "last fuse". Es ist dies ein Pfad, durch den die
interne Programmierlogik nach Abschluß der Programmierung
abgetrennt wird. Dies macht das Auslesen des anwenderspezifischen Programmierplanes unmöglich. Eine Kopie läßt sich
nur noch durch mühsames Austesten der Funktion herstellen.

Mit dem Einsatz programmierbarer Logikbausteine kommt der Anwender schneller als auf irgendeine andere Weise zur eigenen
projektspezifischen Schaltung. Von den Booleschen Gleichungen
oder Funktionstabellen bis zum programmierten Baustein braucht
man oft nicht mehr als einen Tag. Die Vorteile einer solchen
Lösung bestehen neben der kurzen Realisierungszeit sowie dem
geringeren Platzbedarf der Elektronik besonders in der Kosten-
reduzierung schon bei sehr kleinen Stückzahlen. Dabei dürfen
nicht nur die reinen Bauelementekosten Berücksichtigung finden,
sondern auch die Einsparungen bei der Platinenfläche, der
Bestückung, beim Testen und nicht zuletzt bei den späteren
Servicekosten, die durch die höhere Zuverlässigkeit hochintegrierter Bauelemente sinken.

Die Auswahl des für die gegebene Applikation erforderlichen
Baustein-Typs richtet sich nach der Anzahl der benötigten
Eingänge und Ausgänge sowie der Produktterme, also nach den
Größen m, n und p in (3.3) und (3.4). Bei sequentieller Logik
ist zusätzlich die Anzahl der notwendigen Flipflops, auch als
Register bezeichnet, zu betrachten. Es gibt Programme, die
nach Eingabe dieser Größen einen geeigneten Typ vorschlagen.

Für den Designer einer anwendungsspezifischen integrierten
Schaltung liegt es nahe, die Möglichkeiten programmierbarer
Logikbausteine mit denen eines Gate Array zu vergleichen. Dies

ist jedoch schwierig, da ein PLD immer nur über zwei Logikebenen verfügt, während die Zellen eines Gate Array in belie-
biger Tiefe völlig frei miteinander verbunden werden können.
Der Ausnutzungsgrad kann hier sehr hoch sein, d.h. 90% der
verfügbaren Zellen oder mehr sind nutzbar. Bei einem PLD hängt
der Ausnutzungsgrad in starkem Maße von der Art der Schaltung
ab und ist meist sehr viel kleiner [3.3]. Eine Ausnahme bilden
die neuen Entwicklungen (PML, LCA), die durch ihre Architektur
günstiger liegen.

Bei der Auswahl eines Gate Array Typs vergleicht der Anwender
die auf dem Chip verfügbare mit der für die Schaltung benötigte
äquivalente Gatterzahl, wobei als kleinste Einheit ein NAND
oder NOR mit zwei Eingängen zu verstehen ist. Ein Flipflop z.B.
benötigt auf dem Chip je nach Konstruktion die Fläche von acht
oder mehr, ein NAND mit acht Eingängen die von fünf oder sechs
einfachen NAND-Gattern.

Ein solches Verfahren ist bei programmierbaren Logikschaltungen
wegen der vorgegebenen Zwei-Ebenen-Struktur nicht möglich.
Gelegentlich findet man in der Fachliteratur auch für PLDs die
Zahl der auf dem Chip integrierten Gatter. Die Wahl der kleinsten Einheit ist bei den Herstellern aber unterschiedlich, so
daß die Angaben nicht vergleichbar sind. In [3.4] werden für
einen komplexen PLD-Typ z.B. 5696 Gatterfunktionen errechnet,
die sich aus NAND-Gattern mit jeweils vier Eingängen, aus einigen Invertern sowie den Gattern der Flipflops zusammensetzen.
Die Frage ist jedoch, welchen Ausnutzungsgrad die zu integrie-
rende Schaltung auf Grund ihrer Struktur zuläßt, wieviel Gatterfunktionen also wirklich nutzbar sind.

Der einfache 4-Bit-Komparator in Bild 3.2 z.B. besitzt bei der
für Gate Arrays üblichen Zählweise eine Schaltungskomplexität
von 18 äquivalenten Gattern. Dabei sind die Eingangsinverter
als jeweils ein Gatter, die Blöcke N0 und SUM als jeweils zwei
und die Blöcke N1 und N3 zusammen ebenfalls als zwei Gatter
gezählt. Die Aufstellung der Booleschen Gleichung ergibt für
die Ausgangsfunktion F0 15 Produktterme, so daß die Wahl auf

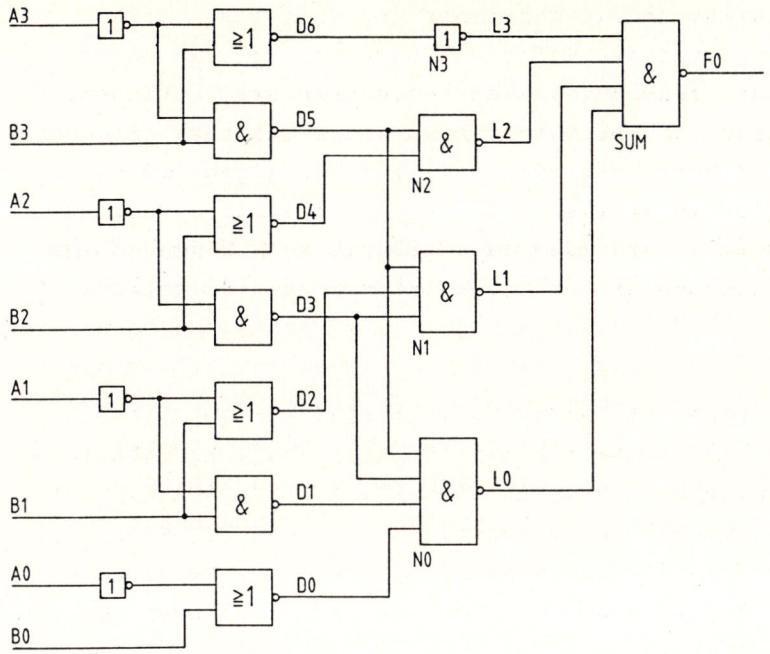

Bild 3.2. 4-Bit-Komparator A>B mit 18 Gatteräquivalenten

den PLD-Typ PAL 16C1 fällt. Dieser Baustein gestattet mit n = 16, m = 1 die Bildung von maximal 16 Produkttermen an einem Ausgang, ist also in diesem Punkt für die gegebene Schaltung nahezu voll ausgelastet. Bei den Eingängen sieht die Bilanz ungünstiger aus: Von 16 vorhandenen werden nur 8 benutzt. Der Typ 16C1 weist in der Zählweise nach [3.1] insgesamt 87 Gatter auf, und wenn man dies in Beziehung zur Schaltungskomplexität des Komparators setzt, kommt man auf einen Ausnutzungsgrad von 18·100/87 ≈ 20 %. Er ist hier wesentlich bestimmt durch die nicht benutzten Eingänge. Andere Anwendungen können höhere Ausnutzungsgrade erreichen, bis hin zu 40%, in Einzelfällen auch 60% oder mehr. Typische Werte lassen sich kaum angeben.

Eine grobe Einordnung läßt sich aus der Erfahrung ableiten. Danach liegt die Komplexität von PLDs zwischen der bekannter Standardreihen (TTL, CMOS 4000 usw.) und der kleinerer Gate Arrays, d.h. Schaltungen bis zu etwa 1000 äquivalenten Gattern sind mit programmierbaren Logikbausteinen gut realisierbar.

3.1.1 PLD-Architektur und Technologie

Die programmierbare Version des Nur-Lese-Speichers, bekannt als
PROM, war das erste vom Anwender selbst programmierbare Element
auf dem Markt. Ein PROM besitzt eine vollständig dekodierte,
fest verdrahtete UND-Ebene, auf die eine programmierbare ODER-
Ebene folgt. Bild 3.3 zeigt ein Beispiel mit zwei Ein- und zwei
Ausgängen, wobei die Schaltersymbole die Programmiermöglichkeiten andeuten sollen. Marktgängige PROMs enthalten noch
Adressdekoder sowie Ausgangstreiber und können zusätzlich mit
Ausgangsregistern ausgerüstet sein. Diese lassen sich bei einigen Typen zum Zwecke der Initialisierung mit einem programmierbaren Wort laden. Bausteine dieser Art werden von vielen Halbleiterherstellern geliefert, seit einiger Zeit auch unter der
Bezeichnung PLE (Programmable Logic Element).

Die beschriebene Architektur ist für die Hauptanwendung von
PROMs, die Adressenkodierung, optimal. Ihr Einsatz zur Erfüllung
anderer logischer Funktionen dagegen führt meist zu unwirt-

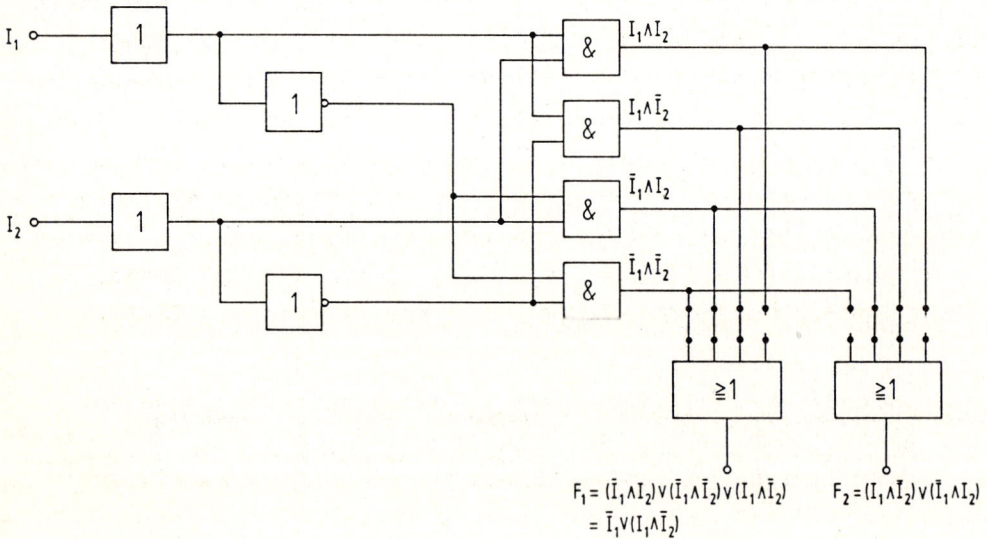

$$F_1 = (\bar{I}_1 \wedge I_2) \vee (\bar{I}_1 \wedge \bar{I}_2) \vee (I_1 \wedge \bar{I}_2) \qquad F_2 = (I_1 \wedge I_2) \vee (I_1 \wedge \bar{I}_2)$$
$$= \bar{I}_1 \vee (I_1 \wedge \bar{I}_2)$$

Bild 3.3. Prinzip eines 4x2 PROM: UND-Ebene fest verdrahtet
und voll dekodiert, ODER-Ebene programmierbar

schaftlichen Lösungen. Grund dafür ist, daß die Zahl der UND-
Gatter wegen der vollständigen Dekodierung mit jedem weiteren
Eingang auf das Doppelte anwächst. Bei p Eingängen werden 2^p
UND-Gatter benötigt, für drei Eingänge also acht UND-Gatter,
für 15 Eingänge schon 32 768 und für einen Eingang mehr bereits
65 536 UND-Gatter. Typische Logikanordnungen können schnell 16
und mehr Eingänge aufweisen, erfordern jedoch in aller Regel
eine im Vergleich zur vollen Dekodierung sehr viel geringere
Anzahl Produktterme und damit UND-Gatter. Die Realisierung mit
einem PROM würde deshalb erhebliche Redundanz beinhalten. Man
hat deshalb nach neuen Wegen gesucht, wobei PROMs den Ausgangspunkt für die weitere Entwicklung bildeten.

Programmierbare Logikschaltungen werden von mehreren Halbleiterherstellern produziert, wobei lange Zeit unverändert zwei
verschiedene Architekturen nebeneinander bestanden haben. Erst
in den Jahren 1986/87 sind neue Konzepte hinzugekommen [3.5].

Zur ersten Gruppe gehören die im Jahre 1975 von Philips
(Signetics/Valvo) erstmals vorgestellten FPLA und FPLS - Field
Programmable Logic Arrays und Logic Sequencer. Die schnell
größer werdende Familie erhielt die Bezeichnung IFL (Integrated
Fuse Logic), bei anderen Herstellern auch PLA (Programmable
Logic Array) genannt [3.6]. Philips hat diese Bezeichnungen in-
zwischen verlassen und verwendet in der Typenbezeichnung seiner
PLDs einheitlich das Kürzel PL (Programmable Logic), gefolgt von
einer Kombination aus Ziffern und Buchstaben zur Kennzeichnung
des Prozesses und anderer spezieller Eigenschaften. PLDs dieser
Gruppe haben nach Bild 3.4 eine programmierbare UND-Ebene,
deren Ausgänge über eine ebenfalls programmierbare ODER-Ebene

 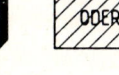 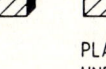   

PROM: PLA: PAL:
Programmierbare   UND-und ODER-Ebene   Programmierbare
ODER-Fbene   sind programmierbar   UND-Ebene

Bild 3.4. Programmierbarkeit bei PLDs

auf die Bausteinausgänge wirken. Dabei kann jeder Produktterm
gemäß (3.1) bis (3.4) auf jeden Ausgang geschaltet werden. Die
Flexibilität solcher Bausteine ist deswegen außerordentlich
hoch [3.7].

Zur zweiten PLD-Gruppe gehören die Bausteine, die erstmals von
der Firma Monolithic Memories Inc. unter der geschützten Bezeichnung PAL (Programmable Array Logic) im Jahre 1978 herausgebracht wurden. PALs haben gemäß Bild 3.4 eine programmierbare
UND-Ebene, deren Ausgänge über eine fest konfigurierte bzw.
nur in engen Grenzen veränderbare ODER-Ebene auf die Bausteinausgänge wirken. Dadurch kann nicht jeder Produktterm jeden
Ausgang erreichen, was zur Folge hat, daß ein Term, der in
mehreren Ausgangsfunktionen vorkommt, auch mehrmals erzeugt
werden muß. Gründe für die Verwendung einer einfacheren ODER-
Ebene waren der geringere Stromverbrauch, kleinere Laufzeiten
und die bei manueller Eingabe einfachere Programmierung.
Außerdem ist es in manchen Anwendungen nicht erforderlich, daß
jeder Produktterm auf jeden Ausgang geschaltet werden kann. PALs
haben deshalb eine relativ große Verbreitung gefunden [3.8].

Heute (1989), mehr als 10 Jahre nach Einführung der ersten PLDs,
sind die Leistungsfähigkeit der CAE-Programme und die Entwicklung der bipolaren und auch der MOS-Technologien so weit voran-
geschritten, daß die ursprünglichen Gründe für den Verzicht
auf eine programmierbare ODER-Ebene keine entscheidende Rolle
mehr spielen. Ob PLAs oder PALs eingesetzt werden, hängt für
den Anwender vielmehr davon ab, mit welcher PLD-Struktur und
Komplexität er bei seiner Schaltung einen möglichst hohen Ausnutzungsgrad erreicht. Wichtig ist auch die Konfiguration der
einzelnen PLDs im Ausgangs- und Registerbereich. Besondere
Beachtung verdienen hierbei die Gestaltung der Rückführungen in
die UND-Ebene und die Konstruktion der Register. So kann z.B.
die Frage, ob RS-, D- oder JK-Flipflops verfügbar sind, für die
ökonomische Realisierbarkeit bestimmter Funktionen der Anwenderschaltung und damit für die Auswahl des PLD-Typs entscheidend
sein. Gerade hier hat es in den letzten Jahren bei allen
Herstellern viele neue Entwicklungen gegeben, so daß es sich

empfiehlt, immer nur die jeweils neuesten Datenbücher zu Rate zu
ziehen.

Die Halbleiterhersteller haben sich anfangs entweder ganz der
PLA- oder ganz der PAL-Linie angeschlossen. Die Grenzen sind
jedoch unscharf geworden, d.h. man produziert beide PLD-Familien
oder versucht, die Eigenschaften der einen Gruppe mit den Vorteilen der anderen zu kombinieren.

Eine von der UND-ODER-Konfiguration abweichende Architektur
ist im Jahre 1987 von Philips (Valvo) herausgebracht worden.
PLDs dieser dritten Gruppe besitzen nur eine einzige Gatter-
ebene. Sie besteht ausschließlich aus NANDs, deren Ausgänge
immer wieder in die Eingangsebene zurückgeführt werden können.
Auf diese Weise läßt sich die Anwenderschaltung ökonomisch in
mehreren Logikebenen aufbauen (Abschnitt 3.1.4). Durch entsprechende Programmierung können in jeder Ebene auf dem Chip
vorhandene Funktionsblöcke, wie Register, Zähler, Controller
usw., eingefügt werden. Philips faßt die neuen Bausteine unter
der Bezeichnung PML (Programmable Macro Logic) zusammen.

Eine weitere neue PLD-Architektur in CMOS ist 1986/87 unter der
für die amerikanischen Firma Xilinx Inc. geschützten Bezeichnung
LCA (Logic Cell Array) auf dem Markt erschienen. Ein solcher
Baustein enthält eine Anzahl verschiedener Logikschaltungen,
deren Verknüpfung mitintegrierte statische RAM-Zellen übernehmen. Das RAM-Feld läßt sich z.B. von einem Microcontroller
in vielfältiger Weise laden. Dadurch kann das LCA jedesmal
eine andere Funktion erhalten (Abschnitt 3.1.5).

Programmierbare Logikschaltungen wurden lange Zeit hindurch nur
in bipolaren Technologien hergestellt, überwiegend als TTL-,
vereinzelt auch als ECL-Schaltungen. Die Prozesse waren durch
die Standardschaltungen gut bekannt und die Technik der Schmelzpfade lernte man schnell beherrschen. Bei den Verzögerungzeiten
konnte man von Anfang an recht kleine Werte erreichen, heute
liegen sie teilweise unter 15 ns. Die Leistungsaufnahme war mit
600 mW und mehr dagegen recht hoch. Erst in jüngerer Zeit gelang

eine Reduzierung auf weniger als 200 mW, allerdings auf Kosten
der Verzögerungszeiten.

Eine wachsende Bedeutung gewinnt seit etwa 1985 auch hier die
CMOS-Technologie, erkennbar an der schon relativ großen Zahl
von CMOS-PLDs, die bereits heute angeboten wird. Sie werden in
den von EPROMs und EEPROMs bekannten Technologien hergestellt
und als EPLD (Erasable PLD) bzw. EEPLD (Electrically Erasable
PLD) bezeichnet. Die neuen Bausteine können mit UV-Licht bzw.
elektrisch gelöscht und danach erneut programmiert werden. Als
Vorteil ist neben der reversiblen Programmierung die erheblich
geringere Leistungsaufnahme zu nennen. Allerdings steigt die
Stromaufnahme mit der Frequenz linear an, so daß sie im ungünstigsten Falle nahe an die Werte der TTL-Bausteine herankommt.
Die bei CMOS erreichbaren Verzögerungszeiten waren lange Zeit
deutlich höher als bei Bipolartechnologien. Heute jedoch liegen
die Werte nahe beieinander.

Bausteine in CMOS lassen sich auch vor der Programmierung vollständig testen. Bei bipolaren Schaltungen ist dies wegen der

Tabelle 3.1. In der Bundesrepublik bekannte PLD-Anbieter

Altera, USA	EPLD
AMD, München	PAL(TTL,ECL)/EEPLD
Cypress, Feldkirchen	EPLD
Intel, München	EPLD
Lattice, USA	EEPLD
Monolithic Memories, München	PAL/EPLD/LCA *)
National Semiconductors, Fürstenfeldbruck	PAL/EPLD/ECL
Texas Instruments, Freising	PAL/PLA
Valvo, Hamburg	PLA/PAL/PML/EPLD
VLSI Technology, München	EEPLD
Xilinx, USA	LCA

*) gehört seit 1987 zu AMD

intakten Schmelzpfade nicht möglich. Eine Ausnahme bildet die
oben erwähnte neue Baustein-Familie PML von Philips (Valvo), bei
der eine eigene Testlogik mitintegriert ist.

Zur Orientierung enthält Tabelle 3.1 einige der in der Bundesrepublik bekannten PLD-Anbieter. Eine vollständigere Übersicht
ist in [3.9] zu finden. Bemerkenswert ist, daß sich japanische
Halbleiterhersteller auf dem PLD-Sektor bisher nur wenig engagiert haben.

3.1.2 Bausteine mit zwei programmierbaren Ebenen (PLA)

Bild 3.5a zeigt den prinzipiellen Aufbau eines programmierbaren
UND/ODER-Arrays mit zwei Eingängen, zwei Ausgängen und der Möglichkeit, maximal drei Produktterme zu bilden. Die Eingangssignale werden über Puffer, die auf dem Chip mitintegriert sind,
direkt oder invertiert jedem der drei UND-Gatter zugeführt
(Wired-AND). Jedes Gatter besitzt deshalb vier Anschlüsse, doppelt so viele wie Eingangssignale vorhanden sind.

Betrachtet sei ein PLA mit Schmelzpfad-Programmierung. Hier
sind die Kreuzungspunkte zwischen den Eingangssignalen und den
Anschlüssen der UND-Gatter über Dioden und schmale Pfade aus einer Nickel-Chrom- oder Titan-Wolfram-Legierung miteinander verbunden. Im unprogrammierten Zustand sind alle Pfade intakt, als
Folge liegen die Ausgänge aller UND-Gatter auf LOW. Das gilt,
solange wenigstens zwei zum gleichen Eingang gehörende Pfade intakt bleiben, da dann, unabhängig vom Zustand dieses Eingangs,
ein UND-Anschluß auf HIGH, der andere zwangsläufig auf LOW
geht. Das betreffende Gatter ist damit auch für alle anderen
Eingänge inaktiv.

Die Transistoren im unteren Teil des Bildes 3.5a stellen programmierbare ODER-Verknüpfungen dar (Wired-OR). Im unprogrammierten Zustand sind auch hier alle Schmelzpfade intakt, so daß
sich die Ausgänge F_1 und F_2 im Zustand LOW befinden. Jedes
ODER-Gatter hat soviel Eingänge wie UND-Gatter bzw. Produktterme

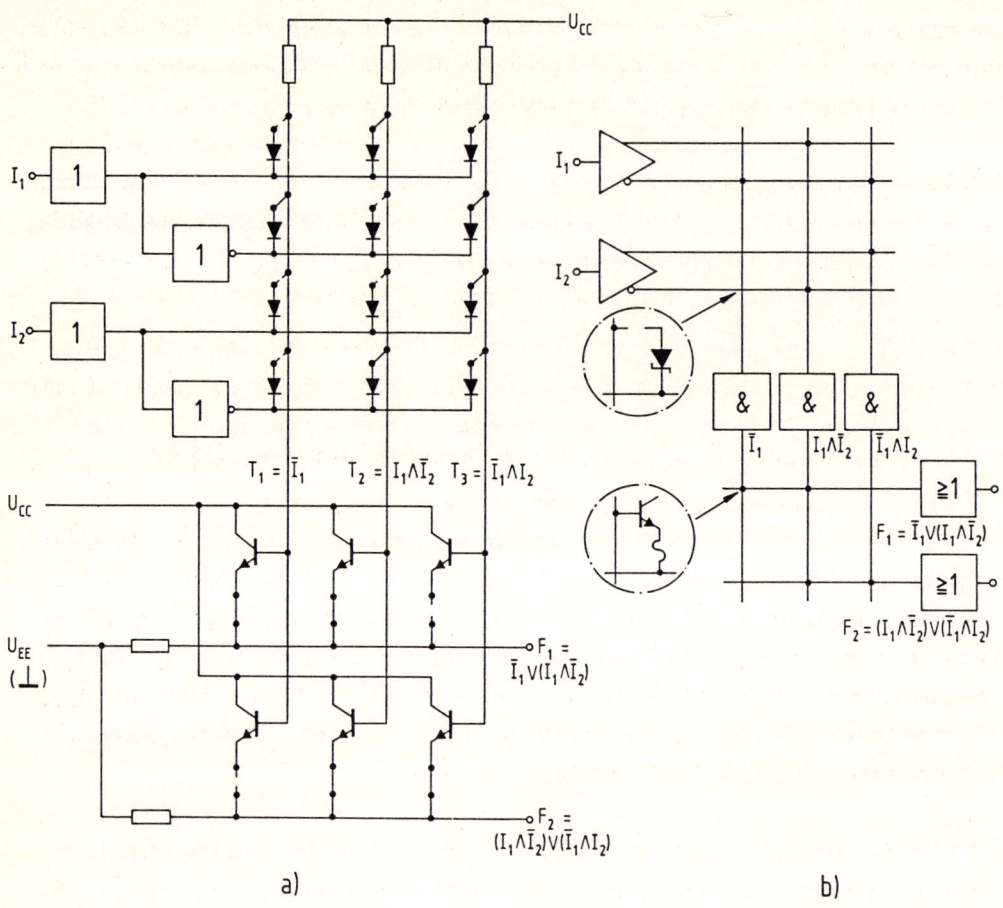

$T_1 = \bar{I}_1 \qquad T_2 = I_1 \wedge \bar{I}_2 \qquad T_3 = \bar{I}_1 \wedge I_2$

$F_1 = \bar{I}_1 V(I_1 \wedge \bar{I}_2)$

$F_2 = (I_1 \wedge \bar{I}_2) V(\bar{I}_1 \wedge I_2)$

a)   b)

Bild 3.5. Aufbau eines PLA, a) Prinzip, b) vereinfachte
Darstellung

vorhanden sind, folglich kann jeder Produktterm in jeder Summenfunktion F vorkommen.

Bei der Programmierung werden die nicht gewünschten Pfade auf-
geschmolzen, die erforderlichen Verbindungen dagegen bleiben
erhalten. Auf diese Weise entstehen die drei Produktterme T_1,
T_2 und T_3, die durch die Programmierung in der ODER-Ebene die
beiden Summenfunktionen $F_1 = T_1$ v T_2 und $F_2 = T_2$ v T_3 bilden.
Bemerkenswert ist die Möglichkeit, nicht nur einen Pfad, sondern
beide zu einem Eingang gehörenden Pfade zu schmelzen, wie dies

im Produktterm T_1 für den Eingang I_2 geschehen ist. Der Zustand
von I_2 ist für T_1 irrelevant, weshalb man dies als DON'T CARE
Programmierung von I_2 im Produktterm T_1 bezeichnet. Ein PROM
bietet diese Möglichkeit nicht, da die UND-Ebene immer voll
dekodiert ist. Wie Bild 3.3 zeigt, läßt sich $\overline{I}_1$ in F_1 nur durch
Heranziehung des Assoziativgesetzes aus 2 Produkttermen bilden,
nämlich durch $\overline{I}_1 \wedge I_2 \vee \overline{I}_1 \wedge \overline{I}_2 = \overline{I}_1 \wedge (I_2 \vee \overline{I}_2) = \overline{I}_1$.

Bild 3.5a zeigt zum besseren Verständnis ein nur aus wenigen
Gattern bestehendes PLD. Die kleinste auf dem Markt befindliche
Schaltung ist bereits so umfangreich, daß eine ausführliche
Darstellung sehr unübersichtlich wäre. In den Datenblättern und
in der Fachliteratur wählt man deshalb eine gemäß Bild 3.5b
stark vereinfachte Darstellung, die nur noch die wesentlichen
Eigenschaften erkennen läßt. Es sind dies die Leitungskreuzungen
mit den Möglichkeiten der Produkt- und Summenbildung, wobei die
nach der Programmierung intakt und deshalb wirksam gebliebenen
Verbindungen durch einen Punkt oder ein Kreuz markiert werden.
Alle geschmolzenen und deshalb nicht markierten Verbindungen
bezeichnet man als programmiert.

Marktgängige PLDs mit der hier beschriebenen Zwei-Ebenen-
Programmierbarkeit haben je nach Gehäuse gegenwärtig bis zu 16
Eingangs- und 12 Ausgangsanschlüsse. Bei den meisten Typen
lassen sich die Ausgänge aber auch als Eingänge schalten, so
daß man deren Anzahl auf Kosten der Ausgänge erhöhen kann. Die
UND-Ebene kann bis zu 48 verschiedene Produktterme bilden, die
sich über die ebenfalls programmierbare ODER-Ebene jedem beliebigen Ausgang zuordnen lassen. Jede Ausgangsfunktion darf
also aus maximal 48 Summanden bestehen, wobei der gleiche Term
immer nur ein einziges Mal erzeugt werden muß. Zur Umwandlung
einer Funktion nach de Morgan erlauben die meisten PLAs, die
Ausgänge dynamisch auf aktiv LOW oder aktiv HIGH zu steuern
oder in ihrer Polarität fest zu programmieren. Bausteine für
sequentielle Logik enthalten darüberhinaus bis zu 14 Flipflops.
Die Ausgänge dieser meist als Register bezeichneten Speicherelemente können teilweise auf dem Chip in die UND-Ebene zurückgeführt und dort wie Eingangssignale behandelt werden.

Als Gehäusematerial kommt vorzugsweise Plastik zur Anwendung,
doch werden die meisten Typen auch in Keramikgehäusen angeboten. Die Zahl der Anschlüsse liegt schwerpunktmäßig bei
20, 24 und 28, wobei als Gehäuseformen Plastic Dual-In-Line
(DIP), Plastic Leaded Chip Carrier (PLCC mit 20 und 28 Pins)
oder Ceramic Dual-In-Line (Cerdip) anzutreffen sind.

EPLDs benötigen zum Löschen mit UV-Licht ein Fenster, so daß
nur Keramikgehäuse in Frage kommen. Beschränkt man sich jedoch
auf einmaliges Programmieren, kann man diese Schaltungen auch
in preisgünstigeren Plastikgehäusen erhalten.

Die Datenblätter von Philips (Valvo) z.B. weisen für bipolare
Schaltungen mit Registern eine maximale Taktfrequenz von 14 bis
20 MHz und eine maximale Leistungsaufnahme von 900 bis 950 mW
aus, wobei Typen mit höherer Betriebsfrequenz durch den Zusatz
"A" gekennzeichnet sind. Für PLDs mit ausschließlich kombinatorischer Logik geben die Hersteller statt einer Frequenz die
Verzögerungszeit für einen Durchlauf durch UND-und ODER-Ebene
an. Sie liegt maximal bei 20 bis 40 ns, verbunden mit einer
maximalen Leistungsaufnahme zwischen 775 und 850 mW. Der Zusatz
"A" markiert auch hier die Typen mit höherer Geschwindigkeit.

Technologische Fortschritte setzen die Verzögerungszeit noch
weiter herab. Die Datenblätter geben z.B. für die im Jahre 1988
herausgebrachten, rein kombinatorischen Typen PLUS 153 und 173
bei unveränderter Leistungsaufnahme (775 mW typisch) max. 12 ns
an. Außerdem sucht man die Frequenz der Sequencer zu erhöhen.
Als Beispiel sei der Typ PLUS 405A mit max. 32 MHz genannt.
Gleichzeitig wurde bei diesem Baustein die Anzahl der Produktterme auf 64, die der Eingänge und Flipflops auf je 16 erhöht.

Die Spezifikationen der ersten CMOS-PLDs sind bereits in der
Nähe ihrer bipolaren Vorgänger angesiedelt. Die Leistungsaufnahme ist jedoch wesentlich geringer. Sie setzt sich aus
einem statischen Anteil (Typ PLC 473 z.B. max. 200 mW) und
einem frequenzabhängigen Anteil zusammen (etwa 12 mW/MHz).

Der maximale Ausgangsstrom für LOW hängt sehr vom Bausteintyp ab, beträgt aber fast immer mehr als 10 mA.

Schaltungen für kombinatorische Logik (FPLA)

Als Beispiel eines typischen, für kombinatorische Logik geeigneten Bausteines soll der in bipolarer Technologie hergestellte Typ PLS 173 von Philips (Valvo) dienen. Bild 3.6 zeigt die Anordnung der programmierbaren UND- und ODER-Ebene. Das IC besitzt 12 Eingangs- und 10 Ein-/Ausgangsanschlüsse und kann für jede Ausgangsfunktion 32 logische Produktterme bilden. Es ist in einem Plastik DIP-Gehäuse mit 24 Anschlüssen oder in einem PLCC 28 untergebracht. Als ein wesentliches Merkmal gibt die Schaltung

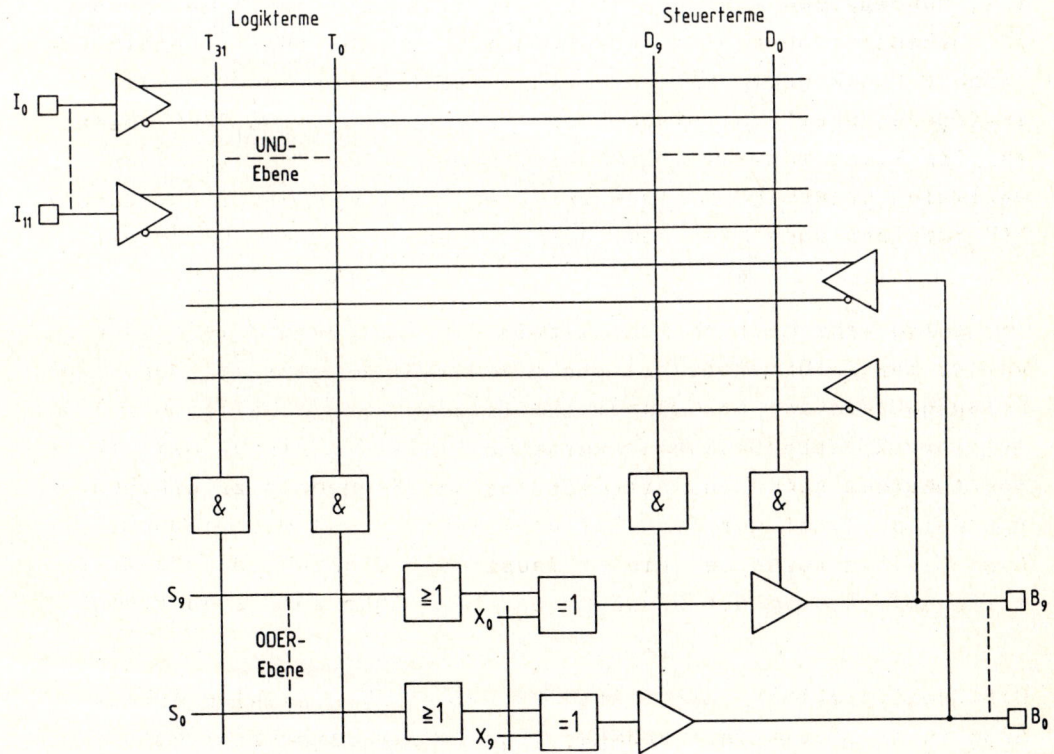

Bild 3.6. FPLA mit bidirektionalen Anschlüssen $B_0 \ldots B_9$, Typ PLS 173

die Möglichkeit, durch Programmierung der Exclusiv-ODER-Gatter, die der ODER-Ebene nachgeschaltet sind, an jedem Ausgang $B_0...B_9$ entweder die Funktion F oder die invertierte Funktion $\overline{F}$ zu erzeugen. Auf diese Weise läßt sich wahlweise die logische Summe der Produktterme oder das logische Produkt der invertierten Terme bilden, z.B.:

$$F = T_0 \vee T_2 \vee T_3 \quad \text{oder} \tag{3.5}$$
$$\overline{F} = T_0 \vee T_2 \vee T_3 \ . \tag{3.6}$$

Aus (3.6) folgt nach de Morgan

$$F = \overline{T}_0 \wedge \overline{T}_2 \wedge \overline{T}_3 \ . \tag{3.7}$$

Die Auswahl erfolgt am Exclusiv-ODER-Gatter durch Festlegung eines Anschlusses auf HIGH oder LOW. Im Anlieferungszustand liegen alle Anschlüsse $X_0...X_9$ über Schmelzpfade auf LOW, am Ausgang erhält man somit die Funktionen F_n. Durch Schmelzen des Pfades wird der betreffende Anschluß auf HIGH gebracht, so daß am Ausgang die invertierte Funktion $\overline{F}_n$ erscheint.

Durch die Negation kann die Zahl der für eine Aufgabe erforderlichen Produktterme drastisch reduziert werden. Der 8-Bit-Komparator in Bild 3.7 z.B. benötigt für die Funktion F insgesamt 256 Produktterme, für die Funktion $\overline{F}$ dagegen nur 16.

Für jeden Produkterm ist ein UND-Gatter mit je 44 Eingängen vorhanden. Die Zahl resultiert aus den 12 Eingangsanschlüssen und zusätzlich aus den maximal 10 Eingängen, die mit den Ein-/Ausgangsanschlüssen $B_0...B_9$ verbunden sind. Diese Anschlüsse können entweder Eingang oder Ausgang sein, was dem Anwender ein

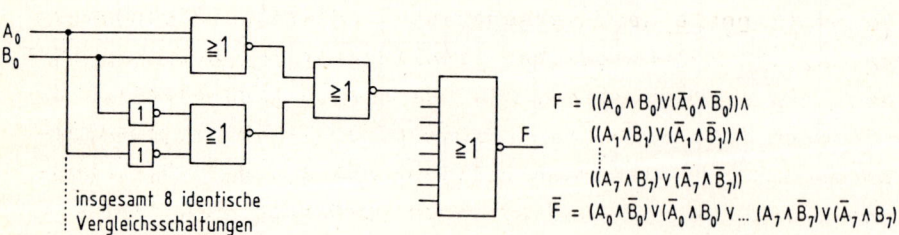

Bild 3.7. 8-Bit-Komparator mit F = 1 für A = B

besonders hohes Maß an Flexibilität erlaubt. Erfordert die
Anwendung z.B. nur einen Ausgang, kann die Schaltung mit maximal
21 Eingängen betrieben werden. Die Einstellung geschieht über
Steuerterme $D_0...D_9$, die jeden Ausgangstreiber getrennt in den
aktiven oder den Tristate-Zustand setzen können. Eine permanente
Einstellung ergibt sich, wenn alle 44 Eingänge der Steuer-UND-
Gatter wahlweise programmiert oder aber nicht programmiert
werden. Im ersten Fall sind alle·Pfade durchschmolzen, so daß
die Eingänge des betreffenden Steuer-UND-Gatters auf HIGH liegen
und der angeschlosssene Treiber sich im aktiven Zustand befindet. Der zugehörige Anschluß wirkt als Ausgang. Im zweiten Fall
bleibt die Hälfte der Eingänge des Steuer-UND-Gatters auf LOW,
so daß der Treiber in den Tristate-Zustand geht und den zugehörigen Anschlußstift als Eingang definiert. Die Einstellung der
Treiber läßt sich aber auch dynamisch gestalten. Man behandelt
dann die Steuerterme so wie die Logik-Produktterme. Wenn die vom
Anwender gewählten Eingangsbedingungen wahr sind, wirken die
betreffenden Anschlüsse als Ausgänge, für alle anderen Konfigurationen als Eingänge.

Signale an aktiven E/A-Anschlüssen können von dort über Puffer
in die UND-Ebene zurückgeführt und wie.neue Eingangssignale
behandelt werden. Auf diese Weise läßt sich auch mehrstufige
Logik realisieren, allerdings mit dem Nachteil, daß sich bei
jedem Durchlauf die Verzögerungszeiten der Puffer sowie beider
Gatter-Ebenen addieren.

Schaltungen für sequentielle Logik (FPLS)

Programmierbare Logikschaltungen der bisher beschriebenen Art
können Eingangssignale nach vorgegebenen Booleschen Bedingungen
verknüpfen und die Ergebnisse bei Erfüllung dieser Bedingungen
an den Ausgängen bereitstellen. Die zum Aufbau sequentieller
Logik geeigneten PLDs enthalten darüberhinaus noch programmierbare Register aus RS- oder JK-Flipflops, die aus der ODER-Ebene
heraus angesteuert werden und synchron getaktet sind. Ihre
Ausgänge können in die UND-Ebene zurückgeführt werden, so daß
der Ausgangszustand der Schaltung eine Funktion des vor dem

Taktimpuls erreichten Registerzustandes sowie der externen
Eingangssignale ist. In der englischsprachigen Fachliteratur
bezeichnet man eine solche Schaltung als Finite State Machine
[3.10]. Es lassen sich damit Schaltwerke aufbauen, z.B. komplexe
Zähler, Schieberegister, Ablaufsteuerungen usw.

Bild 3.8a macht die Arbeitsweise synchroner sequentieller Logik
deutlich. Gemäß Zustandsdiagramm geht die Schaltung für den
Fall, daß die Sprungfunktion $A \wedge B \wedge \overline{Q}$ wahr wird, bei Eintreffen des
nächstfolgenden Taktimpulses von einem beliebigen Zustand Z_0 in
den Zustand Z_1 über. Dabei ändert sich hier auch die Ausgangsfunktion F. Bild 3.8b gibt die Realisierung in einem FPLS,
Bild 3.8c die Aufgabenstellung in allgemeiner Form wieder. Sie
beschreibt das Prinzip einer Finite State Machine vom Mealy-
Typ. Ist die Ausgangsfunktion gleich dem jeweiligen Inhalt des
Zustandsregisters, ist also kein eigenes Ausgangsregister vorhanden und wirken keine externen Eingangssignale direkt auf die
Ausgangsfunktionen ein, spricht man vom Moore-Typ.

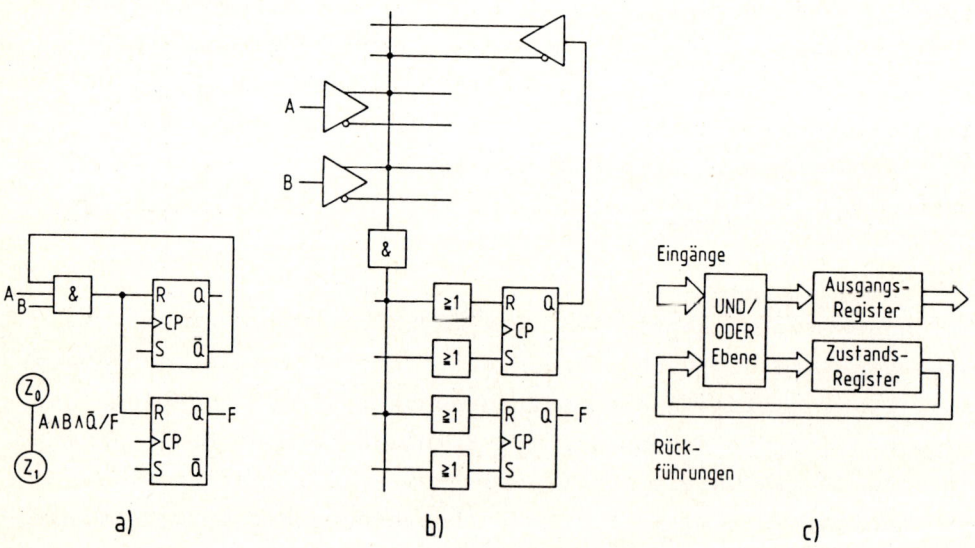

Bild 3.8. Sequentielle Logik, Zustandswechsel $Z_0 \rightarrow Z_1$ für $A \wedge B \wedge \overline{Q}$,
a) Aufgabenstellung, b) Realisierung im FPLS,
c) Allgemeine Darstellung

Den Aufbau eines typischen FPLS zeigt Bild 3.9. In praktischen
Schaltungen sind immer mehrere solcher Stufen vorhanden, die
zusammen ein Register bilden. Zunächst gibt es auch hier die
Elemente zum Aufbau kombinatorischer Logik, mit S als Summen-

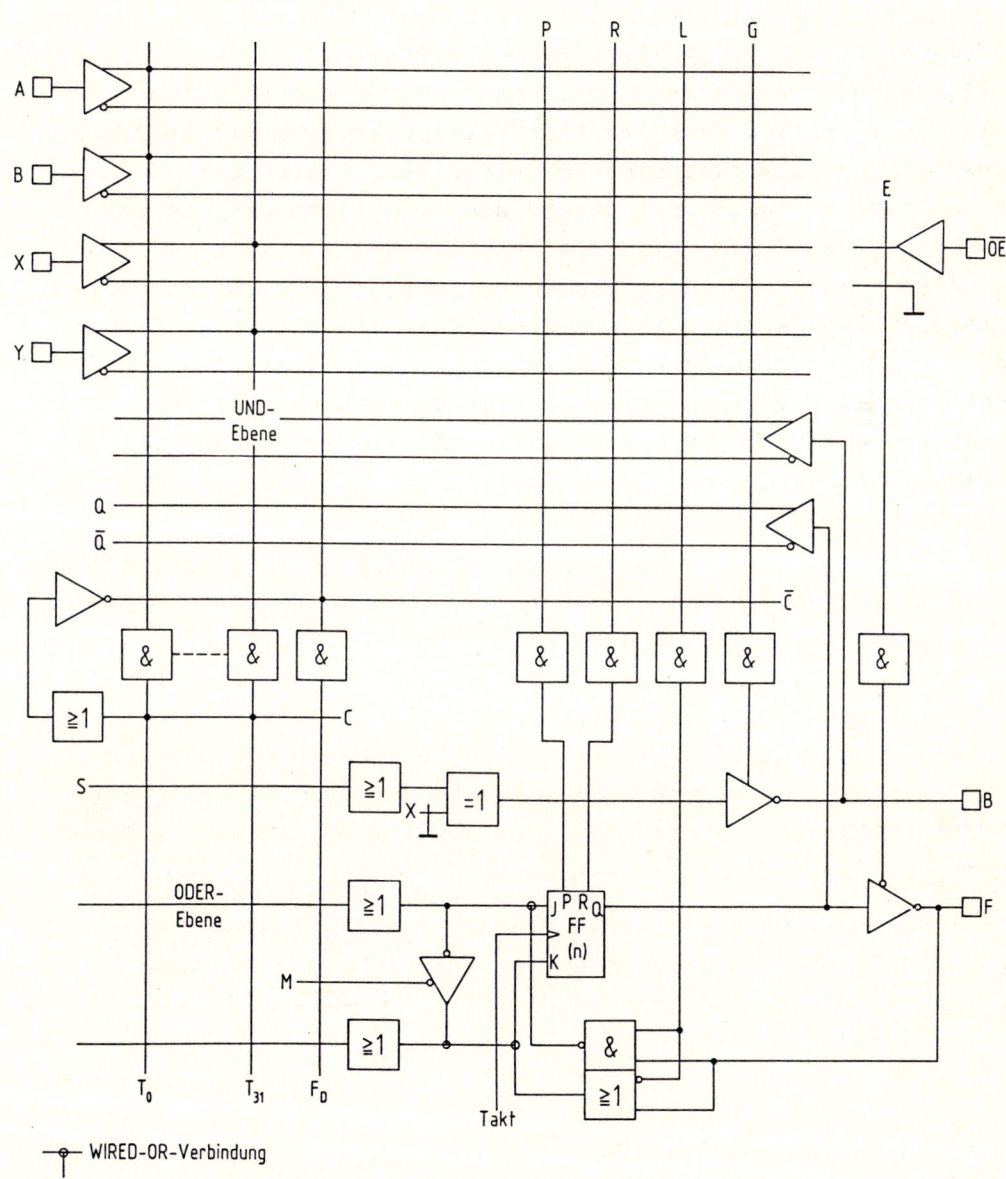

Bild 3.9.   Konfiguration eines FPLS mit programmierbarer
Ausgangsstufe

funktion, B als bidirektionalem Ausgang und mit G als Steuerterm zur Entscheidung darüber, ob B als Ausgang oder Eingang wirken soll. Das Speicherelement kann als JK- oder D-Flipflop arbeiten. Die Programmierung erfolgt an dem zwischen J und K befindlichen Tristate-Inverter durch Wahl des Potentials am Anschluß M. Der Anwender kann M fest an HIGH oder LOW legen oder aber über den Logikterm F_D steuern.

Das Ausgangssignal des Flipflops gelangt bereits auf dem Chip über Puffer, also ohne den Weg über äußere Anschlußstifte, als Q und $\overline{Q}$ zurück in die UND-Ebene. Zusätzlich läßt sich Q durch programmierbare Tristate-Inverter auf den bidirektionalen Anschluß F schalten. Auch diese Einstellung kann der Anwender entweder fest wählen oder dynamisch steuern, in diesem Fall von außen über $\overline{OE}$. Die Rückführung des Flipflop-Ausgangs bleibt auch erhalten, wenn der E/A-Anschluß als Eingang betrieben wird, man spricht dann von einem vergrabenen Flipflop (buried flipflop).

Das Flipflop läßt sich bei entsprechender Einstellung des Anschlusses $\overline{OE}$ und des Steuerterms L von außen laden. Die Information an F wird beim nächsten Taktimpuls übernommen und erscheint am Ausgang Q. Auf diese Weise kann man ein Register z.B. synchron mit dem Takt in einen bestimmten Anfangszustand bringen. Auch asynchrones Setzen und Rücksetzen ist möglich. Dies geschieht, wenn die Schaltung die vom Anwender programmierten Steuerterme P bzw. R in der UND-Ebene als wahr erkennt.

Ein besonderes Merkmal stellt die Komplement-Bildung $\overline{C}$ dar. Sie ermöglicht die direkte Implementierung der Bedingung

$$\overline{C} = \overline{T_1 \vee T_2 \vee \ldots \vee T_n} \; . \tag{3.8}$$

Eine solche Funktion geht aus (3.1) formal durch Negation beider Seiten hervor. Man bezeichnet dies als Komplementbildung. Nach de Morgan wird daraus das Produkt aus den negierten Termen

$$\overline{C} = \overline{T}_1 \wedge \overline{T}_2 \wedge \ldots \wedge \overline{T}_n \ . \tag{3.9}$$

Als Beispiel sei in Bild 3.9 angenommen, daß für den gewünschten Funktionsablauf zwei Produktterme $T_0 = A \wedge B$ und $T_{31} = X \wedge Y$ erforderlich sind. Wenn weder der eine noch der andere Term wahr ist, soll eine weitere, bestimmte Aktion ausgelöst werden. Für diese Funktion $F_D = \overline{T}_0 \wedge \overline{T}_{31} = (\overline{A \wedge B}) \wedge (\overline{X \wedge Y})$ wird hier nur ein einziger Produktterm zusätzlich gebraucht, da F_D an $\overline{C}$ direkt zur Verfügung steht. Ohne die Möglichkeit der Komplement-Bildung müßten zusätzlich vier Produktterme belegt werden. Denn nach Umformung lautet die geforderte Funktion

$$F_D = (\overline{A} \vee \overline{B}) \wedge (\overline{X} \vee \overline{Y}) = \overline{A} \wedge \overline{X} \ \vee \ \overline{B} \wedge \overline{X} \ \vee \ \overline{A} \wedge \overline{Y} \ \vee \ \overline{B} \wedge \overline{Y} \ . \tag{3.10}$$

Schon an diesem kleinen Beispiel wird deutlich, daß die Komplement-Bildung eine erhebliche Reduzierung der für die Lösung einer Aufgabe erforderlichen Produktterme bewirken kann.

Das an der Komplement-Bildung beteiligte ODER-Gatter besitzt soviel Eingänge wie Produktterme möglich sind. Eine besondere Anwendung liegt darin, sämtliche Produktterme anzuschließen. Auf diese Weise wird $\overline{C}$ nur dann HIGH, wenn die Ausgänge aller UND-Gatter auf LOW liegen. In diesem Falle gibt es keine gültigen Produktterme, d.h. die Schaltung befindet sich in einem undefinierten Zustand. Das Signal $\overline{C}$ kann dann benutzt werden, um z.B. die Register zu setzen und die Schaltung wieder in einen definierten Zustand zu überführen. Ohne Komplement-Bildung müßte man alle Produktterme, die zum Setzen der Register führen sollen, gesondert dekodieren.

Die Register umfassen bis zu acht JK-Flipflops (Typ PLS 159). Daneben gibt es Schaltungen, die ähnliche Möglichkeiten bieten, aber mit bis zu 14 RS-Flipflops aufgebaut sind (Typ PLS 168). RS-Flipflops benötigen weniger Gatter und deshalb weniger Chipfläche. Beide Flipflop-Typen haben, im Gegensatz zu D-Flipflops, die nützliche Eigenschaft, bei Ansteuerung mit LOW an beiden Eingängen den Ausgangszustand vom nächsten Taktimpuls an nicht mehr zu ändern. Die Information kann also für eine oder mehrere

Taktperioden gehalten werden (Hold-Zustand). Dies tritt automatisch ein, wenn die beiden für die Ansteuerung zuständigen
Produktterme nach dem Speichervorgang unwahr werden und somit
die Ausgänge der zugehörigen ODER-Gatter auf LOW gehen. Diese
Eigenschaft kann man bei vielen Anwendungen mit Vorteil nutzen.

3.1.3 Bausteine mit einer programmierbaren Ebene (PAL)

Die Wirkungsweise eines PLD mit programmierbarer UND- und fest
verdrahteter ODER-Ebene zeigt Bild 3.10. Die Eingangssignale
gelangen über mitintegrierte Puffer direkt oder invertiert zu
den UND-Gattern, d.h. jedes dieser Gatter besitzt doppelt so
viele Anschlüsse wie Eingangssignale vorhanden sind. Jedes UND-
Gatter bildet einen Produktterm, der über eine feste ODER-
Verdrahtung zu einem bestimmten Ausgang führt.

Die Kreuzungspunkte zwischen den Eingangssignalen und den Anschlüssen der UND-Gatter sind über Dioden und schmale Schmelzpfade aus einer Titan-Wolfram-Legierung miteinander verbunden.
Wie bei PLAs sind vor der Programmierung alle Pfade intakt, und
dies bedeutet, jeweils die Hälfte der UND-Eingänge befindet sich
im Zustand LOW bzw. HIGH. Deshalb liegen die Ausgänge der UND-
Gatter und damit die zugehörigen Funktionsausgänge fest auf
LOW. Das gilt, solange wenigstens noch zwei zum gleichen Eingang
gehörende Pfade intakt bleiben. Das betreffende UND-Gatter ist
dann für diesen und auch für alle anderen Eingänge inaktiv.

Bei der Programmierung werden die nicht gewünschten Pfade auf-
geschmolzen. Auf diese Weise entsteht in Bild 3.10 die Ausgangsfunktion $F_1 = I_1 v (\overline{I_1} \wedge I_2)$. Wie PLAs bieten auch PALs durch
Schmelzen beider zu einem Eingang gehörenden Pfade die Möglich-
keit der DON'T CARE-Programmierung (Abschnitt 3.1.2). Ein PROM
erlaubt dies nicht, da die UND-Ebene immer voll dekodiert ist.
Der Term I_1 in F_1 läßt sich dann, wie in Bild 3.3 für das Eingangssignal $\overline{I_1}$ gezeigt, nur durch Heranziehung des Assoziativgesetzes aus zwei Produkttermen bilden.

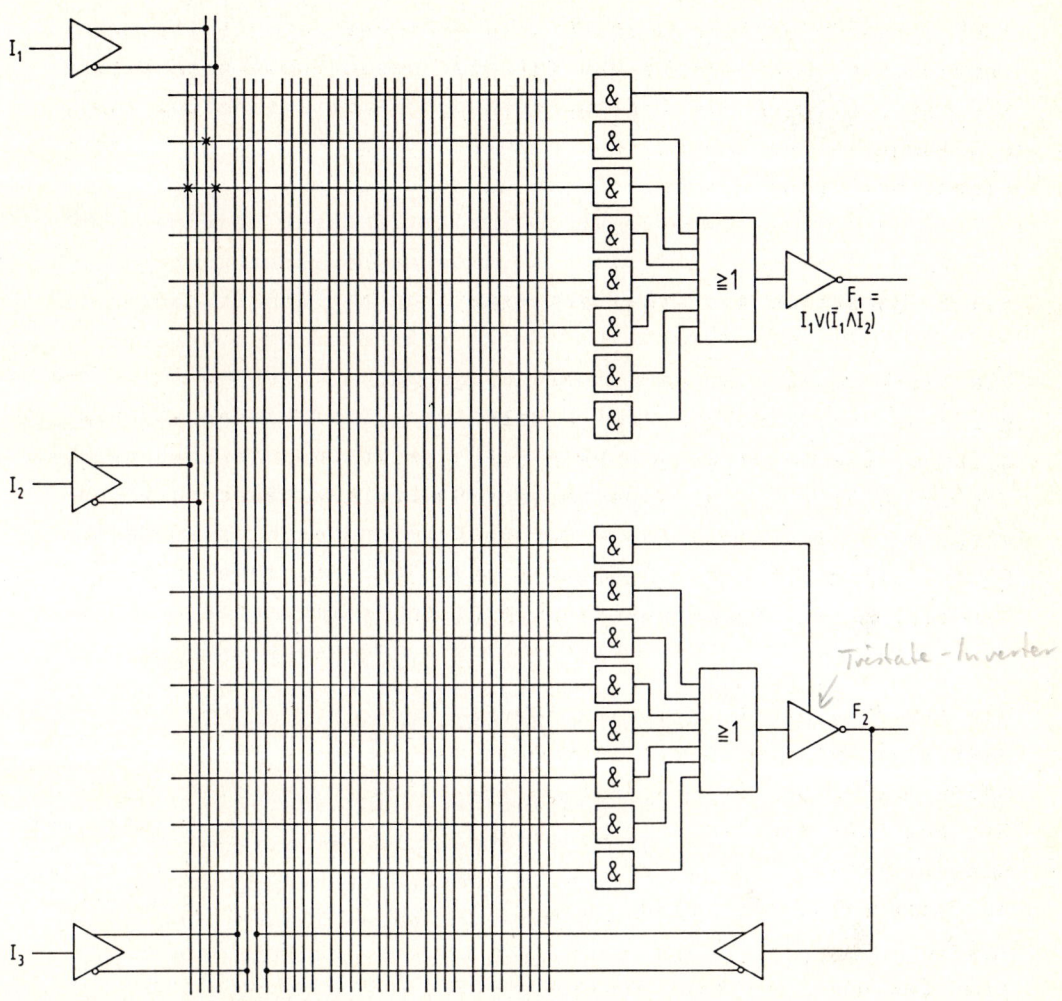

• feste Verbindung
× bei der Programmierung intakt gebliebene Verbindung

Bild 3.10. Ausschnitt aus PAL 16L8

Auf dem Markt befindliche PAL-Bausteine sind so umfangreich,
daß eine ausführliche Darstellung der Schaltung unübersichtlich
wäre. In Datenblättern und in der Fachliteratur benutzt man
deshalb ähnlich wie bei PLAs die stark vereinfachte Darstellung
nach Bild 3.10. Sie gibt nur die Leitungskreuzungen mit den
Möglichkeiten der Produkt- und Summenbildung wieder, wobei die

nach der Programmierung intakt und somit wirksam gebliebenen
Verbindungen durch ein Kreuz markiert werden. Die geschmolzenen
und deshalb nicht markierten Verbindungen bezeichnet man als
programmiert.

Zur weiteren Verbesserung der Übersichtlichkeit zeichnet man
meist die Leitungen für die Produktterme horizontal und die für
die Eingänge vertikal. Dadurch entstehen bei den Eingängen feste
Verbindungen, die durch einen Punkt gekennzeichnet werden.

In Bild 3.10 sind zwei fest verdrahtete, voneinander unabhängige
ODER-Gatter gezeichnet. Heute verfügbare PALs enthalten mehrere
solcher Anordnungen. An jedem ODER-Gatter bzw. Ausgang können
dabei je nach Typ bis zu 16 Produktterme angeschlossen sein,
d.h. jede Summenfunktion darf maximal 16 Glieder haben, wobei -
anders als bei PLA-Bausteinen - mehrfach vorkommende Terme auch
mehrfach erzeugt werden müssen. Neuere, hochkomplexe Typen besitzen bei ebenfalls 16 Produkttermen pro Ausgang bis zu 64 Ein-
und 32 Ausgänge (MegaPALs) [3.8]. Bei vielen Typen lassen sich
die Ausgangsanschlüsse auch als Eingänge betreiben, so daß man
deren Zahl auf Kosten der Ausgänge erhöhen kann. Zur Umwandlung
einer Ausgangsfunktion nach de Morgan gibt es einige PALs, deren
Ausgänge dynamisch auf aktiv LOW oder aktiv HIGH gesteuert oder
in ihrer Polarität fest programmiert werden können. Bausteine
für sequentielle Logik enthalten pro Ausgang ein oder zwei
D-Flipflops. Ihre Ausgänge lassen sich teilweise in die UND-
Ebene zurückführen und dort wie Eingangssignale behandeln.

Die meisten Hersteller liefern PAL-Bausteine sowohl in Plastik-
als auch in Keramikgehäusen. Die Zahl der Anschlüsse liegt im
Schwerpunkt bei 20, 24 und 28. Als Gehäuseformen sind Dual-
In-Line (DIP), Flat Pack (Keramik), Leaded und Leadless Chip
Carrier anzutreffen. Hochkomplexe Chips werden in Gehäusen mit
40, 44 und 84 Anschlüssen untergebracht. Daneben stehen auch
Pin Grid Gehäuse mit 88 Anschlüssen zur Verfügung.

Bausteine in Bipolar-Technologien werden in verschiedenen Ver-
sionen angeboten. Die Unterschiede liegen in der Verzögerungs-

zeit und der Leistungsaufnahme, wobei letztere auf Kosten der Laufzeit sehr klein gehalten werden kann. In den Datenblättern findet man als maximale Verzögerungszeit 15 bis 60 ns, als maximale Leistungsaufnahme etwa 1000 bis 200 mW, bei MegaPALs bis 3200 mW. Die Taktfrequenz bei sequentieller Logik darf je nach Typ 10 bis 40 MHz betragen. Neueste Entwicklungen erreichen auch 10 ns und 50 MHz.

Der maximal zulässige Ausgangsstrom hängt sehr vom Bausteintyp ab, beträgt aber fast immer mehr als 10 mA.

CMOS-PALs haben maximale Verzögerungszeiten um 30 ns und Taktfrequenzen bis fast 30 MHz. Die Leistungsaufnahme hängt wie bei jeder CMOS-Schaltung von der Betriebsfrequenz ab. Als statischen Anteil findet man max. 200 mW, verbunden mit einer Zunahme von etwa 12 mW/MHz.

PAL-Bausteine für kombinatorische Logik
Als Beispiel für den Aufbau eines Logik Arrays soll der Typ PAL 16L8 von Monolithic Memories (MMI - jetzt zu AMD gehörend) dienen. Wie die meisten PAL-Bausteine ist er unter ähnlicher Bezeichnung auch von anderen Herstellern lieferbar. Als Ausschnitt zeigt Bild 3.10 im oberen Teil eine Schaltung mit acht Produkttermen, von denen sieben die Ausgangsfunktion bilden und der achte den Tristate-Inverter steuert. Die Schaltung im unteren Teil ist ähnlich aufgebaut, verfügt jedoch über einen E/A-Anschluß, der bei entsprechender Steuerung des Tristate-Inverters wahlweise als Ausgang oder Eingang wirkt. Insgesamt enthält der Baustein zwei Segmente mit einfachen und sechs Segmente mit bidirektionalen Anschlüssen sowie zehn externe Eingänge. Schaltet man alle E/A-Anschlüsse als Eingänge, kann man deren Zahl auf 16 erhöhen. Es stehen dann allerdings nur zwei Ausgänge zur Verfügung, außerdem gehen von den 64 vorhandenen Produkttermen 42 verloren.

Jeder Tristate-Inverter kann über einen dem betreffenden Segment zugeordneten Produktterm wechselnd in den aktiven und

hochohmigen Zustand gesteuert werden. Eine permanente Einstellung ergibt sich durch Schmelzen aller zum Produktterm
gehörenden Pfade, oder aber dadurch, daß alle Pfade intakt
bleiben. Im ersten Fall befindet sich der E/A-Anschluß fest im
Tristate-Zustand und wirkt als Eingang, im zweiten Fall ist er
aktiv und arbeitet als Ausgang.

Signale an E/A-Anschlüssen, die als Ausgänge wirken, können
von dort in die UND-Ebene zurückgeführt und wie Eingangssignale
behandelt werden. Auf diese Weise kann man auch mehrstufige
Logik realisieren, allerdings muß man als Preis die zusätzliche Verzögerungszeit der Puffer sowie der UND/ODER-Ebene
in Kauf nehmen.

Für PALs und PLAs gemeinsam gilt, daß jeder Eingang in jedem
Produktterm auftreten kann. Die Gesamtzahl dieser Produktterme
ist bei PALs aber, im Gegensatz zu PLAs, auf fest verdrahtete
ODER-Gatter aufgeteilt, so daß immer nur eine begrenzte Anzahl
einen bestimten Ausgang erreichen kann.

PAL-Bausteine für sequentielle Logik
Die zum Aufbau von Schaltwerken geeigneten Bausteine enthalten
neben UND- und ODER-Gattern eine Anzahl Register aus meist
synchron getakteten D-Flipflops. Ihre Ausgänge können in die
UND-Ebene zurückgeführt werden und zusammen mit den externen
Eingängen ein neues, beim nächsten Taktimpuls zu verarbeitendes
Eingangsmuster bilden (Bild 3.8).

Bild 3.11 zeigt die Konfiguration der Registerstufe beim Typ
PAL 32VX10. Der Baustein weist insgesamt zehn Segmente dieser
Art auf, wobei die Zahl der Produktterme am jeweiligen ODER-
Gatter zwischen 8 und 16 liegt. Es sind zehn externe Eingänge
vorhanden, darüberhinaus kann jeder E/A-Anschluß fest oder
dynamisch als Eingang arbeiten. Das D-Flipflop bleibt als Zu-
standsregister mit Rückführung in die UND-Ebene immer erhalten.
Man spricht deshalb auch von vergrabenen Flipflops (buried
flipflops). Eine Besonderheit stellen die beiden Multiplexer

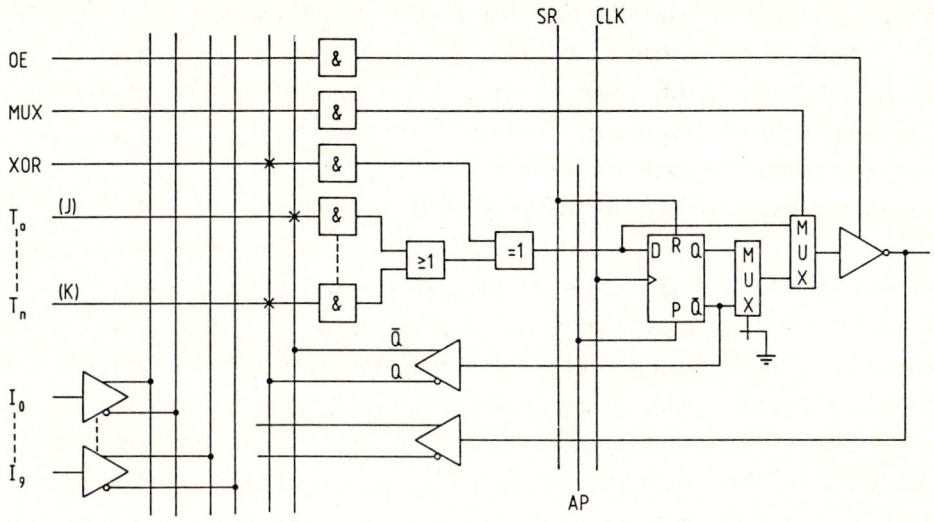

Bild 3.11. Ausgangskonfiguration aus dem Sequencer PAL 32VX10

dar. Der eine macht eine Umgehung des Flipflops möglich, so daß
man einen kombinatorischen Ausgang erhält, der andere gestattet
eine Wahl zwischen Q und $\overline{Q}$ als Eingangssignal für den Tristate-
Inverter.

Eine besondere Rolle spielt das Exclusiv-ODER-Gatter vor dem
Dateneingang des Flipflops. Es wird über einen Produktterm fest
oder dynamisch angesteuert und dient entweder der Wahl der Polarität der Ausgangsfunktion oder der Erweiterung des D-Flipflops
zur Schaffung der oft notwendigen Haltefunktion.

Schaltwerke erfordern meist Speicherelemente, die sich an den
Dateneingängen so steuern lassen, daß entweder die anstehende
Information übernommen oder die vorher gespeicherte für eine
bestimmte Anzahl von Taktperioden gehalten wird. Diese Haltefunktion besitzen JK- und RS-Flipflops, wenn beide Datenein-
gänge auf LOW liegen. Beim D-Flipflop müssen zusätzliche Maßnahmen sicherstellen, daß sich das Signal am D-Eingang für die
gewünschte Zeit nicht mehr ändert. Diese Aufgabe übernimmt das
in der Registerstufe vorhandene Exclusiv-ODER-Gatter [3.11].

Die Boolesche Funktion für das in vielen Anwendungen vorkommende
JK-Flipflop lautet

$$Q := Q \wedge \overline{K} \vee \overline{Q} \wedge J \ . \tag{3.11}$$

Nach entsprechender Erweiterung erhält (3.11) die Struktur
eines Exclusiv-ODER-Gatters. Gleichzeitig wird die Negation
von K vermieden

$$Q := Q \wedge \overline{((J \wedge \overline{Q}) \vee (K \wedge Q))} \vee \overline{Q} \wedge ((J \wedge \overline{Q}) \vee (K \wedge Q)) \ . \tag{3.12}$$

Hierin bedeutet der Doppelpunkt vor dem Gleichheitszeichen, daß
sich die Erfüllung der Bedingungen auf der rechten Seite immer
erst nach der nächsten Taktflanke auswirkt. Die Realisierung ist
in Bild 3.11 eingetragen, wobei die JK-Eingänge durch weitere
Produktterme erweiterbar sind.

Ganz ähnlich kann z.B. die Lösung für die Implementierung
eines synchronen 3-Bit-Zählers aussehen. Aus dem Impulsdiagramm
in Bild 3.12 gehen die Bedingungen hervor, die für einen Wechsel
an den Ausgängen von HIGH nach LOW bzw. für das Halten auf LOW
erfüllt sein müssen. Allgemein läßt sich für einen n-Bit-Zähler
schreiben

$$\overline{Q}_n := (Q_n \wedge Q_{n-1} \wedge \ldots \wedge Q_0) \vee \overline{Q}_n \wedge (\overline{Q}_{n-1} \vee \overline{Q}_{n-2} \vee \ldots \vee \overline{Q}_0) \ . \tag{3.13}$$

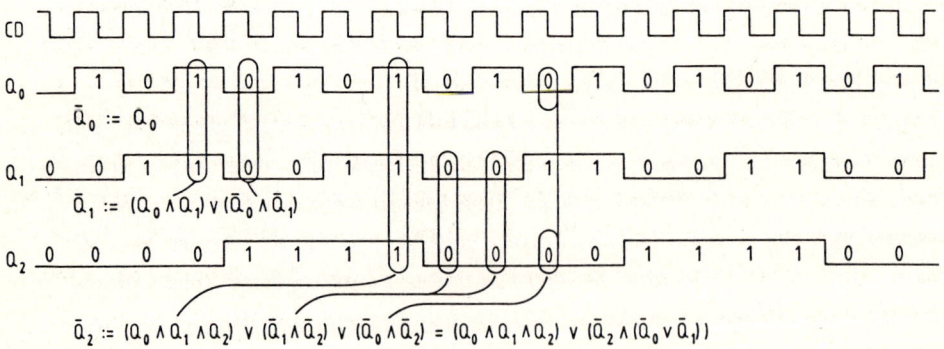

Bild 3.12. Impulsdiagramm und Übergangsfunktionen eines
3-Bit-Binärzählers

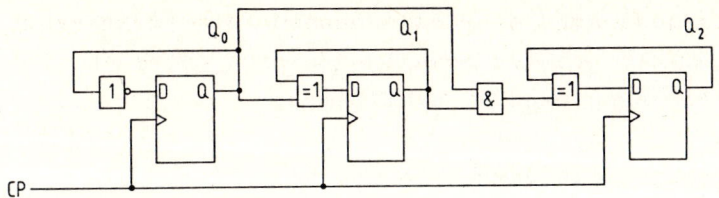

Bild 3.13. Schaltung eines 3-Bit-Binärzählers mit
Exclusiv-ODER-Gattern

Nach de Morgan folgt daraus

$$Q_n := (\overline{\overline{Q}_n \vee \overline{Q}_{n-1} \vee \ldots \vee \overline{Q}_0}) \wedge (Q_n \vee (\overline{Q}_{n-1} \vee \overline{Q}_{n-2} \vee \ldots \vee \overline{Q}_0)) \qquad (3.14)$$

und nach weiterer Umformung schließlich

$$Q_n := Q_n \wedge (\overline{Q_{n-1} \wedge \ldots \wedge Q_0}) \vee \overline{Q}_n \wedge (Q_{n-1} \wedge \ldots \wedge Q_0) \;. \qquad (3.15)$$

Der Ausdruck (3.15) beschreibt ein Exclusiv-ODER-Gatter, das
jeweils den eigenen Ausgang einer Stufe sowie die Ausgänge der
vorhergehenden Registerstufen kontrolliert. Bild 3.13 zeigt die
zugehörige Schaltung, die sich mit Hilfe der vor den D-Eingängen
angeordneten Exclusiv-ODER-Gattern im PAL gut realisieren läßt.

Entwicklung neuer Bausteine

In den letzten Jahren ist bei PLDs ein intensiver Entwicklungs-
schub zu beobachten [3.12 - 3.14]. Die Hersteller bemühen sich,
die Anzahl der Produktterme pro Ausgang immer weiter zu erhöhen,
um Schaltungen mit möglichst hoher logischer Tiefe implementieren zu können. Einige neuere PALs bieten auch das sogenannte
"product term sharing". Dabei können die für zwei Ausgänge vor-
gesehenen Produktterme je nach Anforderung im Verhältnis von
0:N bis N:0 auf die beiden Ausgänge aufgeteilt werden. Dies geschieht durch Programmierung in der ODER-Ebene, die ja bei PALs,
im Gegensatz zu PLAs, normalerweise fest verdrahtet ist. Man
erkennt, daß die Grenzen zwischen den beiden Baustein-Familien
unschärfer werden.

Die in [3.13] vorgestellten Bausteine PAL 32R16 und 64R32 weisen
insgesamt 128 bzw. 256 Produktterme auf, von denen jeweils 16

auf die oben beschriebene Art je zwei Ausgängen zugeordnet werden können. Diese derzeit größten Schaltungen sind unter der für
MMI geschützten Bezeichnung MegaPAL erhältlich.

Neu sind auch Schaltungen mit asynchron taktbaren Registern.
Hierbei ist der Takteingang jedes Flipflops oder einer Gruppe
von Flipflops von außen über Produktterme erreichbar.

3.1.4 Programmierbare Makro-Logik (PML)

Die Bemühungen um die Weiterentwicklung programmierbarer
Logikbausteine zielten bislang auf Verbesserungen hinsichtlich
Komplexität, Leistungsfähigkeit der Ausgangsstrukturen (Treiber,
Exclusiv-ODER-Gatter, Flipflops usw.) und Geschwindigkeit.
Grundlage aller Arbeiten war die bei PALs und PLAs verwendete
UND-ODER-Struktur mit Ausgangsfunktionen zwischen dem ODER-Array
und den Ausgangsanschlüssen und Rückführungen von dort in die
UND-Ebene.

Anfang 1987 hat Philips (Signetics/Valvo) eine völlig neue
Architektur vorgestellt und spricht dabei von PLDs der 3. Generation [3.15]. Sie beruht auf der Tatsache, daß die Summenbildung von Produkttermen mit UND-ODER-Gattern gemäß Bild 3.14 auch
mit NAND-Gattern allein möglich ist. Man benötigt dazu nur eine
einzige Ebene, wenn man programmierbare Rückführungen vom Ausgang dieser Ebene zu ihrem Eingang vorsieht und dafür sorgt,
daß die Signale auf ihrem Wege zu den Ausgangsanschlüssen die
NAND-Ebene mehrfach durchlaufen können. Dies geschieht bei einem
PML ohne Beteiligung der Ausgangstreiber, so daß deren Verzögerungszeit eingespart wird. Es liegt nahe, in diese Rückführungen
zusätzlich Funktionsmakros einzufügen, die nun nicht mehr
zwangsläufig vor den Ausgangstreibern liegen müssen, sondern in
jeder beliebigen Logikebene, der Anwenderschaltung entsprechend,
angeordnet werden können. Die Verbindung ihrer Ein- und Ausgänge
mit der NAND-Ebene sind zu diesem Zweck frei programmierbar.
Solche Funktionsmakros können Register, Zähler, RAM-Strukturen,
Controller usw. sein.

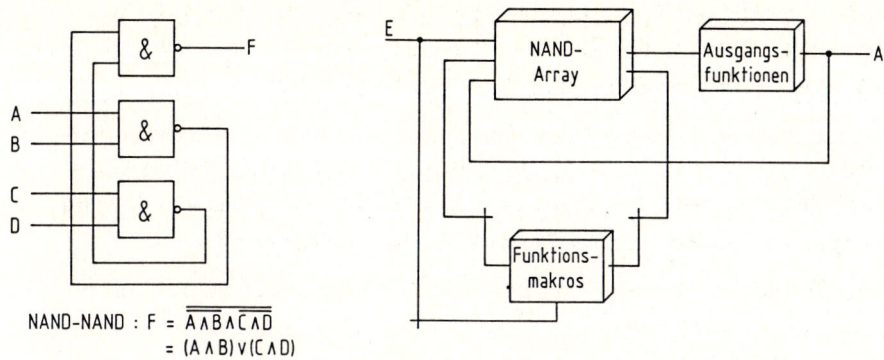

Bild 3.14. PML-Struktur mit einer programmierbaren NAND-Ebene

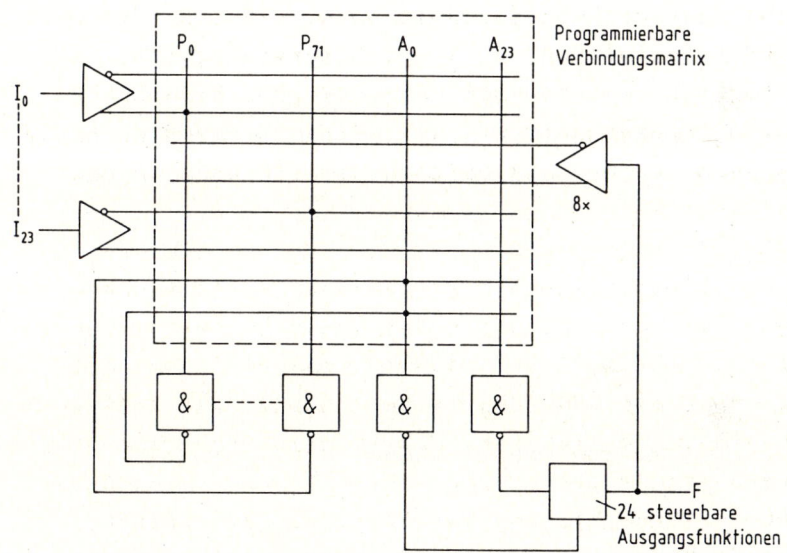

Bild 3.15. Aufbau des ersten PML-Bausteines PLHS 501,
angedeutet ist die Programmierung der
Funktion $F = I_0 \vee \overline{I}_{23}$

Der erste Baustein dieser Art mit der Bezeichnung PLHS 501, der
noch keine Funktionsmakros besitzt, ist schematisch in Bild 3.15
dargestellt. Er enthält 72 NAND-Gatter mit internen Rückführungen, 24 Eingänge, 16 Tristate-Ausgänge (davon acht mit
Exclusiv-ODER-Funktion) und acht bidirektionale Anschlüsse. Der

Baustein ist in einem Plastic Leaded Chip Carrier (PLCC) mit
52 Anschlüssen untergebracht. Bemerkenswert ist die mitintegrierte Testschaltung, die im Vergleich zu anderen Bipolar-PLDs
einen effizienten Hardware-Test bereits vor der Programmierung
erlaubt. Dies ist sonst nur bei elektrisch programmierbaren
CMOS-PLDs möglich (EPLDs, EEPLDs).

Die Verzögerungszeit in der ersten Gatterebene beträgt maximal
22 ns. Jeder weitere Durchlauf durch ein internes NAND braucht
zusätzlich 8 ns, so daß sich für die ersten beiden Ebenen eine
Gesamtzeit von 30 ns ergibt. Als Leistungsaufnahme nennt das
Datenblatt typisch 1125 mW, maximal 1475 mW.

Als erster PML-Baustein mit Funktionsmakros hat Philips 1989
den Typ PLHS 502 herausgebracht. Er besitzt je acht D- und RS-
Flipflops. Die freie Konfigurierbarkeit dieser Makros gibt den
PML-Bausteinen ein außerordentlich hohes Maß an Flexibilität und
macht einen hohen Ausnutzungsgrad möglich. Sie erreichen trotz
ihrer Komplexität eine hohe Geschwindigkeit bei relativ niedriger Leistungsaufnahme. Philips beabsichtigt, das Produktprogramm
weiter auszudehnen, wobei sich auch CMOS-Bausteine in Vorbereitung befinden.

3.1.5 Programmierbare Zellen-Arrays (LCA)

Schaltungen der hier beschriebenen Art bieten wie die PML-
Schaltungen aus dem vorhergehenden Abschnitt die Möglichkeit,
Logik mit mehr als zwei Ebenen aufzubauen. Die ersten Produkte
erschienen 1986 unter der Bezeichnung "Logic Cell Array" oder
kurz LCA auf dem Markt. Die Entwicklung stammt von der Firma
Xilinx Inc., USA, für die auch die genannte Bezeichnung ge-
schützt ist. AMD/MMI in USA ist Zweitlieferant für Xilinx-LCAs.

Der Aufbau eines LCA unterscheidet sich von dem eines PLD mit
Zwei-Ebenen-Struktur ganz erheblich. Bild 3.16 zeigt schematisch
einen Ausschnitt aus dem LCA-Typ M2064 von MMI. Ähnlich wie bei
Gate Arrays sind gleichartige Logikzellen (CLB CA, CB, DA, DB

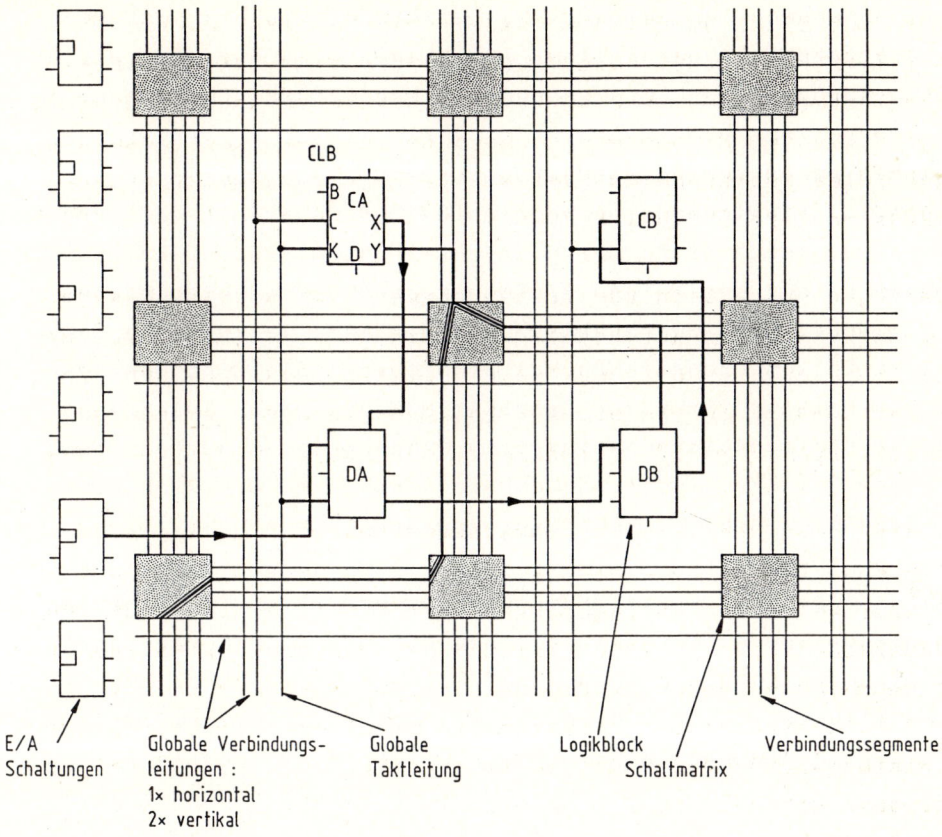

CLB

B CA
C X
K D Y

CB

DA

DB

E/A
Schaltungen

Globale Verbindungs-
leitungen :
1× horizontal
2× vertikal

Globale
Taktleitung

Logikblock
Schaltmatrix

Verbindungssegmente

Bild 3.16. Grundsätzlicher Aufbau des LCA M2064

usw.) matrixförmig in Reihen und Spalten angeordnet, die von
einer Randfläche mit ebenfalls gleichartigen E/A-Peripherie-
Zellen umschlossen werden. Jede Logik- und E/A-Zelle ist in
ihrer Funktion individuell programmierbar, wobei die Logikzellen
kombinatorische, sequentielle oder gemischte Logik zu realisieren gestatten.

Die Verdrahtung ist in Form von Leitungssegmenten auf dem Chip
integriert. Programmierbare Transistorschalter in jeder Schaltmatrix sorgen dafür, daß aus diesen Segmenten das gewünschte
anwendungsspezifische Verbindungsnetz entsteht. Für größere Wege
gibt es außerdem globale Verbindungsleitungen und eine in jeder

Spalte vorhandene Taktleitung. Die dritte Möglichkeit ist die direkte Verdrahtung der Zellen, wobei aber auch hier nur die auf dem Chip vorhandenen Leitungssegmente benutzt werden können.

Die bisher bekannten LCA-Schaltungen werden in CMOS-Technologie hergestellt. Abweichend von anderen CMOS-PLDs erfolgt die Programmierung jedoch nicht durch Injektion elektrischer Ladungen. Die Funktion der Logik- und E/A-Blöcke und deren Verdrahtung wird vielmehr durch ein statisches RAM (SRAM) festgelegt, dessen einzelnen Zellen Transistorschalter steuern. Sie sind über der ganzen Chipfläche verteilt. Das SRAM muß bei jeder Inbetriebnahme mit den funktionsbestimmenden Daten geladen werden. Dies können aber immer wieder neue Daten sein, so daß sich eine außerordentlich hohe Flexibilität ergibt.

Das Einschalten der Versorgungsspannung bewirkt automatisch die Konfigurierung des LCA durch das Laden des SRAM mit Daten, die in einem externen ROM oder EPROM gespeichert sind. Sie werden wahlweise seriell oder parallel eingelesen. Für die Konfiguration des Typs M2064 sind z.B. 160 Rahmen erforderlich, bestehend jeweils aus einem Startbit, 71 Datenbits und 2 oder mehr Dummybits, insgesamt 12038 bit. Wie bei jedem RAM können auch hier die Daten wieder ausgelesen werden, z.B. zur Verifikation der aktuellen Konfiguration. Beim Laden des RAM kann der Anwender aber bestimmen, daß der Lesevorgang nur einmal oder im Interesse der Nachbausicherheit garnicht möglich ist. Der Lesebefehl wird dann ignoriert.

Als CAE-Software steht dem Anwender ein Designpaket unter dem für Xilinx geschützten Namen XACT zur Verfügung. Es ist auf einem IBM PC-XT oder PC-AT oder einem dazu kompatiblen System lauffähig und umfaßt alle Design-Schritte bis hin zur Generierung der Daten für das EPROM, von dem aus das LCA-RAM geladen werden kann. Zur Eingabe dienen Boolesche Funktionen bzw. Zustandsgleichungen oder ein mit der LCA-Symbolbibliothek ausgerüsteter Grafikeditor.

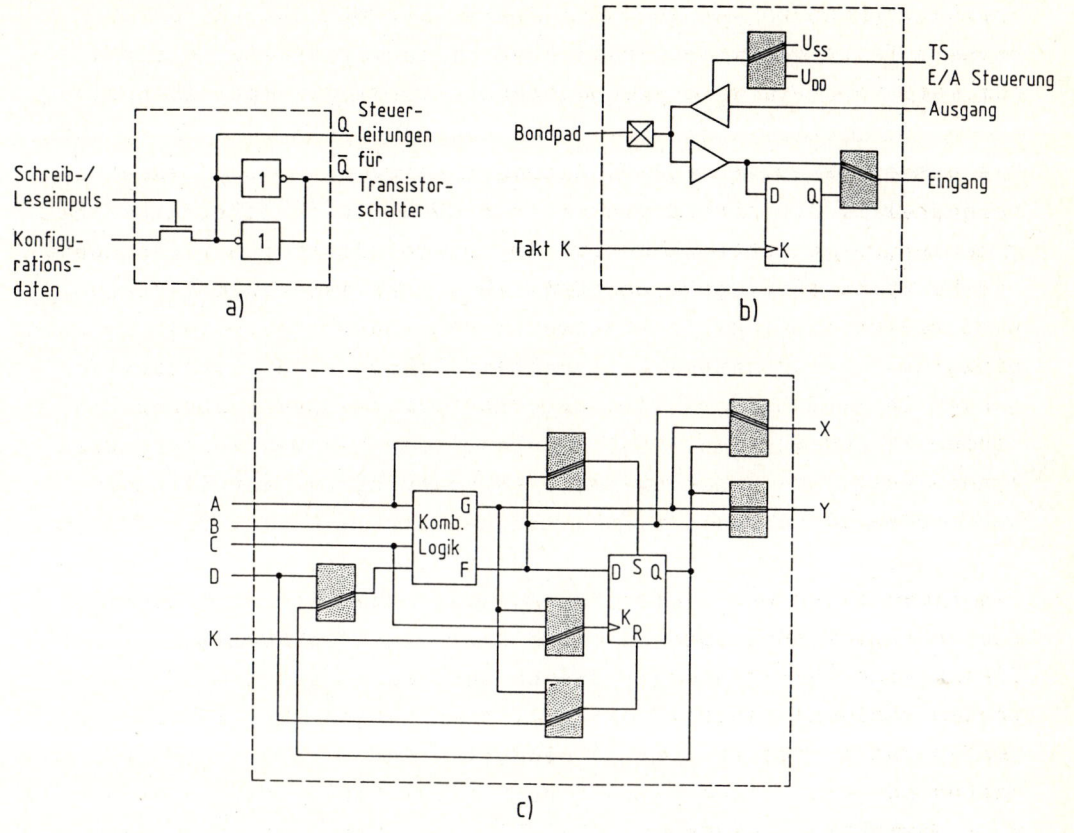

Bild 3.17. Programmierbare Schalter (schraffiert) im M2064,
a) SRAM-Zelle, b) E/A-Zelle, c) Logikzelle CLB
(Combinatorial Logic Block)

Die in Bild 3.17a gezeigte SRAM-Zelle ist gemäß Datenbuch
speziell auf geringe Störanfälligkeit und hohe Zuverlässigkeit
gezüchtet [3.16]. Der Eingangstransistor ist nur während des
Schreib- und Lesevorgangs aktiv und deshalb beim normalen
Betrieb ohne Einfluß auf die Stabilität der Speicherzelle. Die
Ausgänge Q und $\overline{Q}$ steuern direkt die Gates der beiden zu einer
RAM-Zelle gehörenden Schalttransistoren. Sie bilden zusammmen
mit diesen eine Einheit, so daß keine Störungen einwirken
können. Auch hohe Alpha-Strahlung soll hier laut Datenbuch ohne
Einfluß bleiben.

Die E/A-Zellen lassen sich gemäß Bild 3.17b in verschiedener Weise durch Schalteinheiten der oben beschriebenen Art programmieren. Das Eingangssignal z.B. kann direkt oder über ein Latch zum Logikteil gelangen, der Ausgang befindet sich entweder bleibend im aktiven oder im Tristate-Zustand, oder er wird über TS gesteuert. In der gezeichneten Stellung wirkt die Zelle als direkter Eingang, während sich der Ausgang bleibend im Tristate-Zustand befindet. Das LCA M2064 enthält 58 solcher E/A-Zellen.

Aufbau und Programmiermöglichkeiten einer der 64 Logikzellen des M2064 zeigt Bild 3.17c. Jede Zelle kann eine logische Verknüpfung von vier Eingangsvariablen oder wahlweise zwei Verknüpfungen von drei Variablen bilden. Hierzu enthält der Block "Kombinatorische Logik" ein PAL mit 16 Produkttermen, so daß alle der Anzahl der Eingangsvariablen entsprechenden Funktionen realisierbar sind. Zum Aufbau sequentieller Logik ist ein Flipflop vorhanden, das eingangs- wie ausgangsseitig in vielfältiger Weise programmierbar ist. Weiterentwicklungen besitzen Logikzellen, die zwei oder mehr Register enthalten und deren kombinatorischer Teil ebenfalls größer ist.

Gegenwärtig werden LCAs nach Geschwindigkeit selektiert. In der schnellsten Version der Typen M2064/M2018 beträgt die Verzögerungszeit durch eine E/A- und eine Logikzelle bei direktem Eingang und rein kombinatorischer Logik 16 ns, für jede weitere Logikzelle bzw. Logikebene kommen 10 ns hinzu. Die Werte für die langsamste Schaltung lauten 32 ns und 20 ns. Beim Entwurf ist daran zu denken, daß man häufiger gezwungen sein wird, die relativ geringe Zahl der Eingänge eines Logikblockes (CLB) logisch zu erweitern. Man braucht dafür zwei oder mehr Ebenen und muß deren zusätzliche Verzögerungszeit berücksichtigen.

Die Bausteine werden in PLCC- oder PGA-Gehäusen mit 68 oder 84 Anschlüssen oder in Plastic-DIP-Gehäusen mit 48 Anschlüssen geliefert.

3.2 Gate Arrays

Der Entwurf und die Herstellung von Gate Arrays in Bipolar-
technologie ist seit mehr als 20 Jahren bekannt. Der Weg von der
Idee bis zur fertigen integrierten Schaltung war anfangs jedoch
mühevoll und zeitraubend, so daß die Zahl der Anwendungen relativ klein blieb. Dies änderte sich, als zu Beginn der 80er Jahre
die CMOS-Technologie auch hier den Durchbruch schaffte und
gleichzeitig die rechnergestützten Design-Hilfen große Fortschritte hinsichtlich ihrer Benutzerfreundlichkeit machten. Der
Markt für Semicustom-ICs ist seither stärker gewachsen als alle
anderen Gebiete der Mikroelektronik, wobei CMOS Gate Arrays die
größte Bedeutung in diesem Sektor erlangt haben. Den Entwurf
einer solchen anwendungsspezifischen Schaltung kann der Systemingenieur heute ohne spezielle Kenntnisse der CMOS-Technologie
und ohne besondere Computer-Systemkenntnisse selbst durchführen.

Gate Arrays werden zunächst durch alle Halbleiterprozeß-Schritte
hindurch vorproduziert und nach Abdeckung mit einer isolierenden
Oxidschicht als Wafer auf Vorrat gehalten. In diesem Stadium
sind auf jedem Siliziumchip bereits alle für die Anwenderschaltung erforderlichen Transistoren vorhanden. Sie sind aber noch
nicht zu einer Funktion miteinander und auch nicht mit der
Betriebsspannung verbunden. Die Chipgröße, die Zahl der Ein-
gangs- und Ausgangsschaltungen und die Spannungsversorgungs-
Bondpads liegen für jeden Typ innerhalb einer Gate Array-Familie
fest.

Ziel beim Entwurf eines Gate Array ist letztlich die Festlegung
der anwendungsspezifischen Verdrahtung. Die Eingabe des zu integrierenden Netzwerkes in den Rechner geschieht unter Benutzung
der in einer Bibliothek enthaltenen Makros, z.B. Gatter, Flipflops, Multiplexer, Zähler oder Schieberegister. Nach der
rechnergestützten Simulation werden automatisch das Layout und
die Masken für die Kontaktfenster und die Verbindungen erzeugt.
Erst durch das Aufdampfen der Aluminium-Leitungen entsteht die
gewünschte anwendungsspezifische integrierte Schaltung.

Tabelle 3.2. Einige in Europa bekannte Gate Array Hersteller

AMS/Mikron	Philips/Valvo/Signetics
ES2	Plessey/Ferranti
Eurosil Elektronik	Siemens
Fujitsu	Texas Instruments
LSI Logic	Thomson-CSF Bauelemente
Motorola	Toshiba
National Semiconductor	VLSI Technology
NEC	

Die Fertigung eines Gate Array erfordert also lediglich die
Masken für die Leiterbahnen und die Kontaktfenster. Die Durchlaufzeit beträgt deshalb nur wenige Wochen. Einige der in Europa
bekannten Gate Array Hersteller sind in Tabelle 3.2 aufgeführt.

3.2.1 Grundsätzlicher Aufbau

Bild 3.18 zeigt schematisch den grundsätzlichen Aufbau eines
Gate Array. Eine große Zahl identischer Zellen bilden in regel-
mäßiger Anordnung Reihen und Spalten, wobei jede Zelle je nach
Hersteller und Typ eine bestimmte Konfiguration aus CMOS- oder
Bipolar-Transistoren enthält und die Flächen zwischen den Reihen
für die späteren Verbindungen zur Verfügung stehen. Die Zellen
stellen die Bausteine für die Makros dar, aus denen der Anwender
seinen Logikplan aufbaut. Die Schaltung kann dabei mehrere
Logikebenen aufweisen, da für die Verdrahtung der Zellen kei-
nerlei Einschränkungen bestehen.

Als Beispiel zeigt Bild 3.19 die Struktur einer einzelnen Zelle
und die Verdrahtung eines NAND-Gatters mit zwei Eingängen. Die
Zellen bestehen hier jeweils aus zwei p- und zwei n-Kanal-Transistoren und sind ohne Abstand dicht aneinandergereiht. Die
Transistoren lassen sich in Serien- oder Parallelschaltung be-

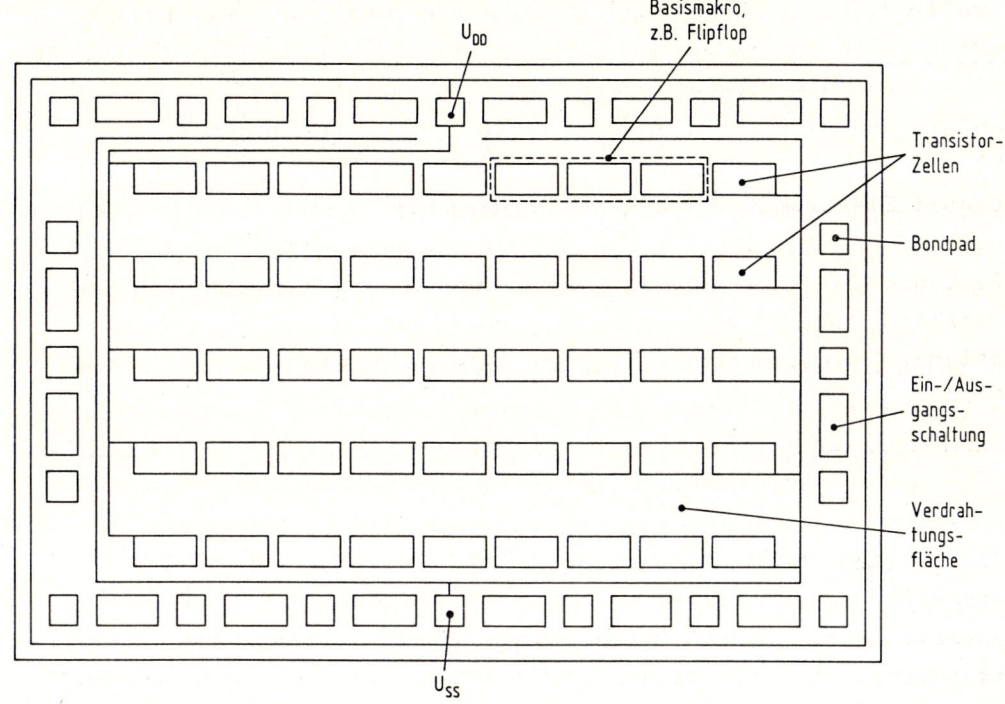

Bild 3.18. Prinzipieller Aufbau eines Gate Arrays

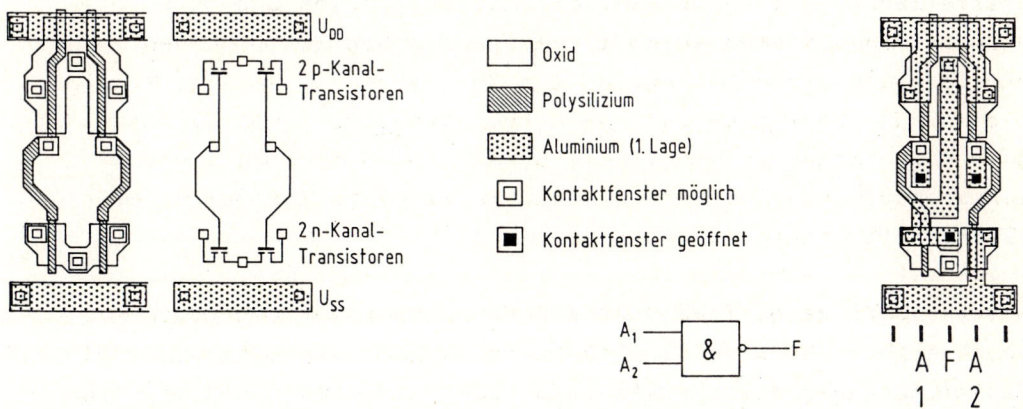

Bild 3.19. Struktur einer Zelle und Verdrahtung als NAND

treiben und sind daher sehr flexibel einsetzbar. Für die entsprechenden Verbindungen, auch die zur Betriebsspannung, können
an vorgegebenen Plätzen durch einen Ätzvorgang Kontaktfenster
geöffnet werden.

Die Kanäle zwischen den Reihen nehmen die anwenderspezifische
Verdrahtung auf. Hier ist hilfreich, wenn die Anschlüsse der
Zellen sowohl vom darüber als auch vom darunter liegenden
Kanal aus zugänglich sind. Vertikale und davon isolierte
horizontale Verbindungen ordnet das Layoutprogramm auf vorbe-
stimmten Bahnen (Level) an, deren maximale Anzahl vom Gate
Array-Typ abhängt. Vorzugsweise bestehen die Leitungen beider
Richtungen aus Aluminium und bilden die sogenannte Zweilagen-
Metallverdrahtung. Erst bei sehr großen Gate Arrays geht man
zur Reduzierung der Chipfläche auf eine dreilagige Metallverdrahtung über [3.17]. In älteren Technologien findet man
Aluminium für die horizontalen und vordiffundierte Polysilizium-
Bahnen für die vertikalen Verbindungen. Polysilizium hat aber
einen um der Faktor 10^2 bis 10^3 höheren spezifischen Widerstand,
weshalb die Taktleitungen vom Layout-Programm möglichst auf
horizontalen Bahnen geführt werden müssen.

Für Leitungen, die in vertikaler Richtung eine oder mehrere
Reihen kreuzen sollen, bieten die Makros meist genügend Durchführungen (Pathes). Sind alle Möglichkeiten erschöpft, fügt
das Plazierungsprogramm entsprechende Abstände zwischen den
Makros ein und benutzt die dann frei bleibenden Zellen als
zusätzliche Durchführungen.

Die Komplexität eines Gate Array wird durch die äquivalente
Gatterzahl ausgedrückt. Sie gibt an, wieviel NAND- oder NOR-
Gatter mit jeweils zwei Eingängen der betreffende Gate Array-
Typ aufnehmen kann. Diese Zahl ist zur Bestimmung des Aus-
nutzungsgrades mit der sogenannten Schaltungskomplexität zu
vergleichen. Sie stellt ein Maß für den Platzbedarf der
Anwenderschaltung auf dem Chip dar und ergibt sich aus der
Addition der in der Bibliothek angegebenen äquivalenten Gatter-
zahlen aller in der Schaltung verwendeten Makros. Ein Flipflop

z.B. kann je nach Konstruktion sechs bis zehn äquivalente
Gatter erfordern. In der Praxis erreicht man Ausnutzungsgrade
um 90%, bei Schaltungen mit wenigen Querverbindungen auch 96%.

Der Schwerpunkt der Anwendungen liegt heute unter 10^4 äquivalente Gatter - mit steigender Tendenz. Gate Arrays mit 10^5 und
mehr Gattern sind bereits mit Erfolg realisiert worden. Die
Erhöhung der Komplexität wird aber weniger durch eine größere
Chipfläche als vielmehr durch Verkleinerung aller Strukturen
erreicht, wobei die Kanallänge der Transistoren eine heraus-
ragende Kennzahl darstelllt. Sie konnte in wenigen Jahren von
5 μm auf jetzt 1 bis 2 μm reduziert werden. Gate Arrays mit
0,7 μm Kanallänge sind angekündigt [3.18].

Hochkomplexe Gate Arrays haben meist keine Verdrahtungskanäle
mehr, d.h. die Zellenreihen liegen unmittelbar nebeneinander.
Die Verbindungsleitungen werden auf kürzestem Wege über den
Zellen angeordnet, die aber - bis zu einer bestimmten Kanal-
breite - trotzdem genutzt werden können. Die Aufteilung
zwischen aktiver Fläche und Verdrahtungsraum ist flexibel, so
daß die Flächenausnutzung günstiger wird. Man bezeichnet eine
solche Struktur als "Continuous Gate Array", "Channelless
Array" oder "Sea of Gates" [3.19, 3.20].

Eine andere, bei komplexeren Gate Arrays anzutreffende Architektur teilt die Chipfläche in vier gleiche Quadranten. Davon
lassen sich zwei wahlweise als Gatterblock oder als RAM bzw.
ROM konfigurieren [3.21].

Die Geometrie der Transistoren hält jeder Hersteller zugunsten
einer hohen Packungsdichte so klein wie möglich. Die daraus
resultierenden elektrischen Eigenschaften sind dann aber nicht
geeignet, die Logikschaltungen mit der Außenwelt direkt zu
verbinden. Als Zwischenglied enthält deshalb die Chip-Randfläche
neben den Bondpads sogenannte Peripherie-Schaltungen. Es sind
dies Transistoren mit größeren Abmessungen, aus denen durch
entsprechende Verdrahtung wahlweise die zur Kommunikation
erforderlichen Funktionen gebildet und mit den vom Anwender

gewünschten Bondpads verbunden werden können. Möglich sind
Eingangsschaltungen, oft auch als Schmitt-Trigger, dann komple-
mentäre und offene Ausgangsschaltungen und E/A-Schaltungen für
den Aufbau von Bussystemen. Als maximalen Ausgangsstrom weisen
die Datenblätter Werte bis 16 mA aus, in einigen Fällen auch
darüber.

An jeden Bondpad bzw. Anschlußstift eines Gate Array legt das
Layout-Programm automatisch eine Schutzschaltung gegen statische
Aufladungen. Meist sind dies zwei Dioden, die mit der positiven
bzw. negativen Betriebsspannung (= Masse) verbunden sind.

Für CMOS Gate Arrays bieten alle Hersteller zahlreiche Typen
von Plastik- und Keramikgehäusen an, wobei der Bogen gegenwärtig
vom DIP 8 bis zum Flat Pack mit 240 Anschlußstiften reicht.
Gehäuse mit noch mehr Anschlüssen befinden sich in der Entwicklung, im Einzelfall sind sie bereits verfügbar. Man kann
ein Chip unterschiedlich verpacken, deshalb ist wichtig, die
Gehäusefrage vor Beginn der Designarbeiten mit dem Halbleiterhersteller zu klären. Einige Hersteller liefern Gate Arrays auch
als "nackte" Chips. Montage und Kontaktierung übernimmt in
diesem Falle der Anwender selbst.

3.2.2 Hard- und Softmakros

Basiselemente wie Inverter, Gatter, logische Funktionen,
Speichermodule (Latches) und Flipflops sind Bestandteile jeder
digitalen Schaltung und werden in den Bibliotheken der Halbleiterhersteller als Hard- oder Basismakros bezeichnet. Von
ihnen sind nicht nur die elektrischen Verbindungen der Transistoren untereinander, sondern auch die geometrische Lage
dieser Verbindungen innerhalb einer Zellenreihe gespeichert.
Die elektrischen Eigenschaften der Basismakros sind mit Hilfe
von Analogsimulatoren unter Berücksichtigung aller Prozeßparameter und aller Betriebsbedingungen vom Hersteller einmal
sorgfältig ermittelt worden und aufgrund der Ergebnisse in
den Datenblättern ausführlich beschrieben.

Das Plazierungsprogramm kann ein Basismakro an jeder geeigneten
Stelle des Logik-Array anordnen. Das NAND-Gatter in Bild 3.19
stellt ein solches Makro dar. Vorteilhaft ist es, wenn das
Programm auch die Spiegelung der Makros um die y-Achse zuläßt,
so daß die Anschlüsse eine andere Reihenfolge erhalten und
die Verdrahtung möglicherweise erleichtert wird.

Auch bei Peripherie-Schaltungen sind die zu einer bestimmten
Funktion gehörenden Verbindungen und deren Geometrie gespeichert. Sie sind in diesem Sinne ebenfalls als Basismakros zu
bezeichnen.

Gate Arrays in CMOS-Technologie dienen vorzugsweise der
schnellen Realisierung digitaler Schaltungen. Einige ASIC-
Hersteller widmen sich darüberhinaus der Kombination digitaler
und analoger Schaltungsteile und bieten als Makro z.B. Strom-
spiegel, Komparatoren, Operationsverstärker sowie AD- und
DA-Wandler an [3.22 - 3.24]. Der Entwicklungsaufwand, insbesondere bei der Simulation, steigt dabei aber erheblich an.

Außer Basismakros enthalten die meisten Bibliotheken häufig
vorkommende Funktionen als sogenannte Softmakros, u.a. die Bausteine der 74LS-Reihe. Es sind dies z.B. Zähler, Decoder, Multiplexer, Schieberegister und arithmetische Funktionen, mit äquivalenten Gatterzahlen bis etwa 500. Neuere Entwicklungen gehen
dahin, ganze Mikroprozessor-Kerne als Softmakros zu definieren,
denen man auf einem Gate Array, zusammen mit anderen Logikteilen, unterschiedliche anwendungspezifische Funktionen geben
kann.

Softmakros bestehen entweder aus Basismakros allein oder aus
Basismakros und Softmakros niedriger Hierarchiestufe. Die elektrischen Verbindungen zwischen den Bestandteilen eines Softmakros sind im Rechner gespeichert. Nicht festgelegt dagegen ist
die Geometrie, also die relative Lage der Bestandteile (Plazierung) und der genaue Verlauf der Verbindungsleitungen (Verdrahtung), da beides zugunsten eines hohen Ausnutzungsgrades erst
beim Layout bestimmt wird.

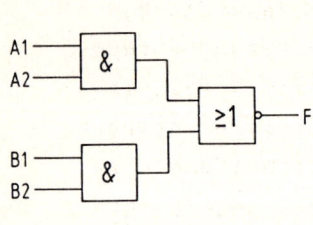

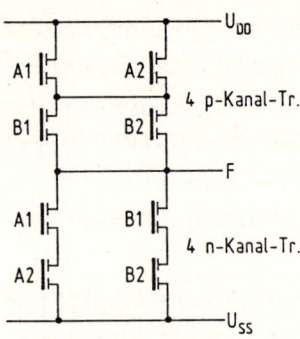

U_{DD}

A1 A2   4 p-Kanal-Tr.
B1 B2

F

A1 B1   4 n-Kanal-Tr.
A2 B2

U_{SS}

2 UND-Gatter : 12 Transistoren
1 NOR-Gatter : 4 Transistoren
                ─────────────────
                16 Transistoren
                ≙ 4 äquiv. Gatter

Realisierung als Basismakro
mit nur 8 Transistoren,
≙ 2 äquiv. Gatter

Bild 3.20. Realisierung einer UND/ODER-Schaltung aus drei
               Einzelgattern bzw. als Basismakro

Bild 3.20 soll den Unterschied zwischen Hard- und Softmakro
anhand einer einfachen logischen Schaltung deutlich machen.
Das Hard- oder Basismakro mit fester Geometrie bildet die
Funktion mit nur acht Transistoren, während beim Softmakro aus
zwei UND- und einem NOR-Gatter 16 Transistoren beteiligt sind.
Beim Platzbedarf stehen somit zwei gegen vier äquivalente
Gatter, weshalb Basismakros meist auch kleinere Verzögerungs-
zeiten aufweisen.

Trotz der Vorteile von Basismakros geht ihre Komplexität nur
selten über die eines Flipflops hinaus. Denn größere, in der
Geometrie festgelegte Konfigurationen würden bei der Plazierung
und Verdrahtung erhebliche Einbußen an Flexibilität bedeuten
und infolgedessen zu einem geringeren Ausnutzungsgrad führen.
Komplexere Funktionen speichert man deshalb als Softmakros.
Wegen der nicht fixierten relativen Lage ihrer Bestandteile
ergeben sich von Fall zu Fall unterschiedliche Verzögerungszeiten. Die Schwankungen können aber durch leistungsfähige
Layout-Programme vernachlässigbar gering gehalten werden.

Der Anwender kann Basis- und Softmakros aus der Bibliothek zu
größeren logischen Einheiten zusammenfassen und als Anwender-

makro definieren. Er hat damit ein neues Softmakro geschaffen.
Sinnvoll ist diese Vorgehensweise immer dann, wenn die betreffende Funktion häufiger in der Anwenderschaltung vorkommt
oder wenn bestimmte Schaltungsteile als elektrisch zusammen-
gehörig bezeichnet werden sollen. Der damit mögliche hierarchische Netzwerkaufbau führt bei komplexen Schaltungen zu
größerer Übersichtlichkeit und wird von leistungsfähigen
Layout-Programmen unterstützt. Peripherie-Schaltungen sollten
dabei frei bleiben und nicht in Anwendermakros einbezogen
werden.

Bei der Generierung neuer Makros geht die Entwicklung zu
parametrisierten Blöcken. Dabei gibt der Anwender nur noch
Funktion, Bitbreite sowie die gewünschten Ein- und Ausgangs-
bedingungen ein. Ein Generatorprogramm generiert daraus die
Schaltung und alle zum Design erforderlichen Informationen
(Datenblatt, Netzliste, Symbol usw.).

3.2.3 Signalverarbeitungsgeschwindigkeit

Die Signalverzögerungen der einzelnen Makros im Logik-Array und
in der Peripherie, oft auch als Delay bezeichnet, werden durch
Auf- und Entladevorgänge von Kapazitäten in der Schaltung bestimmt. Dabei hängt der Umladevorgang am Ausgang eines Makros
vom Erreichen bestimmter Schwellenspannungen am Eingang ab. Er
beginnt spätestens beim Unterschreiten der Schwellenspannung U_L
bzw. beim Überschreiten der Schwellenspannung U_H. In Bild 3.21a
ist der Spannungsverlauf für zwei in Serie geschaltete NOR-
Gatter dargestellt. Der Halbleiterhersteller ermittelt das Über-
tragungsverhalten für jedes einzelne Makro sehr genau durch
umfangreiche Analogsimulationen. Die zu den Schwellenspannungen
gehörenden Verzögerungszeiten TPHL und TPLH sind dann bekannt
und werden als verbindliche Werte dem betreffenden Makro zugeordnet und in der Bibliothek gespeichert. Man ersetzt also den
wahren Spannungsverlauf durch steile, um TPHL bzw. TPLH verzö-
gerte Flanken, eine Methode, die das praktische Verhalten einer
CMOS-Schaltung erfahrungsgemäß in guter Näherung wiedergibt.

Zur Berechnung der Verzögerungszeit entlang eines Pfades werden
die Delays der darin vorkommenden Makros addiert. Diese Summe
ist normalerweise größer als die tatsächliche Gesamt-Laufzeit,
da die Delays der einzelnen Makros durch die oben geschilderte
Art ihrer Ermittlung immer Maximalwerte darstellen. Man liegt
somit auf der sicheren Seite.

Das CAD-Programm berechnet durch Summenbildung die Laufzeiten
sämtlicher Pfade eines Netzwerkes. Dies ist selbst bei umfangreichen Schaltungen mit vertretbaren Rechenzeiten möglich.
Analogsimulatoren wären hier völlig überfordert.

Aus Bild 3.21a ist zu entnehmen, daß die Verzögerungszeiten TPHL
und TPLH nicht gleich lang sind. Die Unsymmetrie wird bestimmt
durch die unterschiedlichen Leitfähigkeiten von n-MOS und p-MOS
und die Transistorgeometrien. Bild 3.21b macht dies am NOR-
Gatter mit zwei Eingängen deutlich. Beim Übergang von HIGH nach
LOW ist für die Entladung der Lastkapazität C_A maximal der
Innenwiderstand eines n-Kanal-Transistors maßgebend. Beim Über-

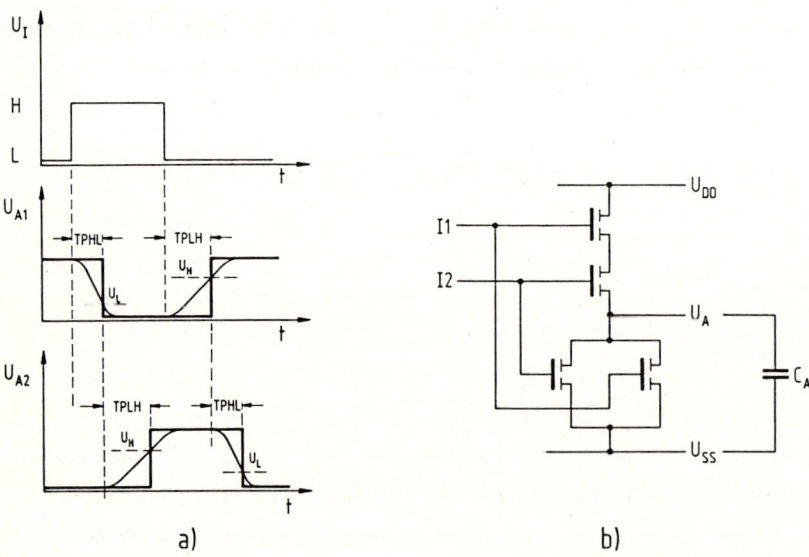

Bild 3.21. Signalverzögerung zweier in Serie geschalteter
NOR-Gatter, a) Signalverlauf, b) Schaltung eines NOR

gang von LOW nach HIGH dagegen ist für die Aufladung von C_A die Serienschaltung der Innenwiderstände zweier p-Kanal-Transistoren bestimmend. Besitzt ein Gatter mehr als zwei Eingänge, steigt die Zahl der in Serie geschalteten Transistoren entsprechend.

Die Verzögerungszeiten TPHL und TPLH hängen außer vom Innenwiderstand der treibenden Quelle von der Größe der Lastkapazität C_A ab. Eine typische Last ist die Eingangskapazität eines Inverters (Gate-Kapazität), und da die Eingänge anderer Logikschaltungen etwa den gleichen Wert aufweisen, kann man alle Lasten an einem Knoten als Vielfache dieser Größe betrachten. Man spricht von der Ausgangsverzweigung oder vom Fanout FO und berechnet die Verzögerungszeiten nach den Gleichungen

$$TPHL = C_{01} \cdot X_{01} + C_{02} \cdot X_{02} \cdot FO \qquad (3.16)$$
$$TPLH = C_{11} \cdot X_{11} + C_{12} \cdot X_{12} \cdot FO \ . \qquad (3.17)$$

Darin bezeichnen X_{01}, X_{02}, X_{11}, X_{12} die makroeigenen Verzögerungszeiten für bestimmte Betriebsbedingungen, z.B. 5 V und 25°C. Sie sind, wie oben beschrieben, jedem einzelnen Basismakro in der Bibliothek zugeordnet. Als Fanout FO setzen manche Hersteller direkt die Lastkapazität, z:B. in pF, ein. Die Größen X_{02} und X_{12} erhalten in diesem Fall die Dimension ns/pF.

Die C-Faktoren erlauben die Berücksichtigung von Korrekturen hinsichtlich

- Prozeßparameter
- Betriebsspannung
- Kristalltemperatur

Die Prozeßparameter haben den stärksten Einfluß. Schwellenspannung, effektive Gate-Länge und Ladungsträgerbeweglichkeit bestimmen den Drain-Strom, der in reziproker Beziehung zur Verzögerungszeit steht. Dabei gehört der kleinste Strom und damit die längste Verzögerungszeit zu den maximalen Werten der Schwellenspannung und effektiven Gate-Länge sowie zur minimalen

92

Ladungsträgerbeweglichkeit. Entsprechend gilt für den größten
Drain-Strom die entgegengesetzte Zuordnung.

Man kann diesen Zusammenhang durch einen jeweils eigenen Satz
C-Faktoren für den Prozeß mit minimalen, nominalen und maximalen
Delays berücksichtigen. Jeder der drei Sätze besteht aus vier
Faktoren C_{01}, C_{02}, C_{11}, C_{12}, die bei sorgfältiger Bestimmung
eine gute Abbildung des physikalischen Verhaltens darstellen.
Um einen Eindruck zu bekommen, sei grob das Mittel aus den vier
Werten gebildet. Die minimalen, typischen und maximalen Verzöge-
rungszeiten verhalten sich dann etwa wie 0,5:1:2, wobei die
genauen Zahlen, je nach Prozeß, Abweichungen nach oben und unten
haben können.

Darüberhinaus lassen sich die C-Werte durch Zusatzfaktoren, die
den Spannungs- bzw. Temperatureinfluß beschreiben, auf die vom
Anwender geforderten Betriebsbedingungen anpassen. Bild 3.22
zeigt grob die auf 5 V und 25°C normierten Korrekturfaktoren für
Spannung und Temperatur. Auch hier ist der Drain-Strom maßgebend. Er steigt zwar mit wachsender Temperatur aufgrund der sich

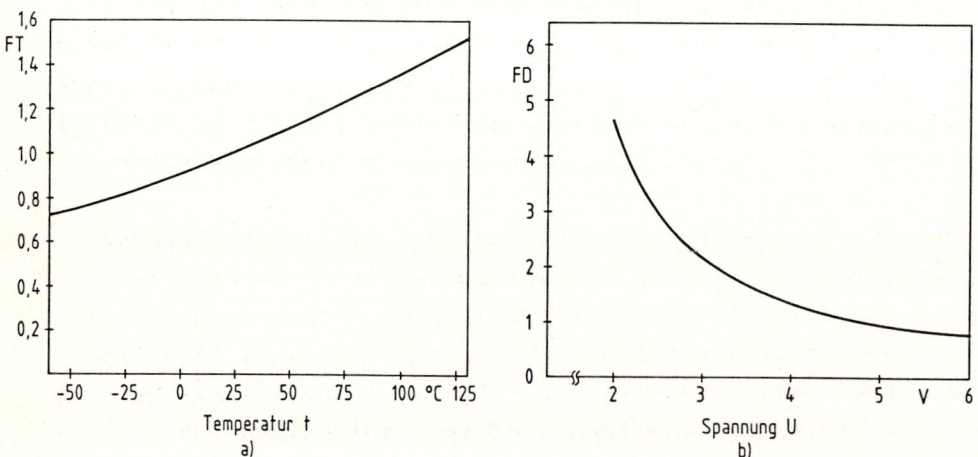

Bild 3.22. FT und FD beschreiben den Einfluß auf die
Verzögerungszeiten, normiert auf 5 V, 25°C
a) Temperatureinfluß, b) Spannungsabhängigkeit

ändernden Schwellenspannung, jedoch wird dieser Effekt überdeckt
durch die Abnahme der Ladungsträgerbeweglichkeit, die ein
starkes Absinken des Drain-Stromes verursacht.

Die vorausgehenden Betrachtungen setzen voraus, daß die
Temperatur und die Transistoreigenschaften innerhalb eines
Chips gleich sind. Tatsächlich sind die Unterschiede bei den
heute üblichen Chipgrößen vernachlässigbar klein.

Das Fanout FO in (3.16) und (3.17) beschreibt die kapazitive
Belastung des Ausganges. Sie besteht zunächst nur aus der
Kapazität der angeschlossenen Gatter. Hinzu kommt aber noch die
Kapazität der Verbindungsleitungen, direkt oder umgerechnet in
äquivalente Gatterlasten. Die meisten Layout-Programme ermöglichen die Ermittlung der Leiterbahn-Kapazitäten, so daß man sie
bei einer erneuten Simulation berücksichtigen kann.

Die Gatterverzögerungszeit von CMOS-Schaltungen hängt eng mit
der Kanallänge zusammen. Für ein NAND mit zwei Eingängen und
der Belastung durch zwei Gatter (FO = 2) lag sie vor einigen
Jahren noch bei 8 ns und erreicht heute bei modernen Technologien mit Kanallängen von 1,5 μm Werte um 1 ns. Damit nähert man
sich den Eigenschaften von ECL Gate Arrays, deren Laufzeiten
je nach Hersteller zwischen 0,5 und 0,2 ns liegen. Diese Werte
werden aber bei der Bipolartechnologie mit einer relativ hohen
Leistungsaufnahme erkauft. Die Komplexität von ECL Gate Arrays
geht deshalb nur bis zu einigen tausend Gatteräquivalenten.

Die Datenblätter weisen häufig eine maximale Toggle-Frequenz
zur Kennzeichnung der Geschwindigkeit einer Array-Familie
aus. Es ist dies die Frequenz, mit der ein Flipflop getaktet
werden kann. Meist durchläuft ein Signal von einem Flipflop
zum nächsten jedoch mehrere Invertierungen, so daß die erreichbare Systemfrequenz erheblich niedriger anzusetzen ist.

3.2.4 Entwurfsphasen

An dieser Stelle soll nur ein grober Überblick über die erforderlichen Designschritte gegeben werden. Eine ausführliche
Darstellung der gegenwärtig verfügbaren Hard- und Software-
Werkzeuge findet sich in Kapitel 4, ein praktisches Design-
Beispiel wird in Kapitel 5 behandelt.

Ausgangspunkt eines Gate Array-Design ist ein vom Anwender
verifizierter Systementwurf. Die dann folgenden Design-Arbeiten
lassen sich in vier Phasen unterteilen: Schaltungs-Design,
Simulation, Layout und Datenübergabe an die Fertigung.

Schaltungs-Design als erste Entwurfsphase bedeutet die Festlegung auf eine Gate Array-Familie, Klärung der Gehäusefrage,
die Umsetzung der Schaltung in einen Logikplan, der ausschließlich Elemente aus der zugehörigen Makro-Bibliothek enthält, und
außerdem gründliche Überlegungen zur Testbarkeit. Dieser Ablauf
gilt, wenn eine schon vorhandene Schaltung aus TTL- oder CMOS-
Bausteinen in ein Gate Array überführt werden soll. Zunehmend
jedoch entwickelt der Systemingenieur von Anfang an mit Komponenten aus einer Makro-Bibliothek und spart so ganz bewußt die
Umsetzung bzw. den Aufbau einer Platine (Breadboard).

Die anschließenden Designphasen erfordern eine extensive
Rechnerunterstützung, da nur auf diese Weise eine kurze Design-
Zeit und gleichzeitig eine hohe Entwurfssicherheit erreichbar
sind. Zunächst muß das Netzwerk grafisch oder alphanumerisch
in den Rechner eingegeben werden. Die daraus resultierende
Netzliste ist Basis für alle folgenden Design-Phasen, bis hin
zur Generierung der Masken- und Testdaten für die Fertigung.
Ein hierfür geeignetes CAD-System sollte in sich geschlossen
sein. Dabei bestehen die Schnittstellen zwischen den Programmteilen ausschließlich aus Dateien, so daß der Mensch keine
Fehler einbringen kann. Eine rechnergestützte Rückgewinnung der
Schaltung aus dem Layout und ein Check gegen die Netzliste sind
dennoch notwendig, um eventuelle Programmfehler erkennen zu
können.

In der Logiksimulation werden die vom Anwender bestimmten
Testsignale an die Eingänge des Netzwerkes gelegt und die sich
daraus ergebenden Signalzustände an den Ausgängen der Schaltung
ermittelt. Geeignete Simulatoren berücksichtigen dabei die
unterschiedlichen Verzögerungszeiten jedes einzelnen Makros
und das Fanout an jedem Schaltungsknoten. Das Ergebnis ist
sorgfältig zu analysieren und evtl. schrittweise in Überein-
stimmung mit der gewünschten Spezifikation zu bringen.

Die Testpattern für den späteren Hardware-Test müssen einen
möglichst hohen Fehlerabdeckungsgrad gewährleisten. Hierzu
ermitteln Fehlersimulatoren den Prozentsatz der im Test entdeckbaren zu den insgesamt möglichen Fehlern. Die Arbeitsweise
solcher Programme wird im Kapitel 6 behandelt, ein praktisches
Beispiel im Kapitel 5.

Der letzte Schritt vor der Übergabe des Design-Paketes an die
Fertigung besteht in der Plazierung und Verdrahtung, für die
bei den Halbleiterherstellern leistungsfähige Programme zur
Verfügung stehen. Wichtig ist, daß sie die Verdrahtungsein-
flüsse zu ermitteln gestatten und die Ergebnisse in einer Datei
ablegen. Sie können dann bei einer erneuten Simulation berücksichtigt werden.

Die genannten Arbeitspakete können entweder vom Anwender oder
einem Design-Zentrum abgearbeitet werden. In zunehmendem Maße
übernimmt der Anwender das Design bis zur Simulation selbst.
Hierfür bieten sich verschiedene Workstation-Konzepte an, auf
die im Kapitel 4 näher eingegangen wird. Das Design-Beispiel
im Kapitel 5 basiert auf einem PC als Workstation.

Für die Erstellung des Layout und die Fertigung erster Muster
benötigt der Halbleiterhersteller 3 bis 6 Wochen.

3.3 Standardzellen-Design

Die Entwicklung der SSI-, MSI- und LSI-Schaltungen in den CMOS-Logikreihen beruht auf einem Verfahren, das heute unter der Bezeichnung Standardzellen-Design bekannt ist. Es existiert schon sehr lange, seine Anwendung blieb aber bis zu Beginn der 80er Jahre den Entwicklungsingenieuren der Halbleiterhersteller vorbehalten. Mit dem Durchbruch der CMOS Gate Arrays gelang es aber, die rechnergestützten Design-Werkzeuge auch für die Entwicklung von Standardzellen-ICs so zu verbessern, daß sie für den Anwender genügend benutzerfreundlich und damit attraktiv wurden. Unter den Semicustom-Schaltungen rangieren die Standard-zellen-ICs heute hinter den Gate Arrays an zweiter Stelle. Das Design, zumindest das des Logikteils, kann vom Systemingenieur ähnlich wie bei einem Gate Array ohne spezielle Technologie- oder Computerkenntnisse selbst durchgeführt werden.

Beim Standardzellen-Design gibt es keine vorproduzierten Wafer, so daß in der Fertigung alle Maskenschritte anwender-spezifisch sind. Die Vorarbeit des Halbleiterherstellers liegt hier vielmehr in der Bereitstellung von Software in Form der Makro-Bibliotheken und eines leistungsfähigen CAD/CAE-Systems. Alle Basismakros haben geometrisch eine einheitliche Höhe, daher der üblich gewordene Begriff Standardzellen. Sie sind mit Hilfe von Analogsimulatoren unter Berücksichtigung aller Prozeßparameter und aller Betriebsbedingungen vom Her-steller einmal sorgfältig ausgetestet worden und aufgrund der Ergebnisse in den Datenblättern ausführlich dokumentiert. Der Anwender benutzt sie zum Aufbau seiner Schaltung.

Fläche und Kantenabmessungen des Layout sind jetzt keine festen Größen mehr. Die Fläche richtet sich im allgemeinen nach dem Umfang der zu integrierenden Schaltung, während die Kanten-abmessungen in bestimmten Grenzen frei wählbar sind. Darüber-hinaus wird dem Anwender auch in der Gestaltung der Peripherie-Schaltungen ein hohes Maß an Flexibilität geboten.

Die Design-Arbeiten beginnen mit der grafischen Netzwerkeingabe,
danach folgen Simulation, Fehlersimulation und Erstellung des
Layouts. Aus diesen Daten entstehen in der Fertigung die Masken
für die einzelnen Diffusionen bzw. Ionenimplantationen, die
Isolationen und Leiterbahnen.

Bis zur Simulation werden meist die gleichen CAD/CAE-Programme
wie bei einem Gate Array Design eingesetzt. Das Layout-Programm
dagegen muß speziell auf das Standardzellen-Design zugeschnitten
sein. Es besitzt einen Programmteil für den Logikblock, einen
weiteren für die Peripherie und einen dritten zur Kombination
der beiden.

Für die Erstellung des Layout und des Testprogramms sowie die
Fertigung erster Muster benötigt der Halbleiterhersteller etwa
5 bis 10 Wochen.

Als Hersteller von Standardzellen-ICs kommen meist die gleichen
Firmen in Betracht, die in Abschnitt 3.2 (Tabelle 3.2) für Gate
Arrays genannt wurden.

3.3.1 Chipaufbau

Den prinzipiellen Aufbau eines Standardzellen-ICs zeigt
Bild 3.23. Wie bei einem Gate Array ist in der Mitte die Logik
angeordnet, während die umgebende Randfläche die für die Verbindung mit der Außenwelt erforderlichen Eingangs- und Ausgangsschaltungen aufnimmt. Die im Bild angedeuteten Standardzellen haben eine standardisierte Höhe und eine Breite, die sich
aus dem Vielfachen einer Grundeinheit ergibt, oft auch als
Breite eines Streifens bezeichnet. Ein Inverter z.B. benötigt
ein oder zwei dieser Streifen. Die maximale Komplexität der
Standardzellen ist wie bei Gate Arrays zugunsten einer großen
Flexibilität nicht viel höher als die eines Flipflops. Wichtig
ist jedoch, daß jede Standardzelle in ihrem Aufbau individuell
gestaltet und bezüglich ihrer Breite optimiert werden kann, da
es hier keine vorgefertigten Transistoren gibt, auf deren Topo-
logie Rücksicht zu nehmen wäre. Als Beispiel ist in Bild 3.24

98

Basiszelle,
z.B. Flipflop

Bondpad

Ein-/Aus-
gangs-
schaltung

Verdrah-
tungs-
fläche

U_{DD}

U_{SS}

Bild 3.23. Prinzipieller Aufbau eines Standardzellen-ICs

die Struktur einer UND/ODER-Schaltung in 1,5 μm Technologie
wiedergegeben.

Die für eine anwendungsspezifische Schaltung notwendigen Standardzellen reiht das Plazierungsprogramm ohne Lücken zeilenweise
aneinander. Sie werden später an ihren oberen und unteren
Rändern vom Layout-Programm automatisch mit den Stromversor-
gungsleitungen verbunden. Zwischen den Zeilen bzw. Reihen legt
das Programm vertikal und horizontal verlaufende Verbindungsleitungen, wobei es die kleinsten, vom Prozeß vorgegebenen Abstände
wählt. Meist handelt es sich um Aluminiumbahnen, in älteren
Technologien können die vertikalen Verbindungen aber auch aus
Polysilizium bestehen. Wegen des um den Faktor 10^2 bis 10^3
höheren spezifischen Widerstandes müssen Taktleitungen möglichst
horizontal geführt werden.

Die Anschlüsse der Standardzellen stehen zweckmäßig am oberen
als auch am unteren Rand zur Verfügung, außerdem sollten in-

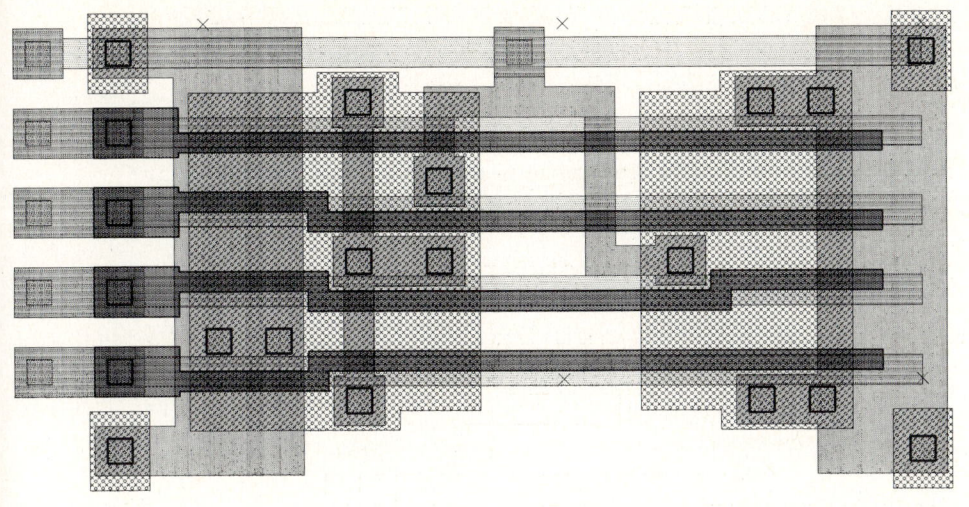

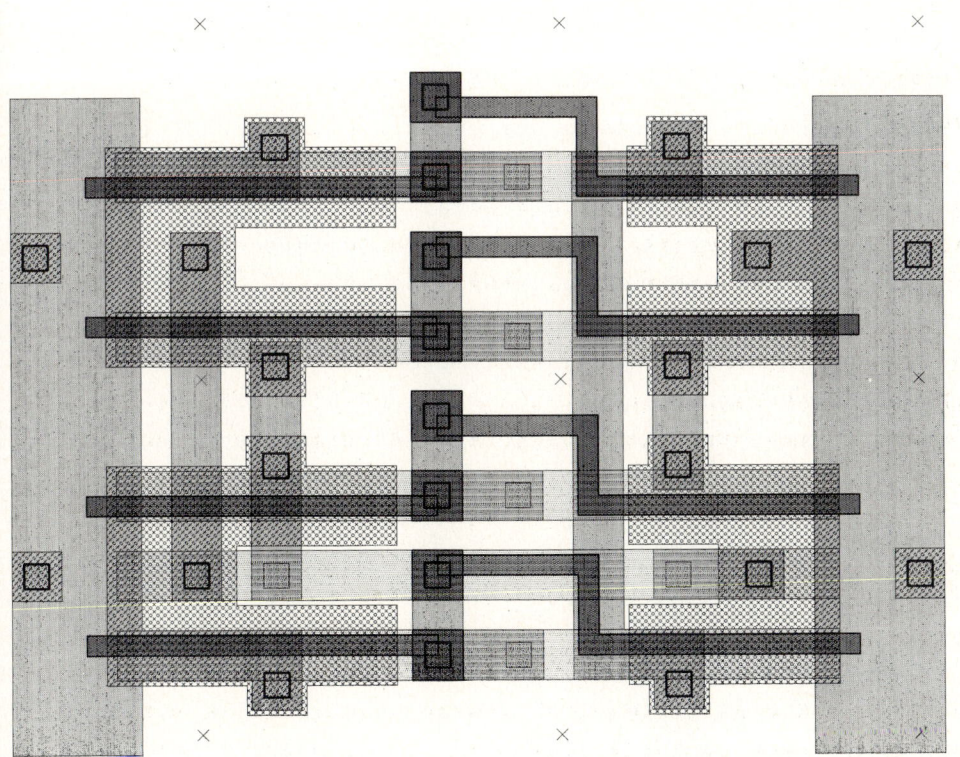

Bild 3.24. Das Basismakro aus Bild 3.20 im Gate Array (links) bzw. als flächenoptimierte Standardzelle (rechts) (Quelle Philips/Valvo)

nerhalb der Standardzellen genügend Pfade (Pathes) vorhanden
sein, auf denen Signale durch die Zellen hindurchgeführt werden
können. Beides erleichtert die automatische Verdrahtung erheblich. In die gleiche Richtung zielt die Eigenschaft guter
Plazierungsprogramme, die Zellen um die y-Achse nach Bedarf
spiegeln zu können.

Die Reihen bei einem Standardzellen-Design haben keinen festgelegten Abstand voneinander, d.h. die Kanäle für die anwendungsspezifische Verdrahtung sind nicht gleich breit. Vielmehr wählt
das Layout-Programm die Reihenabstände so, daß gerade alle
erforderlichen horizontalen Leiterbahnen Platz finden.

Häufig vorkommende Funktionen, u.a. aus der 74LS-Reihe, sind
in den Bibliotheken als Softmakros enthalten. Außerdem kann der
Systemingenieur sogenannte Anwender- oder Usermakros definieren,
die von den Programmen wie Softmakros behandelt werden. Die
Überlegungen hierzu sind sinngemäß die gleichen wie bei einem
Gate Array Design, sie sind ausführlich in Abschnitt 3.2.2
dargestellt.

So wie für die Makros innerhalb der Logik gibt es auch für die
Ein- und Ausgangsschaltungen sowie die Bondpads in der Chip-
randfläche keine vorbestimmten Plätze. Der Anwender kann
vielmehr die vom Halbleiterhersteller ausgetesteten Peripherie-
Schaltungen aus der Makro-Bibliothek an nahezu beliebigen
Stellen anordnen. Außerdem gehen viele Hersteller auf Sonder-
wünsche ein und entwerfen neue, auf die spezielle Anwendung
zugeschnittene Konfigurationen. Die mögliche Flexibilität in
der Gestaltung der Peripherie bedeutet allerdings auch, daß
bei der Layout-Erstellung einiges an Erfahrung erforderlich
ist.

3.3.2 Eigenschaften

Für die Signalverarbeitungsgeschwindigkeit und die Kanallängen
der CMOS-Transistoren gelten im Grundsatz die gleichen Aussagen
wie für Gate Arrays (siehe Abschnitt 3.2.3). Man erreicht heute

Gatterverzögerungszeiten um 1 ns bei Kanallängen von 1 µm bis
2 µm. Festzuhalten ist jedoch, daß die Verzögerungszeit einer
bestimmten Schaltung bei einem Standardzellen-Design immer
kleiner ist als bei einem Gate Array, gleiche Technologie vor-
ausgesetzt. Der Grund liegt im kompakteren Aufbau. Die Standardzellen sind auf möglichst kleinen Platzbedarf und kurze interne
Verbindungen optimiert und werden so dicht wie möglich plaziert.
Außerdem sind die Verdrahtungskanäle nur so breit wie nötig, so
daß die Leitungen in vertikaler Richtung geringere Längen haben
und damit kleinere Kapazitäten beisteuern.

Die Komplexität eines Standardzellen-ICs ist gleich der äquivalenten Gatterzahl der realisierten Schaltung, da es, anders
als bei Gate Arrays, keine ungenutzten Komponenten auf dem
Kristall gibt. Sie besagt, wieviele NAND- oder NOR-Gatter mit
je zwei Eingängen das entworfene Chip bezüglich der verbrauchten
Array-Fläche repräsentiert. Zur Ermittlung dieser Zahl ist in
in den Bibliotheken die äquivalente Gatterzahl für jede einzelne Standardzelle angegeben.

Die maximale äquivalente Gatterzahl ist durch die maximale
Chipfläche gegeben, die noch eine akzeptable Ausbeute zuläßt.
Diese Zahl liegt wegen des kompaktes Chip-Layout im allgemeinen
höher als bei den Gate Array-Typen gleicher Technologie. Die
meisten Anwendungen benötigen auch hier weniger als zehntausend
Gatter, jedoch geht die künftige Entwicklung dahin, immer komplexere Makros zu definieren. Diese selbst können mehrere
tausend oder zehntausend Gatter umfassen, so daß die Komplexität
der Gesamtschaltung schnell hunderttausend und mehr Gatter erreicht.

3.3.3 Weiterentwicklungen

Der Entwurf eines Standardzellen-ICs geht nicht von vorgefertigten Strukturen aus. Das damit verbundene hohe Maß an
Flexibilität bietet die Möglichkeit, zusammen mit der Logik auch
andere Komponenten des Anwendersystems zu integrieren. Von den

zwei erkennbaren Entwicklungsrichtungen zielt die eine auf die
Definition immer komplexerer Makros, wobei die Bemühungen,
die sich hinter dem Begriff "Silicon Compilation" verbergen,
eine zunehmend größere Rolle spielen. Die zweite Richtung hat
die Kombination digitaler und analoger Schaltungsteile zum
Ziel.

Man kann heute bereits RAM- und ROM-Blöcke, ganze Mikropro-
zessorkerne oder digitale Signalprozessoren in den Standard-
zellen-Entwurf einbeziehen [3.25]. Der Systementwickler hat
dadurch die Möglichkeit, eine CPU mit anwendungsspezifisch
konfigurierten Komponenten, wie Speicher, Zeitgeber, Schnittstellen usw., auf einem Chip zu kombinieren. Die Hersteller
bezeichnen solche hochkomplexen Makros als Mega-Zellen oder
auch als Makro-Zellen. Im Gegensatz zu den normalen Standardzellen sind ihre Abmessungen weder in der Breite noch in der
Höhe einheitlich festgelegt. Sie werden vielmehr funktions- und
flächenoptimiert konstruiert und mit allen Daten, einschließlich
der geometrischen, in der Bibliothek gespeichert. Auf dem Chip
erscheinen sie als Blöcke mit festen Umrissen, dazwischen befinden sich die Flächen mit den normalen Standardzellen und den
Verdrahtungskanälen. Bild 3.25 zeigt dafür ein Beispiel. Eine
weitere Besonderheit stellt der in der Peripherie angeordnete,
anwenderspezifisch entwickelte Oszillator mit integrierten
Kapazitäten dar.

Noch einen Schritt weiter geht der in [3.26] beschriebene
Vorschlag, nach dem auch die Standardzellen selbst keine
einheitliche Höhe mehr haben. Höhe und Breite dieser Zellen
wachsen in Vielfachen einer festen Grundeinheit, und sie sind
so konstruiert, daß sich genügend freie Durchführungen in
beiden Richtungen ergeben. Ähnlich wie bei "channelless" Gate
Arrays sind dann keine besonderen Verdrahtungskanäle mehr
erforderlich. Die Chipfläche wird ein Minimum, gleichzeitig
erreicht man durch die im Mittel kürzeren Verbindungen eine
höhere Signalverarbeitungsgeschwindigkeit.

Bild 3.25. Standardzellen-IC mit einem generierten ROM-Block
und mehreren anwenderspezifischen Peripherie-Zellen
(Quelle Philips/Valvo)

Für das Design hochkomplexer Schaltungen mit z.B. 50000 und mehr äquivalenten Gattern sind neue CAD-Werkzeuge unerläßlich. Sie sollen den Systementwickler in die Lage versetzen, umfangreiche Blöcke in einer Hochsprache selbst zu definieren. Verfahren dieser Art faßt man unter dem Begriff "Silicon Compilation" zusammen. Hierzu gehören Modul-Compiler oder auch Blockgeneratoren für die parametergesteuerte Definition z.B. von Schieberegistern, Multiplizierern, Zählern, ROMs und RAMs. Im letzten Fall genügt dann die Eingabe der Wortbreite, Kapazität und Organisation, um einen neuen Block entstehen zu lassen, einschließlich Simulationsmodell und Layout [3.27]. Die Bemühungen richten sich aber auch auf Module mit weniger regelmäßigen Strukturen, z.B. die Generierung von Zustandsmaschinen oder komplexen arithmetischen Funktionen [3.28].

Allgemein stellt ein Silicon Compiler ein Generatorprogramm dar, das eine in einer Hochsprache abgefaßte Systembeschreibung in einfache Informationen zum Aufbau von Halbleiter-Chips übersetzt [3.29]. Während des Programmablaufs kann der Anwender jederzeit den Entwicklungsstand kontrollieren und im Bedarfsfall Designänderungen vornehmen. Zu jedem Zeitpunkt stehen die funktionale Simulation, das Zeitmodell (Timing Diagram) und das aktuelle Layout zur Verfügung.

Die Entwicklung von Verfahren, die dem Anspruch des Begriffs Silicon Compilation gerecht werden wollen, befindet sich gegenwärtig in einem starken Aufwind [3.30]. Effektivität und Benutzerfreundlichkeit der Generatorprogramme werden in den nächsten Jahren ansteigen, so daß auch hochkomplexe integrierte Schaltungen vom Systementwickler selbst entworfen werden können. Dies läßt die Grenze zwischen Semicustom- und Fullcustom-ICs mehr und mehr schwinden, denn der Entwickler in der Halbleiterindustrie bedient sich bei CMOS VLSI-Schaltungen ähnlicher Methoden und entwirft nicht mehr auf Transistor- oder Gatterebene [6.1].

Eine zweite Entwicklungsrichtung geht dahin, Analogschaltungen, wie Komparatoren, Operationsverstärker, ADCs und DACs zusammen

mit den Logikteilen auf dem gleichen Chip zu integrieren. Man
teilt die Chipfläche in analoge und digitale Bereiche und hat
so die Möglichkeit, die Strukturgrößen zu optimieren. Bei den
Abmessungen im Analogbereich z.B. geht man im Interesse einer
hohen Genauigkeit im allgemeinen nicht unter 3 µm, ein Wert,
der bei Digitalschaltungen zugunsten einer hohen Packungsdichte und kurzer Laufzeiten weit unterschritten wird.

Die Eigenschaften der Analogschaltungen hängen von der eingesetzten CMOS-Technologie ab. Wichtig ist dies besonders bei
Operationsverstärkern. Im Vergleich zu Bipolar-Schaltungen
weisen CMOS-Lösungen günstigere Werte bei Verlustleistung,
Arbeitsgeschwindigkeit und Eingangsströmen auf, schlechtere
dagegen beim Eingangsrauschen, der Offset-Spannung (etwa 5 mV)
sowie der Verstärkung [3.31 - 3.33].

Einige Hersteller haben für das Standardzellen Design analoge
Makros definiert und in Bibliotheken gespeichert. Darüberhinaus
ist die Erfüllung spezieller Anforderungen mehr Sache des Entwicklers beim Halbleiterhersteller, da Kenntnisse in der CMOS-
Technologie und der Handhabung von Analogsimulatoren notwendig
sind [3.34].

Die gemischte Integration setzt voraus, daß der Entwurf so ab-
gesichert ist (z.B. getrennte Versorgung, "Guard Rings"), daß
keine elektrischen Probleme auftreten, insbesondere nicht
zwischen Digital- und Analogteil. Außerdem muß der Analogteil
durch standardisierte Routinen testbar sein, weil sonst der
Aufwand beim Hardware-Test zu groß wird. Bisher benötigt die
gemischte Integration eine längere Design-Zeit als rein digitale
Semicustom-Schaltungen. Allerdings werden in jüngster Zeit auch
schon ereignisgesteuerte, auf Workstation-Systemen implementier-
bare Analogsimulatoren angeboten, die auf Zellen-Modellen beruhen und ähnlich benutzerfreundlich sein sollen wie die bekannten
digitalen Simulatoren [3.35].

3.4 Vergleich aus Anwendersicht

Semicustom-Schaltungen finden Anwendung in allen Bereichen der Technik, besonders aber in der Telekommunikation, der Meß-, Steuer- und Regelungstechnik [3.36], der Unterhaltungselektronik und zunehmend im Kraftfahrzeug. In manchen Fällen übernehmen sie Aufgaben, für die sich Mikroprozessoren bzw. -controller als zu langsam oder zu redundant erweisen, oder sie werden ergänzend in der Peripherie solcher Systeme eingesetzt [3.37].

Die Entscheidung des Systemingenieurs für eine der hier vorgestellten Semicustom-Techniken hängt neben anderen Einflußgrößen von der Komplexität der zu realisierenden Schaltung, von der zu verarbeitenden Frequenz, der geplanten Stückzahl, der Design-Zeit und der hierfür aufzuwendenden Kosten ab.

Programmierbare Logikbausteine (PLDs) können in Kleinserien und bei Komplexitäten bis zu einigen hundert äquivalenten Gattern eine akzeptable Lösung darstellen. Für das Design stehen dem Anwender durchweg leistungsfähige, auf einem Personalcomputer (PC) implementierte Software-Werkzeuge zur Verfügung, so daß er je nach Problemstellung nur wenige Tage oder Wochen benötigt [3.38]. Zum Abschluß erzeugt die gleiche Software die Anweisungen für ein handelsübliches Programmiergerät. Die Investitionskosten sind also außerordentlich gering, zumal ein PC in vielen Bereichen schon zur selbstverständlichen Arbeitsplatzausstattung gehört. Deshalb liegt die wirtschaftliche Stückzahl für den Einsatz von PLDs gemäß Tabelle 3.3 sehr niedrig.

Tabelle 3.3. Vergleich wichtiger Kriterien beim ASIC-Design

	PLD	Gate Array	Standardzellen	Freier Entwurf
Entwicklungszeit/-kosten	sehr niedrig	niedrig	mittel	hoch...sehr hoch
Komplexität	niedrig...mittel	mittel...hoch	niedrig...hoch	niedrig...sehrhoch
Chipfläche		1	0,7	0,5
Wirtschaftl. Stückzahl	≥1	≥2000	≥5000	≥50000

Neue Konzepte, z.B. Programmable Macro-Logic (PML) und Logic
Cell Arrays (LCA), eröffnen dem Entwickler neue Möglichkeiten.
In die gleiche Richtung wirkt die Einführung der EPLDs und
EEPLDs, die sich nahezu beliebig oft löschen und neu programmieren lassen. Diese Eigenschaft ist besonders während der
Entwicklungsphase von Interesse, sie macht aber auch Änderungen
in der laufenden Geräteserie möglich. PML- und LCA-Bausteine
gestatten im Vergleich zu PLDs mit starrer Zwei-Ebenen-Struktur
eine direkte Implementierung mehrstufiger Logik und damit einen
höheren Ausnutzungsgrad. Beim Vergleich der beiden Konzepte
ist zu empfehlen, auf die Verzögerungszeiten zu achten, die in
den Datenblättern für den Signallauf durch jede weitere Stufe
angegeben werden. Insbesondere können beim LCA zusätzliche
Logikstufen erforderlich sein, wenn z.B. die Zahl der Eingänge
durch Paralellschalten zweier oder mehrerer Logikblöcke (CLB)
erweitert werden soll.

Die besondere Art der Programmierung eröffnet dem LCA weitere
neue Anwendungen. Das mitintegrierte RAM, das die der Programmierung dienenden Transistorschalter steuert, kann z.B. zu
jedem Zeitpunkt, auch während des Betriebes, mit einem neuen
Bitmuster geladen werden. Dadurch erhält das LCA jedesmal eine
neue Funktion.

Ein Nachteil von PLDs ist ihr relativ geringer Ausnutzungsgrad,
d.h. es bleiben immer eine Reihe Gatter ungenutzt. Hinzu kommt,
daß die Durchlaufzeit unabhängig von der Komplexität der programmierten Funktion und damit relativ lang für eine einfache
Invertierung ist.

Bereits bei Schaltungen mit einer Komplexität von 200 Gattern
sollte der Entwickler prüfen, ob andere Semicustom-Techniken
nicht günstiger sind. Wenn gleichzeitig der Gesamtbedarf genügend hoch ist, fällt die Entscheidung im allgemeinen klar
zugunsten der Gate Array-Lösung aus. In manchen Fällen, bei
Pilotprojekten z.B. oder wenn die Miniaturisierung oberstes
Gebot ist, kann die Gate Array-Lösung auch schon bei einem
kleineren Bedarf sinnvoll erscheinen. Man erzeugt dann die

anwendungsspezifische Verdrahtung nicht durch Masken, sondern
durch direktes Beschreiben des Wafers mit Elektronen- oder
Laserstrahl. Die Firma ES2 hat sich auf diesem Gebiet besonders
engagiert.

Das bei Gate Arrays immer erforderliche Layout und die für die
Verdrahtung notwendigen Fertigungsschritte bedingen einen bestimmten Zeit- und Kostenaufwand, zu dem sich noch der Aufwand
für Logistik und Erstellung des Testprogramms addiert. Der
Anwender muß daher nach Abschluß der Design-Arbeiten eine Wartezeit von einigen Wochen bis zur Verfügbarkeit erster Muster
einkalkulieren. Die Kosten für diese Phase sind von Hersteller
zu Hersteller unterschiedlich. Bild 3.26 gibt einen groben
Vergleich mit den anderen Semicustom-Techniken.

Gate Arrays zeichnen sich im Vergleich zu PLDs durch höhere
Komplexität, einen höheren Ausnutzungsgrad und durch größere
Flexibilität aus. Eine weitere Verbesserung in dieser Richtung
bieten Standardzellen-ICs, bei denen die Zahl der integrierten
Transistoren projektabhängig und die Breite der Verdrahtungskanäle nicht größer als nötig ist. Mit ihnen erreicht man,
verglichen mit den anderen beiden Semicustom-Techniken, die
kleinste Chipfläche. Als Preis dafür sind alle Fertigungsschritte anwendungsspezifisch, so daß die wirtschaftliche

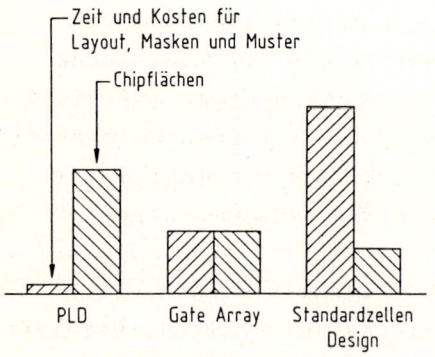

Bild 3.26. Vergleich der Semicustom-Schaltungen bezüglich
Chipfläche und Aufwand für Layout und Muster

Stückzahl im allgemeinen oberhalb 5000 liegt. Diese Zahl gilt
natürlich nur als grobe Richtschnur, im Einzelfall können sich
davon abweichende Bewertungen ergeben.

Für den Einsatz hochkomplexer Megazellen und für die Mischung
mit analogen Schaltungsteilen sind Standardzellen-ICs besser
geeignet als Gate Arrays. Es gibt keine vorgefertigten Wafer,
deshalb kann die Chipoberfläche frei in Zonen mit unterschiedlichen Design Rules aufgeteilt werden. Voraussetzung für diese
Vorgehensweise ist allerdings das Vorhandensein geeigneter
CAD-Werkzeuge.

Bei der Frage, ob man sich für ein Gate Array oder ein Standardzellen-Design entscheiden soll, kann man davon ausgehen, daß
Design-Zeit und -Kosten bis zum Abschluß der Simulation ungefähr
gleich sind. Die Wartezeit für Layout, Masken für alle Fertigungsschritte, für Testprogramm und erste Muster ist jedoch im
Vergleich zu Gate Arrays etwa 4 bis 8 Wochen länger, der vom
Anwender zu tragende Kostenaufwand etwa um den Faktor drei
höher (Bild 3.26).

In manchen Fällen lassen sich die Marktchancen eines geplanten
Systems nur sehr ungenau oder gar nicht abschätzen. Das gilt
besonders bei solchen Innovationen, die nicht nur Weiterentwicklungen darstellen, sondern völlig neue Anwendungen er-
schließen sollen. In der Praxis hat sich bewährt, für dieses
Projekt zunächst ein PLD oder ein Gate Array zu entwickeln,
und später, wenn die ersten Geräte bereits auf dem Markt sind
und die noch zu erwartende Stückzahl es rechtfertigt, auf ein
Standardzellen-Design überzugehen. Das gleiche Verfahren bietet
sich an, wenn aus Wettbewerbsgründen die für ein Standardzellen-IC erforderliche Design-Zeit zunächst nicht zur Verfügung steht.

In den genannten Fällen ist es zweckmäßig, mit einem Halbleiterhersteller zusammenzuarbeiten, der alle Semicustom-Techniken und
die zugehörigen CAD/CAE-Werkzeuge aus einer Hand anbieten kann.
Normalerweise hat man dann die Gewähr, daß die Gate Array- und

Standardzellen-Bibliotheken kompatibel sind. In beiden Bibliotheken gibt es die gleichen Makros mit dem gleichen Namen, man
braucht also nur die Bibliotheken auszutauschen, erneut zu simulieren und die Ergebnisse mit den beim Gate Array-Design gewon-
nenen zu vergleichen. Erst danach, mit Beginn der Layout-Phase,
laufen die Design-Arbeiten grundsätzlich auseinander [3.39].

Der Übergang vom Gate Array- zum Standardzellen-Design ist
allerdings nicht mehr so nahtlos möglich, wenn im Gate Array
Blockmakros (RAM, ROM usw.) oder analoge Funktionen eingesetzt
wurden. Dann muß bereits die Netzliste umentwickelt werden.
Zeit- und Kostenaufwand sind entsprechend höher.

4 CAD-Werkzeuge

Die Mikroelektronik ist einer der ersten technischen Bereiche, die ohne Computer Aided Design (CAD) nicht mehr auskommen können. Selbst wenn es möglich wäre, eine Schaltung mit Tausenden von Bauelementen fehlerfrei in akzeptabler Zeit "mit Bleistift und Papier" zu entwickeln, für die Maskenfertigung und den Test ist heute jeder Halbleiterhersteller auf rechnerlesbare Datensätze angewiesen.

Obwohl es für sämtliche Schritte im Entwurfsablauf inzwischen leistungsfähige CAD-Werkzeuge gibt [4.1], sollte man sich nicht von dem häufig verwendeten Schlagwort "Silicon Compilation" zu der Annahme verleiten lassen, der Entwurf eines komplexen ICs sei schon auf Knopfdruck möglich. Je härtere Randbedingungen ein Schaltungsentwurf hinsichtlich Flächenbedarf, Verzögerungszeit, Verlustleistung und Testbarkeit erfüllen muß, desto mehr sind Kreativität, Sorgfalt und Fleiß des Entwicklers auch heute noch gefordert.

Hochkomplexe Schaltungen, die wegen großer Fertigungsstückzahlen besonders gut optimiert werden müssen, werden unter Einsatz umfangreicher CAD-Werkzeuge arbeitsteilig von einem Team aus mehreren Fachleuten entworfen. Solche Teams bestehen üblicherweise aus einem oder zwei System-Architekten, mehreren Schaltungsentwicklern und Layoutern sowie aus Testexperten. Ein einzelner Entwickler hat in der Regel nicht das erforderliche Detailwissen zu jedem Entwurfsabschnitt und würde außerdem zu viel Zeit benötigen, um alle Schritte nacheinander abzuarbeiten. Die Arbeit im Team hat auch Vorteile bei der Einarbeitung neuer Mitarbeiter.

Im Semicustom-Bereich sind wegen der oft niedrigen Fertigungsstückzahlen nicht die Fertigungs-, sondern die Design-Kosten
entscheidend (Kapitel 1 und [4.2]). Außerdem soll die Design-
Zeit so kurz wie möglich sein. Der Einsatz von CAD-Werkzeugen
ist deshalb auch beim Entwurf von ASICs unabdingbar. Die Design-
Kosten lassen sich dann durch folgende Maßnahmen senken:

- möglichst weitgehende Automatisierung.
- Einbringen von Expertenwissen in die CAD-Werkzeuge.
- Verwendung standardisierter Hard- und Software.
- Laufende Prüfung auf Benutzerfehler.
- Einsatz vorentwickelter Schaltungsteile aus Bibliotheken.

Werkzeuge, die den Entwurf soweit automatisieren, daß sich der
Entwickler nur noch mit seinem System und nicht mehr mit Details
auf Gatter-, Transistor- und Layout-Ebene auseinandersetzen muß,
sind bis heute allerdings nur ansatzweise erhältlich.

Für Anwender, die nicht ständig neue ASICs entwickeln wollen,
fallen die Anschaffungskosten sowie die Kosten für Installation
und Wartung der CAD-Hardware und -Software stark ins Gewicht.
Auch den Aufwand für die erforderliche Schulung und Einarbeitung
sollte man nicht vergessen, wenn man eine wirtschaftlich ver-
tretbare Schaltungsentwicklung mit CAD-Einsatz plant.

Verbietet die überschlägige Kostenrechnung die Anschaffung und
Verwendung eigener CAD-Werkzeuge, so kann man auf die Dienste
freier oder herstellergebundener Design-Zentren und Ingenieur-
büros zurückgreifen. Eine andere Alternative besteht darin, sich
für die Projektzeit geeignete CAD-Hardware und -Software zu
leihen. Neben den Mietkosten braucht man dann nur noch den Aufwand für die Einarbeitung zu investieren.

In den folgenden Abschnitten wird beschrieben, wie weit die
heute verfügbaren CAD-Werkzeuge den Entwurf von ASICs unterstützen. Bild 4.1 stellt die Schritte vom Konzept zum ASIC dar
und gibt Hinweise auf die entsprechenden Buchabschnitte. Betrachtungen über mögliche Hardware-Konfigurationen und über

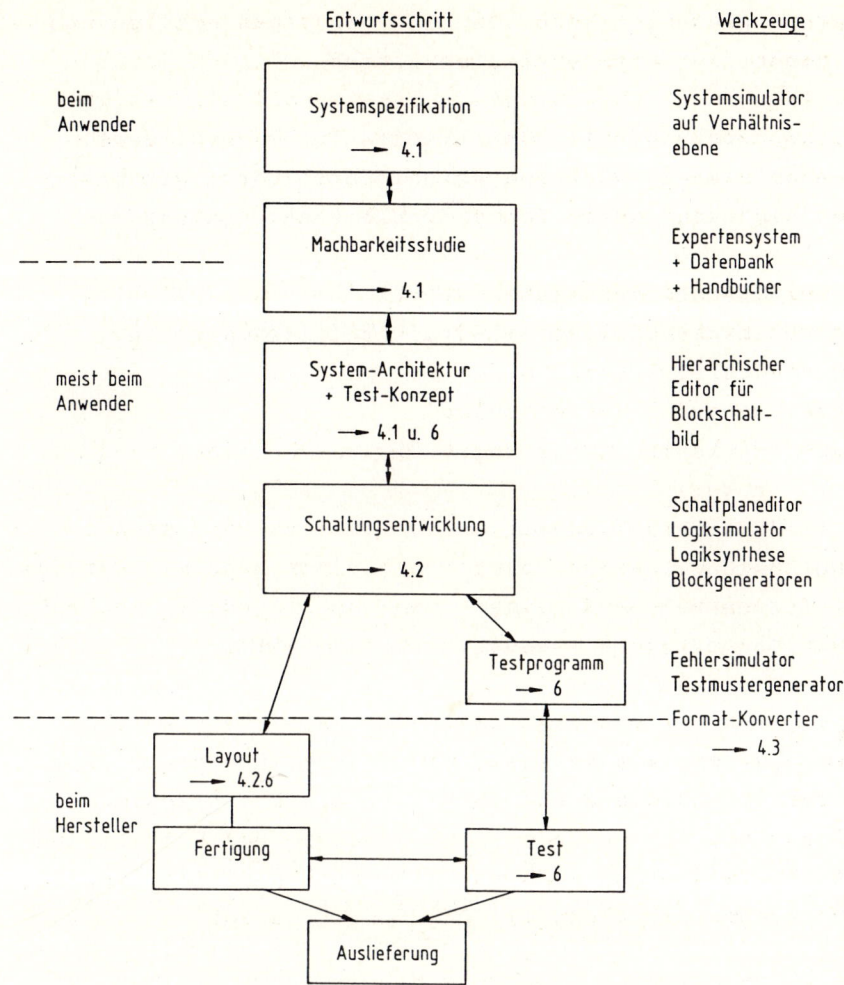

Bild 4.1. Netzplan für die Enstehung eines ASICs

Anforderungsprofile an CAD-Systeme im Semicustom-Bereich schließen das Kapitel ab.

4.1 Hilfen für Machbarkeitsstudie und Systementwurf

Wenn Entwurf und Einsatz eines ASICs bei der Realisierung oder Integration einer digitalen Schaltung in Frage kommen, muß

zunächst geklärt werden, ob und wie sich die kommerziellen und
technischen Randbedingungen einhalten lassen.

Eine sorgfältig durchgeführte Machbarkeitsstudie verhindert,
daß Zeit und Geld in einen dann eventuell doch nicht gangbaren
Weg investiert werden. Sie sollte folgende Punkte umfassen:

- Erwartete Schaltungskomplexität (Anzahl Gatteräquivalente).
- Anforderungen an die Signalgeschwindigkeit (Taktfrequenz,
  zeitkritische Teile).
- Zu treibende Lasten.
- Zur Verfügung stehende Betriebsspannung.
- Abschätzung der Verlustleistung.
- Erforderlicher Temperaturbereich.
- Gehäuse und Kühlung.
- Anzahl der Außenanschlüsse.
- Benötigte Zellen (analoge Peripheriezellen, RAMs, ROMs, PLAs,
  besondere Bibliothekszellen).
- Geeignete Technologie bzw. ASIC-Familie.
- Zu erwartende Kosten für Entwurf und Fertigung.

Normalerweise zeichnen sich zu Beginn der Machbarkeitsstudie
bereits eine Reihe von Lösungsmöglichkeiten ab, die dann syste-
matisch geprüft werden müssen. Um das mühsame Blättern in
Datenbüchern zu reduzieren, gehen die Halbleiterhersteller dazu
über, entsprechende Werkzeuge anzubieten. Ein Beispiel ist der
"Design Assistant" von VLSI Technology Inc.

Automatisierbare Schritte der Machbarkeitsstudie sind z.B.:

- Ermittlung der Schaltungskomplexität nach Eingabe der benötigten Makro-Typen.
- Schätzung der Verlustleistung aus den zu treibenden Lasten,
  der Taktfrequenz und der Komplexität.
- Auswahl des Gehäusetyps, der die benötigte Anzahl Anschlüsse
  besitzt, die erwartete Chip-Fläche aufnehmen und die Verlustleistung abführen kann.

Ob zeitkritische Schaltungsteile in einer bestimmten Technologie integrierbar sind, muß in Grenzfällen durch Simulation ermittelt werden (Abschnitte 4.2.4 und 5.2.4).

Mit etwas Erfahrung nimmt eine durchschnittliche Machbarkeitsstudie zwei bis drei Arbeitstage in Anspruch. Zu ihrer Durchführung benötigt man bereits den wichtigsten Teil des Systementwurfs: die Systemspezifikation. Sie gibt möglichst eindeutig an, wie sich die Schaltung von außen gesehen verhalten soll. Dazu gehören im allgemeinen Diagramme, in denen die geforderte Anschlußbelegung und die zeitlichen Beziehungen zwischen Eingangs- und Ausgangssignalverläufen dargestellt sind. Die Spezifikation kann auch aus der Forderung bestehen, eine bereits vorhandene Baugruppe oder Platine zu integrieren.

Spezielle Spezifikationssprachen haben sich bisher außerhalb von Universitäten kaum durchsetzen können. Eine erste Ausnahme könnte VHDL werden, eine Beschreibungssprache für Hardware, die international standardisiert wurde (Abschnitt 4.3.1).

Um das Verhalten eines Systems zu spezifizieren, kann man auch ein Programm in einer höheren Programmiersprache schreiben (Pascal, Ada [4.3], Fortran, C). Auf diese Weise einen "Spezialsimulator" zu entwickeln, erfordert natürlich Aufwand und entsprechendes Fachwissen. Moderne Mixed-Level-Simulatoren [4.4] können oft einfacher für denselben Zweck eingesetzt werden. Der Entwickler kann in einer Beschreibungssprache, die meist Pascal oder C angelehnt ist, ein Modell für seine Schaltung programmieren. Das Simulationssystem nimmt ihm die Modellierung von parallel ablaufenden Prozessen ab, erlaubt die komfortable Eingabe von Stimuli, stellt die Ergebnisse dar und verwaltet die auftretenden Signalverläufe. Beispiele für Simulatoren, mit denen man (auch) auf System-Ebene arbeiten kann, enthält Tabelle 4.1.

Tabelle 4.1. Auflistung einiger bekannter Simulatoren

Simulatorname	Anbieter
Dacapo III	Dosis GmbH
Verilog	Gateway Design Automation
System HiLo	GenRad
Quicksim	Mentor Graphics
SITEST 300 Smile	SIEMENS AG
LSim	Silicon Compiler Systems
Helix	Silvar Lisco
VTIsim	VLSI Technology Inc.

4.2 Unterstützung beim Schaltungsentwurf

Wenn die Machbarkeitsstudie ergeben hat, daß das spezifizierte
System mit einiger Sicherheit in der ausgewählten Technologie
integriert werden kann, liegen dem Schaltungsentwickler klare
Rahmendaten für seine weitere Arbeit vor. Im günstigsten Falle
kann er direkt auf einem Blockschaltbild aus der Systemstudie
aufsetzen und durch schrittweise Verfeinerung der einzelnen
Blöcke "top-down" zur fertigen Schaltung gelangen. Ein Beispiel
für eine Entwurfs-Hierarchie ist in Bild 4.2 dargestellt.

Auch das umgekehrte "bottom-up"-Vorgehen ist bei Schaltungsentwicklern weit verbreitet. Ausgehend von vorhandenen Bibliotheks-
elementen (Gatter, Flipflops, Zähler, Addierer usw.) werden
Schaltungsteile entworfen, die dann direkt oder nach weiteren
Zwischenschritten zu den geforderten Blöcken aus der Systemspezifikation kombiniert werden können.

In der Praxis läßt sich weder das reine "top-down"- noch das
"bottom-up"-Schema vollständig durchhalten. Bei den meisten Ent-

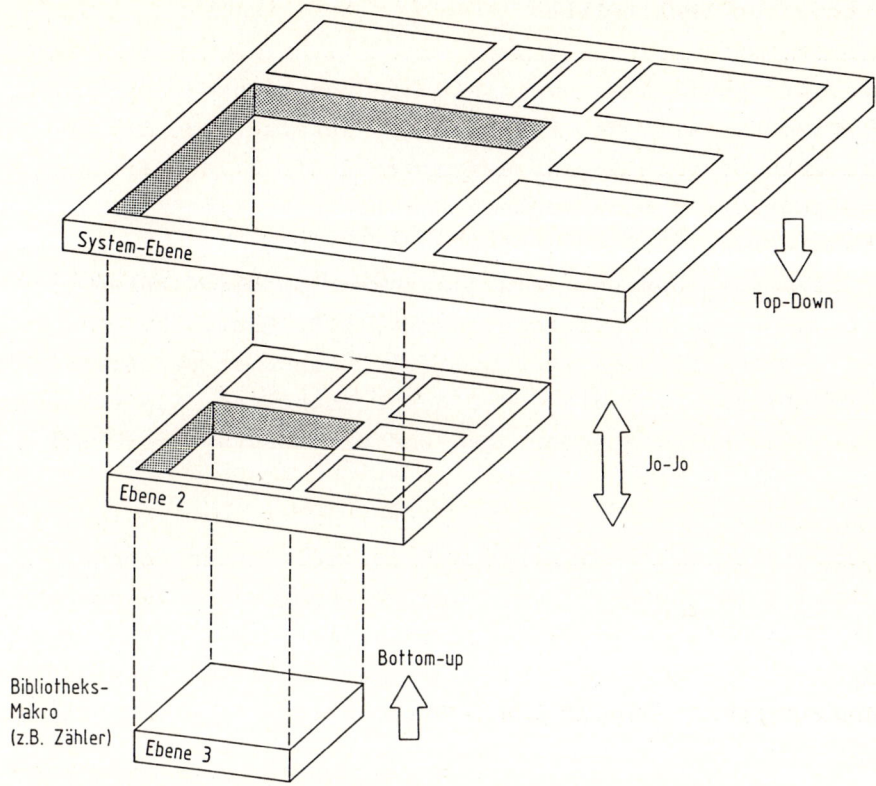

Bild 4.2. Beispiel für eine Entwurfshierarchie

würfen werden beide Methoden abwechselnd angewendet. Man spricht
bildlich von der "Jo-Jo"-Strategie.

Moderne CAD-Systeme unterstützen beide Vorgehensweisen und
erlauben dem Entwickler, gemäß seiner persönlichen Vorlieben
einen hierarchisch strukturierten und damit übersichtlichen
Entwurfsstil zu entfalten.

Die Strukturierung in System- und Block-Hierarchien mit definierten Schnittstellen sowohl zwischen Blöcken auf der gleichen
Hierachie-Ebene als auch zwischen benachbarten Ebenen hat sich
im Software-Engineering bestens bewährt und wird auch für den
Hardware-Bereich seit langem propagiert.

4.2.1 Eingabe von Schaltplänen

Entwicklern, die gewohnt sind, in Blöcken und Block-Hierarchien
zu denken, kommen grafische Editoren zur interaktiven Eingabe
von Schaltplänen sehr entgegen. Auf einem Grafikbildschirm kann
er, wie von gedruckten Schaltplänen her gewohnt, Blöcke definieren und aufrufen, Verbindungsleitungen ziehen, Signale benen-
nen, Busbreiten vorgeben usw. Als Eingabemedium dient entweder
die Tastatur oder ein Digitalisier-Gerät, z.B. Maus, Tablett,
Daumenräder, Rollkugel oder Lichtgriffel. Gegenüber der Arbeit
mit Lineal und Tusche ist die CAD-Eingabe schneller. Sie erlaubt
auf bequeme Weise spätere Änderungen und spart Aufwand bei der
Archivierung.

Zum Aufbau einer Entwurfs-Hierarchie faßt man mehrere Blöcke,
die eine logische Einheit bilden, zu einem Über-Block zusammen
(bottom-up) oder zerlegt einen Block in eine Anzahl Unter-
Blöcke (top-down). Ein Block, in dem mehrere Unter-Blöcke zusammenarbeiten, bezeichnet man auch als "Softmakro" (Abschnitt
3.2.2).

Enthält ein Block eine große Anzahl von Unter-Blöcken, kann
seine grafische Darstellung unübersichtlich werden. Obwohl die
meisten Schaltplan-Editoren Ausschnittvergrößerungen anbieten,
sollte man die Entwurfs-Hierarchie so gliedern, daß sich alle
Unter-Blöcke eines Blocks leicht auf einem Bildschirm darstellen
lassen. Zu viele Hierarchie-Ebenen führen auf der anderen Seite
dazu, daß man zu oft im Entwurfs-"Baum" auf- und absteigen muß.
Auch hier geht Übersichtlichkeit verloren.

Einige Systeme (z.B. IDEA von Mentor Graphics) übersetzen die
grafische Eingabe direkt in eine interne Datenbasis. Andere
generieren zunächst eine sogenannte Netzliste. Darunter versteht
man eine Text- oder Binär-Datei, die angibt, welche Blöcke in
einer Schaltung enthalten sind und wie sie miteinander verbunden
werden. Man spricht in diesem Zusammenhang von "flachen" und
hierarchischen Netzlisten. Während die hierarchische Netzliste
noch die Struktur aus Blöcken und Unter-Blöcken wiedergibt,

fehlt diese Strukturinformation in der flachen Netzliste völlig. Die Hierarchie wird durch Einsetzen ("Expandieren") so aufge- löst, daß nur noch Hardmakros vorkommen, Bibliothekselemente also, die keine Unter-Blöcke mehr haben. Da durch das Einsetzen mehrfach verwendete Blöcke auch mehrfach abgespeichert werden müssen, ist eine flache Netzliste erheblich umfangreicher als ihr hierarchisches Original.

Statt eine Schaltung grafisch einzugeben und sie dann in eine Netzliste zu übersetzen, kann man Netzlisten auch direkt mit Hilfe eines Texteditors oder mit einem speziellen Netzlisten- editor erstellen. Dieser Weg ist jedoch nicht sehr verbreitet, da einer Zeichnung gemeinhin ein größerer Dokumentationswert beigemessen wird als einer eventuell schwer lesbaren Liste. Manche Entwickler, die aus dem Software-Bereich kommen, schätzen an der direkten Texteingabe, daß sie mit entsprechender Übung schneller ist, sich oft einfacher ändern und beliebig mit Kommentarzeilen versehen läßt.

Viele CAD-Systeme übersetzen die Netzliste in eine binäre Darstellung, die in der nachfolgenden Simulation und für das spätere Layout effizienter ausgewertet werden kann als eine Text-Datei. Bei dieser Umsetzung, auch Netzwerklauf genannt, werden den gewählten Bibliotheken Informationen zu den verwen- deten Elementen (Verzögerungszeit, Struktur) entnommen und für den Simulator aufbereitet.

Ein wichtiger Aspekt der Schaltplan-Eingabe ist die Prüfung auf Schaltungsfehler, der sogenannte "Electrical Design Rule Check" (EDRC). Um den Entwicklungsverlauf zu beschleunigen, sollten Benutzerfehler so früh wie möglich entdeckt und ange- zeigt werden. Fehler, die ein EDRC während der Eingabe oder beim Netzwerklauf aufdecken kann, sind z.B.:

- Unbeschaltete Eingänge (bei CMOS verboten).
- Kurzgeschlossene oder überlastete Ausgänge.
- Inkonsistenzen zwischen Definition und Aufruf von Blöcken
  (fehlende Anschlüsse, falsche Namen usw.).

120

- Fehlerhafte Bus-Breiten.
- Unzulässige Signal- und Blocknamen.

Um die Fehler schnell beheben zu können, sollte sie der Schaltplan-Editor grafisch anzeigen können ("Error Marker").

Die Umsetzung einer komplexen Schaltung von der Grafik über die
Netzliste in eine interne Darstellung kann mehrere Minuten in
Anspruch nehmen. Da während einer Entwicklung relativ häufig
der Zyklus Ändern-Umsetzen-Simulieren durchlaufen wird, bieten
einige Systeme inkrementelle Netzwerkumsetzer an, die jeweils
nur die Änderungen umsetzen und nicht die komplette Schaltung.

Für die grafische Schaltplan-Eingabe reicht ein PC mit hoch-
auflösender Grafik aus, da Grafik-Editoren keine große Rechenleistung erfordern. Durch direkte Bildspeicherzugriffe lassen
sich Bildaufbauzeiten erzielen, die so kurz sind, daß auch beim
dynamischen Bewegen des Bildinhalts ("Panning") keine unange-
nehmen Wartezeiten entstehen.

4.2.2 Logiksynthese

Der Übergang von der Systembeschreibung zur Schaltung auf
Gatter-Ebene läßt sich für kombinatorische Schaltungen und für
synchrone Netzwerke weitgehend automatisieren.

Kombinatorische Schaltungen, deren Ausgangszustände ja immer
nur von den aktuell anliegenden Eingangszuständen abhängen,
beschreibt man durch ein System von Booleschen Gleichungen
oder durch Funktionstabellen (Abschnitt 3.1). Mit einem Logik-
synthese-Programm wird eine solche Beschreibung automatisch
in ein minimiertes PLA oder in eine Netzliste aus Logikgattern
umgesetzt. Je nach angewendetem Verfahren kann der Benutzer
Randbedingungen bzw. Optimierungskriterien vorgeben, z.B.
Fläche, Verzögerungszeit, Gattertypen, Zahl der externen Anschlüsse [4.5, 4.6].

Die Logiksynthese kombinatorischer Schaltungen geht meist in
fünf Schritten vor sich:

- Übersetzen der Beschreibung in eine interne Funktionstabelle.
- Reduzieren der Funktionstabelle mit einem PLA-Minimierer.
- Umsetzen der minimierten PLA-Tabelle in eine mehrstufige
  Gatterlogik.
- Lokale Transformation der verwendeten Gattertypen (je nach
  zugrundegelegter Technologie).
- Ausgabe der resultierenden Netzliste.

Die automatische Umsetzung synchroner Schaltwerke setzt auf der
Synthese kombinatorischer Schaltungen auf. In grafischer oder
in Textform gibt der Anwender ein Ablaufdiagramm oder eine
Ablauftabelle vor, die das Schaltwerk eindeutig beschreibt.
Ein Beispiel zeigt Bild 4.3. Diese Darstellung wird in eine
Zustandsübergangstabelle ("State Transition Table") übersetzt,
in der jedem Zustand ein Bitmuster als Zustandsnummer zugeordnet
ist. Daraus läßt sich dann unmittelbar ableiten, wie eine Gruppe
Flipflops angesteuert werden muß, um das gewünschte Schaltwerk
zu verwirklichen. Synchrone Schaltwerke bestehen nämlich aus
Registern, die durch kombinatorische Logik rückgekoppelt werden.

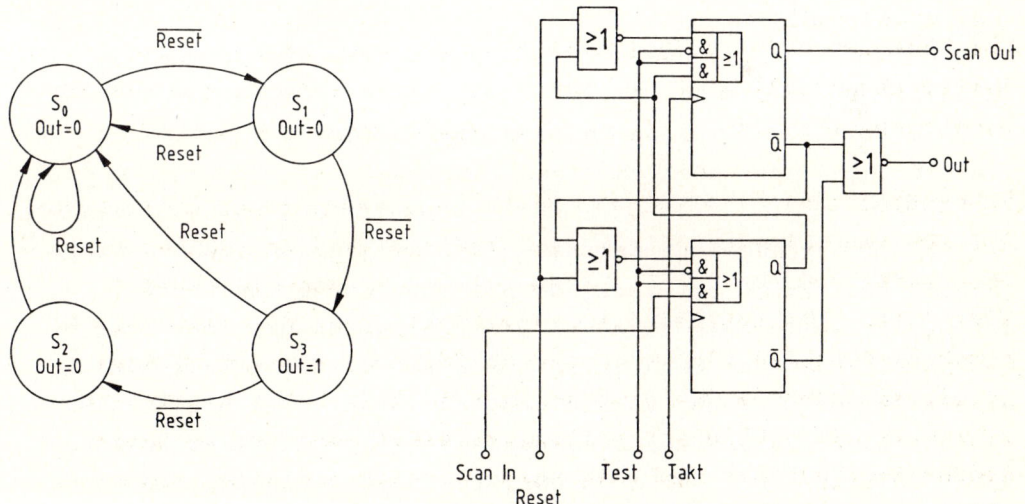

Bild 4.3. Ablaufdiagramm und Schaltung eines Schaltwerks

Es bleibt nur noch, die Ansteuertabelle als kombinatorische
Logik zu realisieren.

An der Universität von Berkeley wurde in Zusammenarbeit mit
IBM neben dem PLA-Minimierer ESPRESSO ein Paket von Algorithmen
entwickelt, die aus einer PLA-Tabelle Gatterlogik generieren
können. Diese Programme bzw. Verfahren haben Eingang in diverse
US-amerikanische CAD-Systeme gefunden (VLSI Technologie Inc.,
FutureNet z.B.) und bilden auch den Grundstock für das Synthese-
paket OMA von Philips. In Deutschland ist das an der Universität
Karlsruhe entwickelte Programm LOGE relativ weit verbreitet
[4.7, 4.8]. Es wurde inzwischen von der Firma Isdata GmbH stark
erweitert und wird seit einiger Zeit als LOG/iC kommerziell
angeboten. LOG/iC ist eines der wenigen Programme, die auch
Verzögerungszeiten in ihre Optimierung mit einbeziehen können.

Folgende Aufgaben sollte ein Programm zur Synthese synchroner
Schaltwerke neben der kombinatorischen Synthese erfüllen:

- Umsetzung der grafischen oder textuellen Beschreibung in eine
  Zustandsübergangstabelle.
- Entdeckung äquivalenter oder nicht erreichbarer Zustände.
- Hinweis auf widersprüchliche oder mehrdeutige Zustandsüber-
  gangsbedingungen.
- Zuordnung von Zustandsnummern als physikalische Zustands-
  repräsentation.
- Ermittlung der Flipflop-Ansteuergleichungen als Boolesche
  Gleichungen oder als Funktionstabellen.

Die schaltungstechnisch optimale Zuordnung von Zustandsnummern
ist ein noch nicht befriedigend gelöstes Forschungsthema [4.9,
4.10]. Oft werden die Zustände einfach durchnummeriert oder
man überläßt es dem Entwickler, eine für die Anwendung günstig
erscheinende Zuordnung vorzugeben. Ein neuerer Ansatz [4.11]
besteht darin, statt normaler Register einen ladbaren Synchron-
zähler einzusetzen. Durch geschickte Nummerierung der Zustände
versucht man dann, einen großen Teil der Übergänge durch eine
einfache Fortschaltung des Zählers zu realisieren.

In der Praxis spielen folgende Optionen für die Synthese
synchroner Schaltwerke eine Rolle:

- Vielfalt der verwendbaren Flipflop-Typen.
- Vereinfachung der Rückkopplungslogik durch Multiplexer zur
  Auswahl der beim Zustandsübergang relevanten Eingangssignale.
- Berücksichtigung eines Reset-Signals.
- Flexible Benutzervorgaben für·die Zuordnung von Zustands-
  nummern.
- Schnittstellen zu den gängigen Programmiergeräten für PLDs.
- Wahlweiser Entwurf von Schaltwerken vom Moore- oder Mealy-
  Typ (zustands- bzw. übergangsorientiert).

4.2.3 Blockgeneratoren

Die Entwurfseffizienz eines Semicustom-Entwicklers hängt stark
von der verwendeten Makro-Bibliothek ab. Fehlt ein passender
Block (z.B. ein 5-Bit-Addierer mit invertierten Ausgängen), so
muß dieser aus vorhandenen Makros zusammengesetzt werden. Das
kostet Zeit und führt oft zu wenig optimalen Lösungen, da ein
zusammengesetzter Block normalerweise mehr Chipfläche bean-
sprucht und langsamer ist als eine Version, die Spezialisten
"aus einem Guß" entwickelt haben. Man sollte meinen, die Bibliothek müsse nur entsprechend umfangreich sein, dann ließen sich
alle Wünsche erfüllen. Leider ist dies nicht der Fall. Die Zahl
der möglichen Varianten von Basiselementen wie Zähler, Addierer,
Multiplexer, Speicher usw. ist einfach zu groß, um in einer
Bibliothek Platz zu finden.

Einen Ausweg bietet der Einsatz von Blockgeneratoren. Man
könnte die in 4.2.2 besprochenen Programme für Logiksynthese
als besonders allgemeine Form von Blockgeneratoren ansehen.
Üblicherweise spricht man jedoch von Blockgeneratoren im Zusammenhang mit RAMs, ROMs, PLAs, Registern, Zählern, Addierern,
Multiplizierern, Multiplexern und Datenpfad-Architekturen.

Der Blockgenerator wird vom Anwender mit blockspezifischen Para-
metern (Wortbreite, geometrische Orientierung, Treiberstärke,

124

```
Number of inputs       >   18

Number of minterms     >   54

Number of outputs      >   23


Output/Input position >    Inputs & outputs on the same side


Kind of output         >   Simple inverter

Frequency (in MHz)     >   10.000          max = 15.411
                                           min =  0.250

Coding file pathname   >   /penta/projects/akviews/dpcm.pla

Enter instance name    >   PLA_1CYCLE
```

Bild 4.4. Parameter-Eingabemaske für einen PLA-Blockgenerator
(Philips)

Taktfrequenz usw.) aufgerufen und setzt dann aus einer Anzahl
Basiselementen den gewünschten Block zusammen. Eine typische
Eingabemaske für Blockparameter zeigt Bild 4.4. Als Ergebnis
liefert der Generator eine Block-Kontur, die Namen und Lage der
Anschlüsse wiedergibt, ein Simulationsmodell mit den durch die
Parameter vorgegebenen und aus ihnen abgeleiteten Eigenschaften,
das Layout und eventuell Informationen zum Testen.

Man muß unterscheiden, ob dem Blockgenerator sämtliche Chip-
Ebenen zur Verfügung stehen (Standardzellen-Technik) oder ob
er nur die Verdrahtung beeinflussen kann (Gate Arrays, PLDs).
Im zweiten Fall ist die Flexibilität eingeschränkt, da der
Block nur durch Verbinden vordefinierter Transistoren oder
Gatter gebildet wird.

Beispiele für CAD-Systeme, die Blockgeneratoren anbieten, sind
GDT von Silicon Compiler Systems, VENUS von Siemens und das
V8 System von VLSI Technology Inc.

Zum manuellen Generieren anwendungsspezifischer Blöcke bieten
die meisten Hersteller vordefinierte Softmakros an, die mit
dem Schaltplan-Editor den aktuellen Bedürfnissen angepaßt
werden können. Einige Systeme enthalten Post-Prozessoren, die
redundante Logikteile aufspüren und entfernen ("Gate-Eater").
Das erspart dem Designer, das unbenutzte vierte Bit oder den
nicht benötigten Eingangs-Übertrag seines Addierers von Hand
herauszustreichen.

4.2.4 Logiksimulation

Für digitale Schaltkreise ist die Logiksimulation heute das
wichtigste Mittel, um Entwurfsfehler aufzudecken [4.12, 4.13].
Der Logiksimulator modelliert das zeitliche und logische
Verhalten eines Schaltungsteils oder der gesamten Schaltung.
Dazu benötigt er eine Schaltungsbeschreibung in Form einer
Netzliste, eine Beschreibung der verwendeten Bauelemente und
die Simulations-Stimuli, mit denen die Schaltung beaufschlagt
werden soll.

Grundsätzlich gilt, daß eine Simulation umso länger dauert, je
genauer das Schaltungsverhalten nachgebildet werden soll. Für
digitale Logiksimulatoren hängt die Genauigkeit von folgenden
Fragen ab:

- Wie genau werden Verzögerungszeiten modelliert?
- Ist die Simulation auf kombinatorische oder synchrone
  Schaltungen beschränkt?
- Welche Signalzustände gibt es außer LOW und HIGH?
- Wie groß sind die verwendeten Zeitschritte?
- Auf welcher Ebene (Transistor, Schalter, Gatter, System)
  wird simuliert?
- Welche Prüfungen auf dynamisch auftretende Schaltungsfehler
  werden durchgeführt?

Für die Nachbildung der Verzögerungszeiten ("Delays") an Gattern
und anderen Bauelementen existieren verschiedene Modelle, die
teilweise auch kombiniert werden:

Zero-Delay   : Verzögerungszeiten werden zu Null gesetzt und
                    somit vernachlässigt.

Unit-Delay   : Alle Gatter haben die gleiche einheitliche
                    Verzögerungszeit.

Pin-Delay   : Verzögerungszeiten werden konzentriert an den
                    Ein- und/oder Ausgängen angenommen.

Transport-Delay: Signalverläufe am Eingang treten zeitversetzt
                    am Ausgang wieder auf.

Inertial-Delay : Kurze Eingangsimpulse werden ignoriert, wenn
                    sie eine Mindest-Impulsbreite (z.B. die Gatter-
                    verzögerungszeit) unterschreiten.

Bild 4.5 zeigt für einen Inverter mit negativen und positiven
Spikes am Eingang, welche unterschiedlichen Simulations-Ergeb-
nisse sich je nach verwendetem Delay-Modell ergeben.

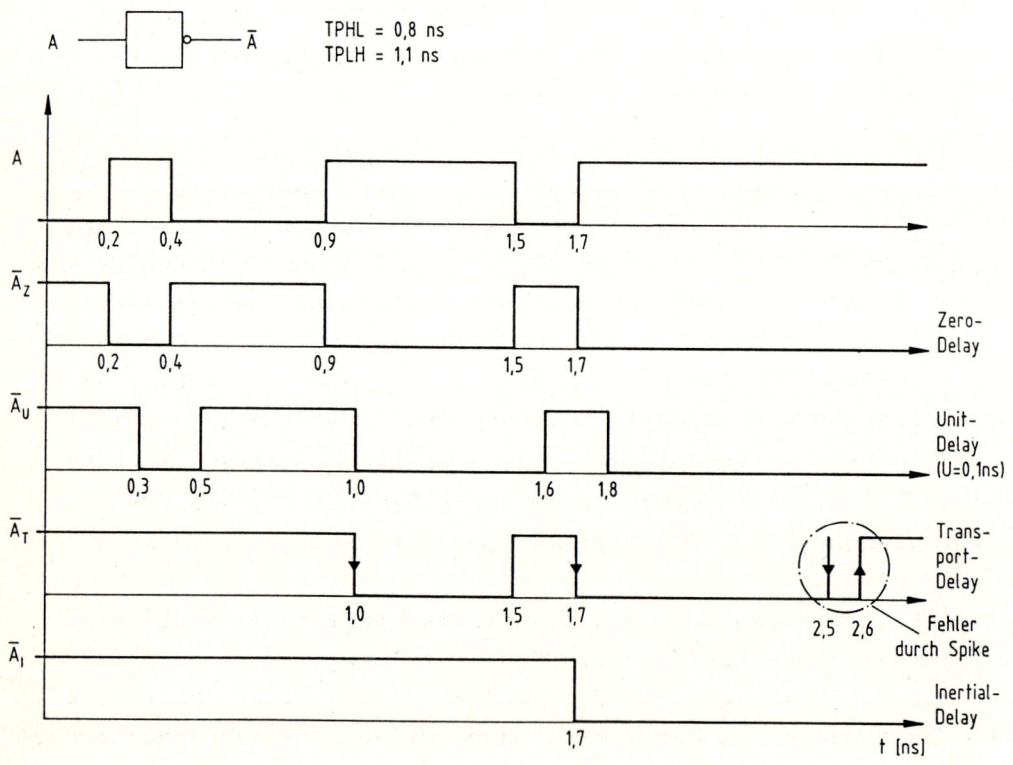

Bild 4.5.   Vergleich verschiedener Delay-Modelle

Simulatoren mit Unit- oder Zero-Delay bilden das Zeitverhalten
für asynchrone Entwürfe zu ungenau nach. Aufgrund ihres einfachen Aufbaus sind sie jedoch schneller und können mit Vorteil
für die Simulation kombinatorischer oder vollständig synchroner
Schaltungen (Abschnitte 6.2.2 und 6.3.2) eingesetzt werden.

Simuliert man Schaltungsblöcke in ihrem Inneren verzögerungs-
frei und modelliert die Verzögerungszeiten als an den Außen-
anschlüssen konzentrierte Pin-Delays, so reduziert sich im
Simulator die zeitaufwendige Bearbeitung delay-behafteter Elemente. Es muß jedoch sichergestellt werden, daß trotz der
vereinfachten Modellierung das zeitliche Verhalten noch hin-
reichend genau nachgebildet wird.

Bei CMOS-Gattern sollte der Simulator berücksichtigen, daß die
Verzögerungszeit sowohl von der Ausgangslast als auch von der
Flankenrichtung am Ausgang eines Gatters abhängt (Abschnitt
3.2.3, Bild 3.21). Das Transport-Delay-Modell beachtet dies
nicht und führt bei CMOS zu Fehlern.

Ein Simulator arbeitet mit mindestens zwei Signalzuständen:
LOW und HIGH (0 und 1). Bei den meisten Programmen kommen noch
UNKNOWN und TRISTATE (hochohmig) hinzu. Um dynamische Fehler wie
Hazards (störende Impulse am Ausgang eines Schaltnetzes durch
Mehrfachpfade mit unterschiedlichen Signallaufzeiten) und Races
(unzuverlässige Umschaltvorgänge in asynchronen sequentiellen
Netzwerken durch Hazards im Rückkopplungs-Schaltnetz) sowie
Bus-Konflikte und Transmission-Gates besser nachbilden zu kön-
nen, haben einige Simulatoren mehr als ein Dutzend Signalzu-
stände.

Die wichtigsten zusätzlichen Signalzustände sind "resistive
high", "resistive low", "rising" und "falling". Durch Flanken-
zustände wie "rising" und "falling" kann man Unsicherheitsinter-
valle nachbilden, in denen ein Signal seinen Zustand ändert,
ohne daß der genaue Zeitpunkt bekannt wäre. Da das Verhalten
von Gattern meist durch Tabellenoperationen ermittelt wird, hat

die Zahl der Signalzustände kaum Einfluß auf die Rechenzeit, sie
geht hauptsächlich in den Speicherplatz-Bedarf ein.

Die Simulation mit Zeitangaben, die auf ganze Nanosekunden oder
sogar noch grober gerundet werden, ist schneller als eine
Simulation im Picosekunden-Raster. Sie ist dafür aber auch un-
genauer. Oft kann der Benutzer die Zeitskalierung frei vorgeben.

Die Simulationsgeschwindigkeit wird in Schaltvorgängen pro Se-
kunde ("Events per Second") gemessen. Sie hängt natürlich nicht
nur vom Simulator, sondern auch vom Rechner (Typ, Speicher-
ausbau, Auslastung) und von der Schaltung ab. Je größer die
Schaltung ist, desto mehr Speicher belegt sie im Simulator. Die
für große Schaltungen erforderlichen Plattenzugriffe auf Sekundärspeicher ("Paging") können die Simulationsgeschwindigkeit
drastisch reduzieren.

Von entscheidender Bedeutung ist die Ebene, auf der simuliert
wird. Simulationen auf Gatter-Ebene können unerträglich langsam werden, wenn die Schaltung mehr 10000 oder 20000 Gatter
umfaßt. Es bieten sich mehrere Auswege an: Ausbau des Haupt-
speichers, die Anschaffung eines Spezialrechners ("Simulation
Engine"), Partitionierung der Schaltung in Teilschaltungen oder
die Modellierung von Teilen der Schaltung auf höherer Ebene.

Um Blöcke auf Funktions- oder System-Ebene simulieren zu können,
muß man sie in einer höheren Programmier- oder Beschreibungssprache modellieren, die ein Mixed-Level-Simulator in seine
Simulation einbinden kann (Abschnitt 4.1). Dieses Verfahren, bei
dem Teile auf Gatter-Ebene und einige Blöcke auf höherer Ebene
simuliert werden, gewinnt mit zunehmendem Einsatz komplexer
"Mega"-Blöcke (Mikroprozessor-Kerne, Controller, RAMs) an Bedeutung.

Die Simulation auf Gatter-Ebene ist genauer als die auf höheren
Ebenen. Für die Untersuchung zeitkritischer Schaltungsteile kann
daher eine Simulation auf Gatter-Ebene erforderlich sein.

Sowohl bei synchronen als auch bei asynchronen Schaltungen muß
durch Simulationen oder durch entsprechende Analyseprogramme
sichergestellt werden, daß alle Flipflops so angesteuert werden,
daß keine Verletzungen der zeitlichen Ansteuerbedingungen auftreten ("Set-up and hold time violations"). Solche Regelverstöße
kann ein Simulator im Klartext melden, wenn seine Flipflop-
Modelle über entsprechende Kontrollen verfügen.

Bei CMOS-Schaltungen hängen die Verzögerungszeiten nicht nur
von Streuungen bei der Halbleiterfertigung, sondern auch von der
Chip-Temperatur und der Versorgungsspannung ab. Je wärmer der
Chip und je niedriger die Spannung, desto langsamer ist die
Schaltung (Bild 3.22). Meist werden diese Einflüsse in den
Makro-Bibliotheken zu Faktoren zusammengefaßt, mit denen der
Simulator dann "Best Case", "Nominal Case" oder "Worst Case"
simulieren kann. Ein Vergleich der Ergebnisse für verschiedene
Fälle gibt Aufschluß über Entwurfsfehler, die man sonst schwer
oder gar nicht finden kann.

Die verschiedenen Simulations-Systeme unterscheiden sich in der
Art und im Komfort, mit dem Simulations-Stimuli eingegeben und
Ergebnisse analysiert werden können.

Bei der interaktiven Simulation stimuliert der Benutzer seine
Schaltung über die Tastatur oder z.B. über eine Maus und sieht
sich gleichzeitig auf dem Bildschirm die resultierenden Schaltungszustände an.

Im Gegensatz dazu steht die Batch-Mode-Simulation. Hier werden
die Stimuli in einer Art Programmiersprache abgefaßt und in eine
Textdatei geschrieben, die dann auch Steuerbefehle für den Ablauf der Simulation enthält. Der Simulator arbeitet diese Datei
ohne weitere Benutzereingriffe ab und schreibt die beobachteten
Signalverläufe in eine Ergebnis-Datei. Diese kann am Ende der
Simulation von einem Post-Prozessor ausgegeben oder vom Benutzer
mit einem Analyse-Programm untersucht werden.

Bei der interaktiven Simulation kann man wie mit einem Test-
aufbau direkt mit der Schaltung experimentieren. Vorteil der
Batch-Mode-Simulation ist, daß komplizierte Stimuli mit einer
geeigneten Sprache besser ausgedrückt werden können. Der Benutzer muß auch nicht warten, bis eine vielleicht langwierige
Simulation neue Eingaben verlangt. Am besten ist natürlich,
man hat beide Betriebsarten in einem Simulator zur Verfügung.

Analyse-Programme zur interaktiven Auswertung von Simulationsergebnissen ähneln in ihrer Benutzeroberfläche oft modernen
Logik-Analysatoren. Der Anwender kann am Bildschirm Signalverläufe verfolgen, Signale miteinander vergleichen, bestimmte
Zustandskombinationen suchen, Flankenabstände ausmessen und sich

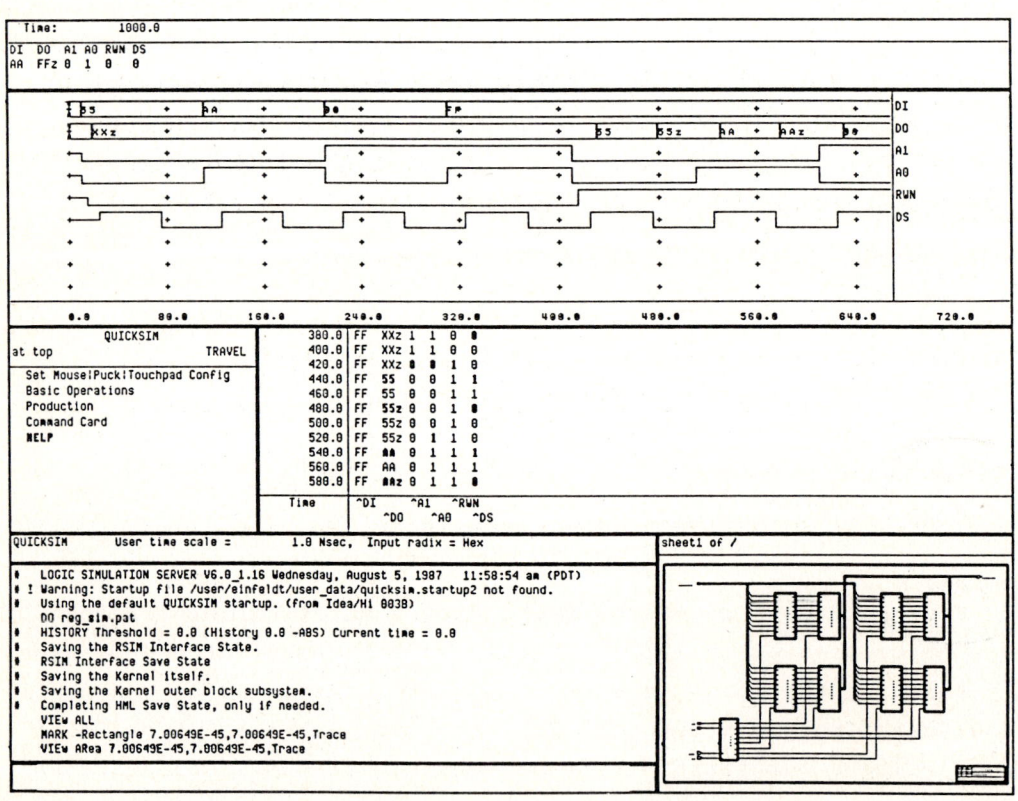

Bild 4.6. Interaktive Auswertung von Simulationsergebnissen
(Mentor Graphics)

durch zeitliche Skalierung einen globalen oder auch detail-
lierten Überblick verschaffen. Bild 4.6 macht dies deutlich.

Manche Simulatoren bieten die Möglichkeit, den gesamten Schal-
tungszustand zu einer vorgegebenen Zeit abzuspeichern. Man kann
dann diesen Zustand neu laden und erspart sich, die gesamte
Simulation auch dann vollständig zu wiederholen, wenn man z.B.
nur im Schlußteil die Stimuli geändert hat.

Tabelle 4.2 nennt einige Logik-Simulatoren, die im Semicustom-
Bereich eingesetzt werden können bzw. speziell hierfür entwickelt worden sind.

4.2.5 Test

Um der wachsenden Bedeutung des Themas Testen gerecht zu werden,
wurde ihm ein eigenes Kapitel gewidmet. An dieser Stelle soll
nur darauf hingewiesen werden, daß die System- und Schaltungsentwicklung eng verzahnt mit der Erstellung des Testkonzeptes
und der Entwicklung von Test-Stimuli stattfinden sollte.

Tabelle 4.2. Logiksimulatoren im Semicustom-Bereich

Simulatorname	Anbieter
Disim 3	AEG, Dosis GmbH
Verilog	Gateway Design Automation
System Hilo	GenRad
Cadat	HHB Systems
Quicksim	Mentor Graphics
PPDS LESIM2	Philips/Valvo
SITEST 300 Smile	SIEMENS AG

Die Stimuli für die Logiksimulation können schon den Grundstock
für die späteren Test-Stimuli bilden, obgleich sie sich vom
Ansatz her stark unterscheiden. Im ersten Fall geht es um das
logische Verhalten der Schaltung, im zweiten um den Hardware-
Test mit einem möglichst hohen Fehlerüberdeckungsgrad. Die vom
Anwender gewünschte Funktion tritt dabei in den Hintergrund.

Es kann nicht stark genug betont werden, daß eine gut funktio-
nierende Schaltung nicht zwangsläufig gut testbar ist. Der
Aufwand, eine Schaltung testbar zu machen, bei deren Entwurf
nicht von vornherein die Testbarkeitsaspekte berücksichtigt
wurden, kann sehr hoch sein.

4.2.6 Plazierung und Verdrahtung

Im Gegensatz zu ASICs mit festgelegter Geometrie (PLDs) müssen
bei Gate Arrays und Schaltkreisen in Standardzellen-Technik
die in der Netzliste aufgeführten Makros auf dem Chip räumlich
angeordnet und miteinander verbunden werden. Diese beiden
Schritte faßt man als "Placement" und "Routing" unter dem
Begriff "Layout" zusammen.

Besonders für Gate Arrays, aber auch für das Standardzellen-
Design sind voll- oder halbautomatische Layout-Programme erhältlich. Sie leiten das Layout meist ohne große Benutzereingriffe
aus der Netzliste ab. Dennoch braucht man eine gewisse Erfahrung, wenn der Router z.B. bei Gate Arrays mit hoher Belegung
einige Leitungen nicht legen kann. Deshalb führen viele Anwender
diesen Schritt nicht selbst durch, sondern überlassen ihn dem
Hersteller, der über leistungsfähige Rechner und die entsprechenden Programme verfügt.

Ergebnis der Plazierung und Verdrahtung ist nicht nur der Daten-
satz für die Erstellung der Masken, sondern auch die Berechnung
der Zusatzkapazitäten, die sich durch die Metallisierung ergeben. Diese Kapazitäten beeinflussen nicht unwesentlich die
Laufzeiten der Schaltung und sollten daher unbedingt in eine

Nachsimulation eingehen. Man nennt diese Rückführung von Daten auch "Backannotation".

Die Verzögerungen auf Metalleitungen werden normalerweise durch ein einfaches RC-Glied nachgebildet, das aus dem Innenwiderstand des treibenden Gatters und der resultierenden Lastkapazität besteht. Längere Leitungen können kompliziertere Modelle notwendig machen. Dies gilt besonders für Leitungen, die nicht durchgängig aus Metall, sondern auch aus Silizium gebildet werden [4.15].

Die Nachsimulation ist eine Wiederholung der Logiksimulation. Statt geschätzter Lasten gehen jedoch zusätzlich die ermittelten Leitungskapazitäten ein. Wenn die Ergebnisse der Nachsimulation von denen der ursprünglichen Logiksimulation unzulässig stark abweichen, muß entweder das Layout oder auch die Schaltung überarbeitet werden.

Die möglichen Rückwirkungen von Layout-Einflüssen auf das Verhalten der Schaltung können ein Grund sein, das Layout doch im eigenen Hause durchzuführen. Je weniger zeitkritisch der Schaltungsentwurf ausfällt, desto geringer ist die Wahrscheinlichkeit, daß nach dem Layout noch Änderungen erforderlich werden. Durch ihre starken heuristischen Anteile sind die heutigen Layout-Algorithmen für den normalen Anwender kaum noch durchschaubar. Viele Systementwickler können und wollen sich nicht in die verschiedenen Layout-Aspekte einarbeiten und überlassen daher diesen Entwurfsschritt dem Halbleiterhersteller. Dies könnte sich ändern, wenn auch die Layout-Programme so benutzerfreundlich werden, wie es die Simulationsprogramme heute schon sind.

Zwei verbreitete Plazierungsverfahren sind die Kräfteplazierung und die Min-Cut-Plazierung.

Bei der Kräfteplazierung [4.16] wird die Schaltung als ein Netz von Blöcken angesehen, die durch Zugfedern miteinander verbunden sind. Die Federkonstanten der einzelnen Federn können unterschiedlich groß gewählt werden, um auszudrücken, daß bestimmte

Verbindungen möglichst kurz ausfallen sollten. Für ein mecha-
nisches System aus gekoppelten Federn kann man die potentielle
Energie ausrechnen. Mathematisch betrachtet ergibt sich ein
System nichtlinearer Gleichungen, das meist nur durch Näherungs-
verfahren gelöst werden kann. Bildlich gesehen werden die einzelnen Bauelemente dabei schrittweise so verschoben, daß die
Energie möglichst weit abnimmt. Die Schwierigkeiten liegen im
Detail. Blöcke dürfen zum Schluß nicht überlappen und müssen
bei Gate Arrays und Standardzellen-ICs in Zeilen angeordnet
sein. Die Bewegung eines Federsystems schwingt, wenn sie nicht
gedämpft wird. Andererseits kann eine künstliche Dämpfung dazu
führen, daß das Energieminimum nicht erreicht wird.

Das Min-Cut-Verfahren [4.17] beruht auf graphentheoretischen
Überlegungen. Es versucht die Blöcke in zwei Mengen gleichen
Umfangs so aufzuteilen, daß zwischen den beiden Mengen möglichst
wenige oder zumindest möglichst niedrig gewichtete Verbindungen
auftreten. Dann teilt das Verfahren die beiden Mengen ihrerseits
in je zwei Teilmengen und führt diesen rekursiven Prozeß solange
durch, bis sich keine Menge mehr weiter aufteilen läßt. Es hat
sich als günstig erwiesen, abwechselnd horizontale und vertikale
Trennungslinien für die Mengenaufteilung vorzusehen. Aus der
entstehenden Flächenschachtelung kann man dann mehr oder weniger
direkt eine Plazierung ableiten.

Ein Plazierer sollte in der Lage sein, Blöcke zu drehen und zu
spiegeln. Elektrisch äquivalente Anschlüsse sollte er vertau-
schen können, wo dies Vorteile bringt. Die verfügbare Chipfläche
sollte möglichst gleichmäßig ausgenutzt werden, um Probleme bei
der Verdrahtung zu vermeiden. Günstig ist es, wenn der Plazierer
die Vorgabe eines eigenen "Floorplan", d.h. einer dem Benutzer
zweckmäßig erscheinenden Chipflächen-Aufteilung erlaubt.

Gate Arrays und Standardzellen-Schaltkreise weisen üblicherweise
eine Zeilenstruktur auf. Gleich lange Zeilen wechseln sich mit
Verdrahtungskanälen ab. Der Plazierer muß diese Struktur kennen
und berücksichtigen. Dafür benötigt er technologiespezifische
Layout-Informationen wie Zeilenabstände und -längen sowie die

Lage der Peripheriezellen. Layout-Programme sollten sich vom Anwender so flexibel wie möglich konfigurieren lassen, damit man
mit ihnen Layouts für mehr als einen Halbleiterhersteller generieren kann.

Die Verdrahtung geht nach der Plazierung in zwei Schritten vor
sich [4.18]. Zunächst wird eine globale Grobverdrahtung ermittelt. Sie legt fest, welche Leiterbahn durch welchen Verdrahtungskanal geführt werden soll. Steht die Breite der Kanäle
fest, ergibt sich daraus direkt die maximale Zahl von Leitungen
durch einen Kanal. Im zweiten Schritt folgt die lokale Detail-
Verdrahtung, mit der das endgültige Metallisierungs-Layout erzeugt wird. Um das schwierige Verdrahtungsproblem auf einfachere
Teilprobleme zurückzuführen, wird oft nur ein Verdrahtungskanal
zur Zeit betrachtet ("Channel Routing"). Bild 4.7 zeigt z.B. die
Plazierung und Verdrahtung eines Standardzellen-ICs.

Die automatische Verdrahtung steht und fällt mit dem zur
Verfügung stehenden Verdrahtungsraum und mit der Anzahl der Ver-
drahtungsebenen. Während es bei Standardzellen-Entwürfen fast
immer gelingt, durch Aufweitung der Zeilenabstände zu einer
vollständigen Verdrahtung zu kommen, ergeben sich bei Gate
Arrays Probleme, wenn die Zahl der verwendeten Gatter einen
gewissen Prozentsatz der zur Verfügung stehenden Gatter überschreitet. Bei herkömmlichen Gate Arrays mit fester Zeilenstruktur liegt diese Grenze je nach Typ bei 80 bis 90 %. Bei
neueren Gate Arrays ohne gesonderten Verdrahtungsraum (z.B.
"Channelless Gate Arrays", "Sea of Gates") können nur etwa
25 bis 70 % genutzt werden, ohne beim Layout Schwierigkeiten
zu bekommen (Abschnitt 3.2.1). Man muß daher sorgfältig
zwischen der Zahl der vorhandenen und der nutzbaren Gatteräquivalente unterscheiden.

Bild 4.7. Plazierung und Verdrahtung eines Standardzellen-ICs

4.3 Übergabeformate für CAD-Daten

Obwohl die vielfältigen wirtschaftlichen Vorteile einer Standardisierung im technischen Bereich von kaum jemandem bestritten
werden - man denke nur an die weite Verbreitung zueinander kom-
patibler PCs - gibt es im CAD-Bereich offenbar Schwierigkeiten,
allgemein akzeptierte Standards zu etablieren. Darunter leiden
zunächst die Anwender, da sie mit ihren CAD-Werkzeugen zu sehr

an einen Halbleiterhersteller gebunden sind. Hochschulen können
ihre Ausbildung nicht an CAD-Standards ausrichten. Die Verfasser
von CAD-Fachliteratur schreiben ungern für eine kleine Zahl von
Benutzern. Werkzeuge aus verschiedenen Software-Häusern lassen
sich selten in einer gemeinsamen CAD-Umgebung kombinieren.

Die ASIC-Hersteller und CAD-Anbieter stehen auf der anderen
Seite vor dem Schnittstellen-Problem. Sie müssen immer mehr CAD-
Systeme unterstützen und eine Vielzahl von Beschreibungsformaten
ineinander konvertieren können. Diese Aufgaben werden durch
häufige Versions- und Formatwechsel noch erschwert.

Einer Standardisierung steht entgegen, daß sie stets Kompromisse
eingehen muß und in den meisten Fällen einfach zu lange dauert,
um dem Stand der Technik noch gerecht zu werden.

In den folgenden Abschnitten sollen drei Beschreibungssprachen
im Überblick geschildert werden, die für den Austausch von CAD-
Daten eine gewisse Bedeutung erlangt haben.

4.3.1 VHDL

Gefördert durch das US-amerikanische Verteidigungsministerium,
wurde VHDL ab 1983 im Rahmen des VHSIC-Programms entwickelt.
Das Kürzel VHSIC steht für Very High Speed Integrated Circuit,
VHDL bedeutet VHSIC Hardware Description Language. Inzwischen
gibt es mit IEEE-STD-1076-1987 eine zumindest vorläufige Standardisierung. Für die Verbreitung von VHDL ist ein weiterer
Punkt besonders wichtig: Im MIL-STD 454 Standard wird vorge-
schrieben, daß alle ICs, die mit Mitteln des Verteidigungs-
ministeriums der USA entwickelt werden, mit VHDL beschrieben
werden müssen. Einführende Betrachtungen zu VHDL findet man in
[4.19 - 4.27].

Während heute die Zahl der VHDL-Werkzeuge und die ihrer Benutzer
noch relativ klein zu sein scheint, kündigen immer mehr Firmen
an, VHDL-Schnittstellen für ihre CAD-Produkte zu entwickeln oder
zumindest VHDL zu benutzen.

VHDL ist als Beschreibungssprache für alle Schritte beim Entwurf
elektronischer Systeme gedacht. Darüberhinaus lassen sich prak-
tisch beliebige physikalische (z.B. mechanische oder thermodyna-
mische) Systeme beschreiben. Aufbau und Funktion eines Systems
werden in VHDL mit "Design Entities" spezifiziert. Dies sind
Blöcke mit einer definierten Schnittstelle ("Interface") nach
außen und mit einem vorgegebenen Verhalten.

Nicht nur wegen seiner Unterstützung aus dem Pentagon, sondern
auch wegen seiner Mächtigkeit wird VHDL mit der Programmiersprache ADA verglichen. In VHDL kann man hierarchische Block-
strukturen und Datenflüsse in Register-Strukturen genauso
beschreiben wie herkömmliche Verhaltensmodelle in Form von
sequentiellen Befehlsfolgen. Die drei grundlegenden Beschrei-
bungsformen dürfen beliebig gemischt werden. Bild 4.8 gibt als
Beispiel die VHDL-Beschreibung eines Addierers wieder.

In [4.19] werden als Spezifika für VHDL aufgeführt:

- Beschreibungen auf Gatter- und System-Ebene (auch gemischt).
- Kombinatorische, synchrone oder asynchrone Blöcke.
- Hierarchisches, modulares Entwurfskonzept.
- Bibliotheken und modulweise Compilation.
- Abstrakte Datentypen und benutzerdefinierte Typen.
- Verschiedene Delay-Modelle (Inertial- und Transport-Modell).
- Modellierung der Zeit auf allen Entwurfsebenen.
- Verhaltensbeschreibung durch Algorithmen (sequentiell,
  parallel), Strukturen, Architekturen.

Um VHDL verwenden zu können, benötigt der Entwickler nicht nur
entsprechende Werkzeuge, er muß auch umdenken und sich mit den
verschiedensten Aspekten des Software-Engineering vertraut
machen. Software- und Hardware-Entwicklung wachsen durch Spra-
chen wie VHDL stärker zusammen.

Die Verbreitung von VHDL als CAD-Standard wird davon abhängen,
mit welchem Erfolg und Aufwand sich leistungsfähige VHDL-Über-
setzer und -Simulatoren implementieren lassen. Die IEEE-Stan-

```
entity ADDER
  (A,B:  in  BIT;      -- Operanden (je ein Bit)
   Cin:  in  BIT;      -- Eingangs-Carry
   Sum:  out BIT;      -- Summe
   Cout: out BIT)      -- Ausgangs-Carry
end ADDER;

architecture STRUCTURE of ADDER is
  block
    --   Deklaration der lokalen Zellen
    component AN210 port (A,B: in BIT; F: out BIT);
    component EX210 port (A,B: in BIT; F: out BIT);
    component OR210 port (A,B: in BIT; F: out BIT);
    --   Deklaration der lokalen Signale
    signal X1,A1,A2: BIT;
  begin
    --   Aufruf der lokalen Gatter
    XOR1:   EX210 port (A,B,X1);
    XOR2:   EX210 port (X1,Cin,Sum);
    AND1:   AN210 port (A,B,A1);
    AND2:   AN210 port (Cin,X1,A2);
     OR1:   OR210 port (A1,A2,Cout);
  end block;
end STRUCTURE;

architecture BEHAVIOUR of ADDER is
  block begin
    Sum  <= A xor B xor Cin after 7 ns;
    Cout <= ((A or B) and Cin) or (A and B) after 9 ns;
  end block;
end BEHAVIOUR;
```

Bild 4.8.   VHDL-Beispiel

dardisierung und nicht zuletzt die staatliche Unterstützung in
den USA machen VHDL zu einem aussichtsreichen Standard für
Hardware-Beschreibungen.

4.3.2 EDIF

Das Electronic Design Interchange Format, bekannt unter dem
Kürzel EDIF, hat sich im Laufe seiner inzwischen mehrjährigen
Standardisierung ähnlich wie VHDL zu einer äußerst mächtigen
Sprache entwickelt [4.28 - 4.30]. Allein die Sprachdefinition

für die derzeit aktuelle Version 2.0.0 füllt über 400 Druckseiten.

Um einfache Datentransfers nicht mit unnötigem Ballast zu über-
frachten, wurde EDIF in drei Ausbaustufen definiert:

- Level 0 : Nur einfache Konstrukte mit konstanten Argumenten.
- Level 1 : Zusätzlich Parameter und Ausdrücke ("Expressions").
- Level 2 : Zusätzlich Steuerbefehle (if...then...else,
             while, usw.).

Für die EDIF-Schlüsselwörter wurde eine Hierarchie mit vier
Ebenen eingeführt (Level 0 bis Level 3). Um zwischen verschiedenen CAD-Umgebungen Daten via EDIF austauschen zu können,
müssen EDIF-Version, EDIF-Level und Keyword-Level zusammen-
passen. Der Empfänger muß dazu mindestens den vom Absender
verwendeten Level interpretieren können.

EDIF verwaltet die Entwurfsdaten in einer Hierarchie aus zehn
"Views":

- MASKLAYOUT
- PCBLAYOUT
- NETLIST
- SCHEMATIC
- SYMBOLIC
- BEHAVIOUR
- LOGICMODEL
- DOCUMENT
- GRAPHIC
- STRANGER

EDIF-Beschreibungen bestehen wie LISP-Programme aus einer
Struktur durch Klammern verschachtelter Listen. Das jeweils
erste Element einer Liste identifiziert ihren Verwendungszweck.
So ist es relativ leicht möglich, EDIF-Konstrukte zu überlesen,
die für die gewünschte Anwendung nicht benötigt werden.

Obwohl EDIF-Daten aus lesbarem Text bestehen und dementsprechend
vom Entwickler geschrieben oder verändert werden können, liegt
das Hauptanwendungsgebiet von EDIF bei maschinengenerierten
und -gelesenen Dateien für den Austausch zwischen unterschiedlichen CAD-Systemen. Für die Anwendung innerhalb einer CAD-
Umgebung sind EDIF-Dateien zu groß und zu mühsam zu übersetzen.
Hier greift man auf weniger allgemeine Formate (meist Binär-
Dateien) zurück, die sich effizienter erzeugen und verarbeiten
lassen. Als Beispiel zeigt Bild 4.9 die EDIF-Netzliste eines
Addierers.

```
(cell Adder
  (view AdderNet(viewType netlist)
    (interface
      (port A(direction input))
      (port B(direction input))
      (port Cin(direction input))
      (port Sum(direction output))
      (port Cout(direction output)))
    (contents
      (instance H1(viewRef v(cellRef HAdder))
        (portInstance Carry)(portInstance Sum))
      (instance H2(viewRef v(cellRef HAdder))
        (portInstance Carry)(portInstance Sum))
      (instance OR1(viewRef v(cellRef OR210))
        (portInstance A)(portInstance B)(portInstance F))
      (net A(joined(portRef A)(portRef I1(instanceRef H1))))
      (net B(joined(portRef B)(portRef I2(instanceRef H1))))
      (net Cin(joined(portRef Cin)
                 (portRef I2(instanceRef H2))))
      (net HC1(joined(portRef Carry(instanceRef H1))
                 (portRef A(instanceRef OR1))))
      (net HC2(joined(portRef Carry(instanceRef H2))
                 (portRef B(instanceRef OR1))))
      (net Cout(joined(portRef Cout)
                  (portRef F(instanceRef OR1))))
      (net Sum(joined(portRef Sum)
                  (portRef Sum(instanceRef H2)))))))
```

Bild 4.9. EDIF-Beispiel

Anwendungsbeispiele für EDIF sind Transfers von

- Netzlisten (hierarchisch oder flach).
- Stimuli für Simulation oder Test.

- Geometriedaten für Maskenerstellung.
- Schaltplänen.

Bei der Übertragung großer Mengen von Maskendaten mit EDIF muß
man damit rechnen, daß sich zwei- bis dreimal mehr Bytes ergeben
als bei speziellen Geometrieformaten.

Die wichtigsten Halbleiterhersteller und CAD-Anbieter arbeiten
in den verschiedenen Gremien zur Standardisierung von EDIF mit.
Man kann wohl damit rechnen, daß es in wenigen Jahren kaum noch
eine CAD-Umgebung geben wird, die nicht wenigstens über eine
EDIF-Ausgabe für Netzlisten verfügt.

4.3.3 CIF

Die weite Verbreitung der Layout-Beschreibungssprache CIF
(Caltech Intermediate Form) dürfte nicht zuletzt auf dem Erfolg
des Buches von Mead und Conway beruhen [4.31], im dem diese
Sprache einem breiten Leserkreis vorgestellt wurde. Im Vergleich
zu VHDL und EDIF ist CIF eine sehr einfache Sprache, die mit
wenigen Konstrukten auskommt. Außer für Layout-Daten zur Maskenerstellung kann man CIF auch für Schaltpläne und für alle anderen Grafiken einsetzen, die aus Polygonen, Rechteckflächen
und Kreisflächen zusammengesetzt sind.

Die CIF-Syntax paßt auf zwei Druckseiten. Die folgenden Konstrukte sind in CIF 2.0 enthalten:

- Polygonzüge mit und ohne Ausdehnung in der Breite.
- Rechteckflächen (auch gedreht).
- Kreisflächen.
- Angabe der Maskenebene ("Layer").
- Symboldefinition mit Skalierung.
- Symbolaufruf (auch gedreht).
- Kommentar.
- Benutzer-Erweiterung ("User Extension").

CIF-Dateien sind lesbare Textdateien und können daher relativ
einfach analysiert und bearbeitet werden. Durch die Definition
von Symbolen, die ihrerseits wieder Symbole enthalten können,
lassen sich auch größere Layouts effizient in CIF kodieren.
Als Beispiel zeigen Bild 4.10 und 4.11 die CIF-Beschreibung und
den Plot einer MOS-Zelle.

CIF enthält kein Konstrukt für den iterativen Aufruf von Symbolen (z.B. für Zell-Matrizen). Es ist nicht möglich, CIF-
Symbole beim Aufruf gesondert zu skalieren. Für den Transfer
von Schaltplänen wäre es nützlich, wenn CIF Textzeichenketten
umsetzen könnte.

Die verschiedenen CIF-Dialekte unterscheiden sich hauptsächlich
in den Namen der Maskenebenen. Daneben gibt es in CIF sogenannte

```
Layer NP;
Box  L 20  W   4  C  10, 12;
Box  L  4  W  52  C  26, 26;
Box  L 12  W  14  C  10, 29;
Box  L  5  W   5  C  47,  7;
Polygon 32,20 32,10 42,10 42,14 40,14 40,20 32,20;
Layer ND;
Box  L  5  W   5  C  47, 15;
Polygon  6, 0 14, 0 14, 6 16, 6 16,16 22,16 22,22
   32,22 32,18 40,18 40,26 18,26 18,20 16,20 16,24
   12,24 12,38 14,38 14,46  6,46  6,38  8,38  8,24
    4,24  4, 6  6, 6  6, 0;
Layer NI;
Box  L 10  W  20  C  10, 29;
Box  L  5  W   5  C  47, 22;
Layer NC;
Box  L  4  W   4  C  10,  4;
Box  L  4  W   4  C  10, 42;
Box  L  4  W   8  C  36, 20;
Box  L  4  W   8  C  10, 22;
Box  L  5  W   5  C  47, 30;
Layer NM;
Box  L 42  W   8  C  21,  4;
Box  L 42  W   8  C  21, 42;
Box  L  8  W  12  C  10, 22;
Box  L  8  W  12  C  36, 20;
Box  L  5  W   5  C  47, 37;
```

Bild 4.10. CIF-Beispiel

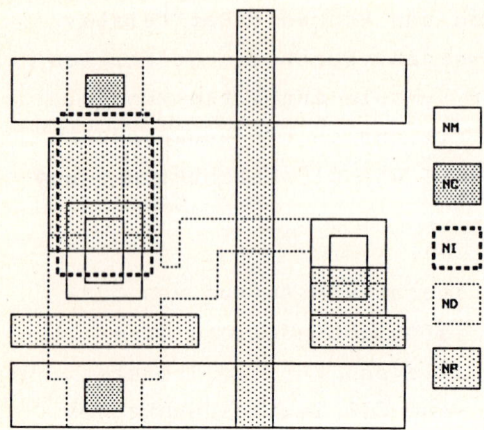

Bild 4.11. CIF-Beispiel als Plot

"User Extensions", über die man eigene Befehle ausdrücken kann,
um sie mit speziellen Pre- oder Post-Prozessoren abarbeiten zu
lassen.

4.4 Rechenanlagen für CAD

Vom einfachen PC bis zum kompletten Großrechenzentrum reicht die
Skala der möglichen Anlagen, auf denen man eine CAD-Umgebung
betreiben kann. Welche Hardware auch eingesetzt wird, sie sollte
wirtschaftlich und technisch dem Einsatzgebiet angemessen sein.
Folgende Punkte sind bei der Beurteilung der Wirtschaftlichkleit
bedeutsam:

- Anschaffungskosten.
- Wartungskosten (jährlich ca. 10 % der Anschaffungskosten).
- Betriebskosten (z.B. Operating, Klimatisierung, Miete für
  Stellfläche, Verbrauchsmaterial).
- Personeller Aufwand für System-Management.

Aus technischer Sicht sind folgende Gesichtspunkte von Belang:

- Rechenleistung (insgesamt und je Benutzer).

- Speicherplatz.
- Plattenkapazität und Zugriffsgeschwindigkeit.
- Ausgabemöglichkeiten (Bildschirme, Drucker, Plotter).
- Vernetzung.
- Ausbaufähigkeit.
- Ausfallsicherheit.
- Wärmeabgabe und Geräuschentwicklung.
- Betriebssystem.
- Verbreitungsgrad.
- Datenschutz und -sicherheit.

Um eine ausreichende Rechenleistung für eine Gruppe von Entwicklern zur Verfügung zu stellen, kann man einen großen oder
mehrere kleinere Rechner ("Workstations") verwenden, die untereinander durch ein Rechnernetz verbunden sind.

Als Workstation bezeichnet man einen eigenständigen Mini- oder
Mikro-Computer, der mit einem Grafikbildschirm, einer Tastatur
und einem Digitalisier-Gerät (meist Maus oder Tablett) ausgestattet ist [4.32]. Der Übergang zwischen PCs und Workstations
ist fließend. Workstations sind PCs in folgenden Punkten über-
legen:

- großer 19" (Farb-)Bildschirm mit Multi-Window-Ausgabe.
- Hauptspeicher mit 4, 8 oder mehr MByte mit virtueller Adres-
  sierung.
- Plattenspeicher mit 140 oder mehr MByte.
- Leistungsfähiger Prozessor mit hoher Taktfrquenz (68020,
  68030, 80386 oder spezieller RISC-Prozessor).
- Netzwerkfähigkeit für schnellen Datenaustausch (10 Mbit/s).
- Multi-User, Multi-Tasking Betriebssystem (oft UNIX).

Bild 4.12 zeigt eine CAD-Anlage auf der Basis eines Zentralrechners. Ein großer Rechner ("Mainframe") hat den Vorteil, daß
besonders rechenintensive Programme schneller abgearbeitet
werden können als auf einem weniger leistungsfähigen Klein-
rechner. Benutzer können von ihren Kollegen nicht in Anspruch
genommene Rechenleistung für ihre Arbeit einsetzen. Man kommt

146

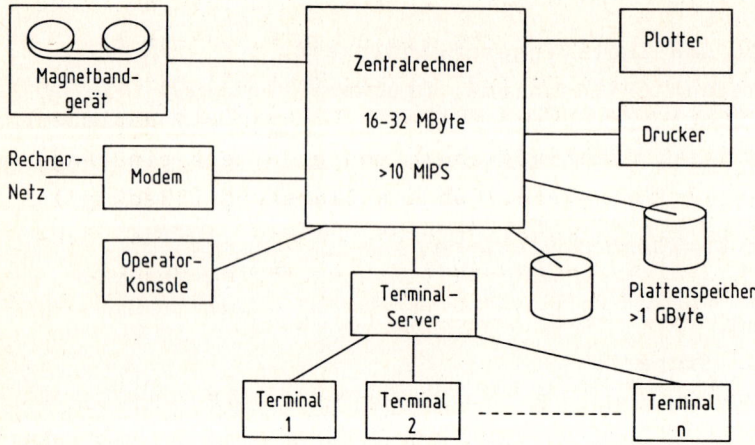

Bild 4.12. CAD-Anlage auf der Basis eines Zentralrechners

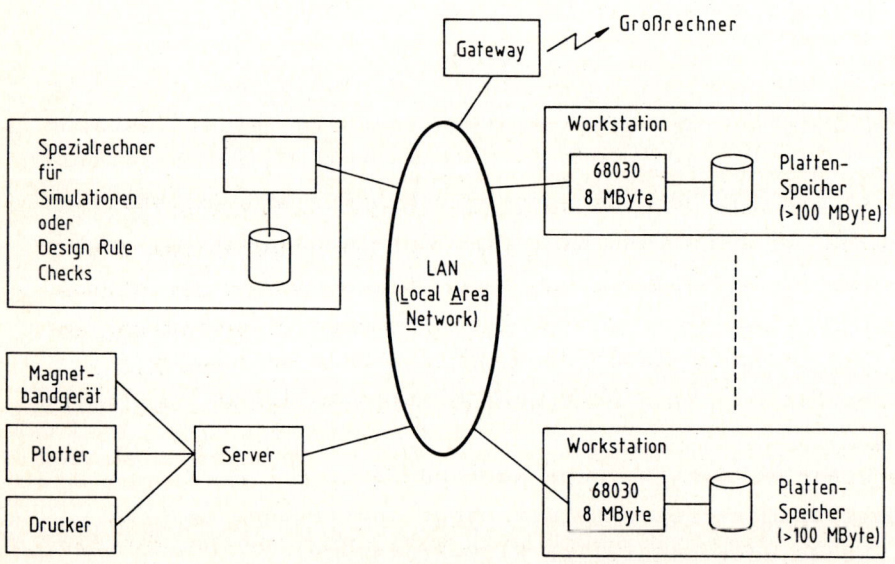

Bild 4.13. Ring von CAD-Workstations

mit einem System-Verwalter aus. Ein gravierender Nachteil ist, daß durch Ausfall des Zentralrechners die gesamte CAD-Anlage ausfällt.

Bild 4.13 zeigt ein System aus mehreren Workstations, bei dem es unwahrscheinlich ist, daß alle zur gleichen Zeit nicht zur Ver-

fügung stehen. Auf der anderen Seite sind die heutigen Betriebs-
systeme noch nicht so flexibel, daß man freie Kapazität auf
einem anderen Rechner so nutzen könnte, als böte sie der eigene
Rechner an. Die System-Verwaltung mehrerer Rechner und des sie
verbindenden Netzes ist recht aufwendig und erfordert eine enge
Zusammenarbeit mit den Benutzern. Für die Sicherung ("Backup")
der anfallenden Datenmengen benötigt eine Anlage, die aus Workstations aufgebaut ist, meist ebenso leistungsfähige Magnet-
bandgeräte oder optische Platten wie ein Großrechner.

Firmen, die CAD-Workstations für die Mikroelektronik anbieten,
sind beispielsweise:

- Apollo Domain
- Daisy
- Digital Equipment
- Hewlett Packard
- Sun Microsystems

Durch die Vernetzung können teure Peripheriegeräte wie Plotter
und Magnetbandstationen von mehreren Benutzern gemeinsam ausgelastet werden. Sie erlaubt außerdem den schnellen Datentrans-
fer zwischen einzelnen Workstations und kann zur Ankopplung von
Mainframes oder Spezialrechnern dienen. Leider steigen mit zunehmender Vernetzung die Anforderungen an Datenschutz und Daten-
sicherheit.

Während die System-Verwaltung von Großrechnern und von Rechner-
netzen umfangreiche Fachkenntnisse erfordert und sich nur
schlecht "nebenbei" von Benutzern erledigen läßt, gehört es
heute schon fast zum technischen Allgemeinwissen, einen PC
selbständig benutzen zu können. Beim Vergleich mit den Rechen-
leistungen von Workstations schneiden PCs mit 80386 Prozessor
und bis zu 25 MHz Taktfrequenz nicht schlecht ab. Dies liegt
nicht zuletzt daran, daß viele Workstations einen nicht uner-
heblichen Teil ihrer Rechenleistung für interne Verwaltungs-
aufgaben, Netzzugriffe und Bildschirm-Management einsetzen.

Auch für PCs werden inzwischen Speichererweiterungen im MByte-
Bereich, große Festplatten, Vernetzung, Beschleunigerkarten mit
Coprozessoren und hoch auflösende Grafik angeboten. Insbesondere
dort, wo ein PC bereits für andere Zwecke angeschafft wurde,
bietet er sich natürlich auch für CAD-Anwendungen an. Eine mögliche Konfiguration besteht aus:

- CPU 80286 oder 80386.
- 1 MByte RAM.
- EGA/VGA Grafik (640 x 350 Punkte).
- EGA/VGA Monitor.
- 40 MByte Festplattenspeicher.
- 1,2 MByte Diskettenlaufwerk.
- Maus oder Tablett.
- Nadel- oder Laserdrucker.
- Schnittstelle für Vernetzung.
- MS DOS oder OS/2 Betriebssystem.
- CAD Software.

Die Auswahl der Hardware hängt eng mit der verfügbaren Software
zusammen. CAD-Anbieter wie Daisy, Mentor und Valid unterstützen
nur bestimmte Rechnertypen. Die Zahl der Software-Häuser aber,
die PC-Versionen ihrer CAD-Werkzeuge im Programm haben, ist
bereits kaum noch überschaubar.

Als Fazit kann man sagen, daß ein einfacher PC ausreicht, um
ASICs kleiner und mittlerer Komplexität (je nach Ausbau und
Programm) zu designen. Für Anwender, die viele und/oder komplexere ASICs entwickeln wollen, werden CAD-Systeme auf Workstations angeboten, die man untereinander vernetzen und damit
mit mehreren Designern nutzen kann. Großrechner werden im
Semicustom-Bereich hauptsächlich beim Halbleiterhersteller
eingesetzt, wo sie sehr rechenzeitintensive Aufgaben wie die
Entwurfsregelüberprüfung von Chip-Layouts oder die Analog-
simulation von Sonderzellen übernehmen.

4.5 Auswahlkriterien für CAD-Systeme

Im vorangegangenen Abschnitt wurde allgemein besschrieben, wie
Rechenanlagen für CAD aufgebaut sind und welche Aspekte man bei
ihrer Auswahl und Anwendung beachten sollte. Hier nun wird erläutert, nach welchen Kriterien man CAD-Systeme bewerten kann
und welche Anforderungen für ASIC-Entwicklungen erfüllt sein
sollten.

CAD-Systeme dienen dazu, Ideen des Entwicklers in eine Schaltungsbeschreibung zu übersetzen. Daneben helfen sie bei der
Dokumentation und Archivierung von Schaltungsentwürfen. Ein CAD-
System muß umso leistungsfähiger sein, je höher die Abstrak-
tionsebene ist, auf der die Schaltungseingabe erfolgt, und je
niedriger die Ebene liegt, auf der die Schaltung an den Hersteller übergeben wird. Im Extremfall - dem idealen Silicon-
Compiler - gibt man eine algorithmische Beschreibung auf System-
ebene ein und bekommt ein Layout auf Maskenebene heraus.

Für ASICs bis zu etwa 20000 Gatteräquivalenten werden je nach
Regularität der Schaltung heute meist relativ einfache CAD-
Systeme verwendet. Der Designer gibt seine Schaltung nicht
algorithmisch, sondern strukturell auf Gatterebene ein und kann
dabei hierarchisch Schaltungsblöcke definieren und Bibliothekszellen aufrufen. Resultat seiner Arbeiten ist die simulierte
Netzliste mit Test-Stimuli. Das Layout wird beim Hersteller
generiert.

Zur Auswahl oder Zusammenstellung eines CAD-System ist die Frage
wichtig, auf welchen Ebenen die zu entwerfenden Schaltungen bearbeitet werden sollen. Daraus ergibt sich, welche der in den
Abschnitten 4.1 und 4.2 beschriebenen CAD-Werkzeuge man selbst
benötigt und welche Arbeiten von Hand bzw. beim Halbleiterhersteller mit dessen Werkzeugen erledigt werden müssen.

Ein CAD-System besteht jedoch nicht nur aus einer Reihe von
Werkzeugen, sondern auch aus einer Datenhaltung und einer Be-
nutzerschnittstelle. Während die Datenhaltung einfacherer
Systeme mit einer Anzahl Dateien auskommt, verwenden größere
Systeme Datenbanken. Normalerweise werden nicht die aus der

kommerziellen Datenverarbeitung bekannten relationalen Datenbanken eingesetzt, sondern spezielle CAD-Datenbanken, die hierarchisch strukturierte Objekte und Objekt-Netze besonders effizient verwalten können.

Einzelne Dateien, die vom Betriebssystem des Rechners auf herkömmliche Art abgespeichert werden, erlauben dem Benutzer den direkten Zugriff per Text- oder Grafik-Editor; er kann seine Entwurfsdaten "anfassen". Der Nachteil dieser Art der Datenhaltung ist, daß jedes Werkzeug sich die Daten gesondert aufbereiten muß. Eine zentrale Datenbank für alle Werkzeuge vermeidet diesen Aufwand, ist jedoch für den Benutzer oft weniger transparent, wenn es zu Hardware- oder Software-Fehlern kommt. Datenbanken bieten nützliche Zusatzoptionen, wie Mehrbenutzer-Zugriff, Konsistenzprüfung, Versions- und Zugangskontrolle.

Sogenannte Turnkey-Systeme, bei denen Rechner und Programme ein Paket bilden, das von außen geschlossen ist, scheinen inzwischen von offenen Systemen verdrängt zu werden. Offene Systeme zeichnen sich dadurch aus, daß der Benutzer Werkzeuge von Fremdanbietern integrieren und über Schnittstellenprogramme auf die interne Datenhaltung zugreifen kann. Turnkey-Systeme haben den großen Vorteil, daß alle Komponenten aus einer Hand kommen. Benutzeroberfläche und Werkzeuge sind optimal aufeinander und auf die verwendete Hardware abgestimmt.

Immer beliebter werden CAD-Systeme, die durch ihre offene Architektur und die Verwendung von Standard-Hardware und Standard-Software flexibel an neue Anforderungen angepaßt werden können. Bei solchen Systemen steht die Unterstützung (Wartung, Erweiterungsangebote, Dokumentation, Fachliteratur) auf einer breiteren Basis als für den Fall, daß man sich ganz in die Hände eines einzelnen Anbieters gibt.

Das ideale CAD-System, mit dem man alle Arten von ASICs bei niedrigsten Kosten optimal entwickeln kann, wird es wohl so schnell nicht geben. Man muß unter mehr oder weniger guten Systemen für bestimmte Einsatzbereiche auswählen.

5 Design-Ablauf

Der Entwurf einer integrierten Schaltung beginnt nach Abschluß
der Systementwicklung und der Festschreibung einer IC-Spezifi-
kation. Zur Spezifikation gehören die technischen Anforderungen,
außerdem aber auch Aussagen über den geplanten Zeit- und Kostenrahmen für Design und spätere Produktion und über den erwarteten
Bedarf. Diese Vorgaben müssen sorgfältig durchdacht sein, damit
sie Grundlage für die Beantwortung der Frage sein können, ob die
Schaltung besser als PLD, Gate Array- oder Standardzellen-Design
zu realisieren ist. Entscheidungshilfen werden in Abschnitt 3.4
diskutiert. Deshalb seien hier nur die wichtigsten Punkte aufgeführt:

PLD:
- Kein Layout, geringer Zeit-/Kostenaufwand für Programmierung
- Schaltungen bis zu einigen hundert äquivalenten Gattern
- Bevorzugt in Kleinserien

Gate Array:
- Masken nur für Verdrahtung, Zeitaufwand 3 bis 6 Wochen
- Komplexität bis zu 100000 und mehr Gatteräquivalente
- Wirtschaftliche Stückzahl etwa ab 1000, im Einzelfall geringer

Standardzellen:
- Alle Masken anwendungsspezifisch, Zeitaufwand 7 bis 14 Wochen
- Komplexität und Flexibilität höher als bei Gate Arrays
- Wirtschaftliche Stückzahl etwa ab 5000, im Einzelfall geringer

Für das Design von programmierbaren Logikschaltungen existieren
eine Reihe eigens dafür entwickelter CAE-Programme, deren Lei-

stungsfähigkeit an einem Beispiel in Abschnitt 5.1 aufgezeigt
wird. Danach beschreibt Abschnitt 5.2 den Design-Ablauf bei Gate
Arrays und Standardzellen-ICs, Abschnitt 5.3 schließlich be-
schäftigt sich mit den gegenwärtig verfügbaren Gehäusebauformen.

5.1 PLD-Design

Der Durchbruch bei der Anwendung programmierbarer Logikschal-
tungen kam erst mit der Einführung rechnergestützter Design-
Werkzeuge. Sie wurden seither der stetig wachsenden Komplexität
der Bausteine angepaßt und haben heute einen für den System-
Entwickler befriedigenden Leistungsstand erreicht. Einige in
Europa bekannte Design-Programme enthält Tabelle 5.1.

Die genannten Programme bestehen durchweg aus mehreren Teil-
programmen (Modulen). Der Design-Ablauf beginnt mit der Auswahl
eines geeigneten PLD-Typs und der Eingabe der Anschlußbelegung.
Danach erfolgt die Eingabe der Schaltung durch Auflistung der
Booleschen Funktionen, Zustandsgleichungen und Transferfunktionen oder mit Hilfe eines Grafikprogramms unter Benutzung der
vom Halbleiterhersteller zugelassenen Schaltungssymbole. Im
zweiten Fall generiert ein Postprozessor eine Liste der elektrischen Verbindungen, die dann durch einen weiteren Programm-
Modul in Boolesche Gleichungen umgesetzt wird. Bild 5.1 gibt
eine Übersicht über die notwendigen Design-Schritte. Daraus ist
zu entnehmen, daß nach Eingabe der Schaltung als Ergebnis des
nächsten Schrittes bereits die Programmiertabelle vorliegt, aus
der unmittelbar die Anweisungen für das Programmiergerät abgeleitet werden können.

Mit Erzeugung der Programmiertabelle ist ein Optimierungsvorgang
verbunden. Ziel dabei ist, die Zahl der Produktterme und damit
die der notwendigen Gatter zu minimieren. Bei PAL-Bausteinen ist
dies besonders wichtig, da jeder Produktterm nur zu einer bestimmten Ausgangsfunktion gehören kann. Wird der gleiche Term an
einem zweiten Ausgang benötigt, muß er erneut erzeugt werden.
Die in den Design-Programmen benutzten Algorithmen sind sehr

Tabelle 5.1. Einige bekannte PLD-Design-Werkzeuge

Bezeichnung	Ursprung	Hardware-Plattform
ABEL Advanced Boolean Expression Language	DATA I/O	PC unter DOS VAX unter VMS
AMAZE Automatic Map and Zap Equation Entry	Philips	dto.
CUPL Universal Compiler for Programmable Logic	Personal CAD Systems Inc.	dto.
LOG/iC	Isdata	dto., außerdem Apollo u. HP 9000
PALASM2 PAL-Assembler	Monolithic Memories	PC unter DOS VAX unter VMS
SNAP	Philips	PC unter DOS
XACT Xilinx Automated Configuration Tool	Xilinx	PC unter DOS

unterschiedlich. Das gilt in erster Linie für die Auswahl der zum Einsatz kommenden Schaltalgebra-Theoreme (Gesetze von Boole, Shannon, de Morgan) sowie für die Art ihrer Abarbeitung.

Vor der Programmierung eines PLD-Bausteines müssen noch Testvektoren erzeugt werden. Anwendereigene Vektoren gibt man ein, um

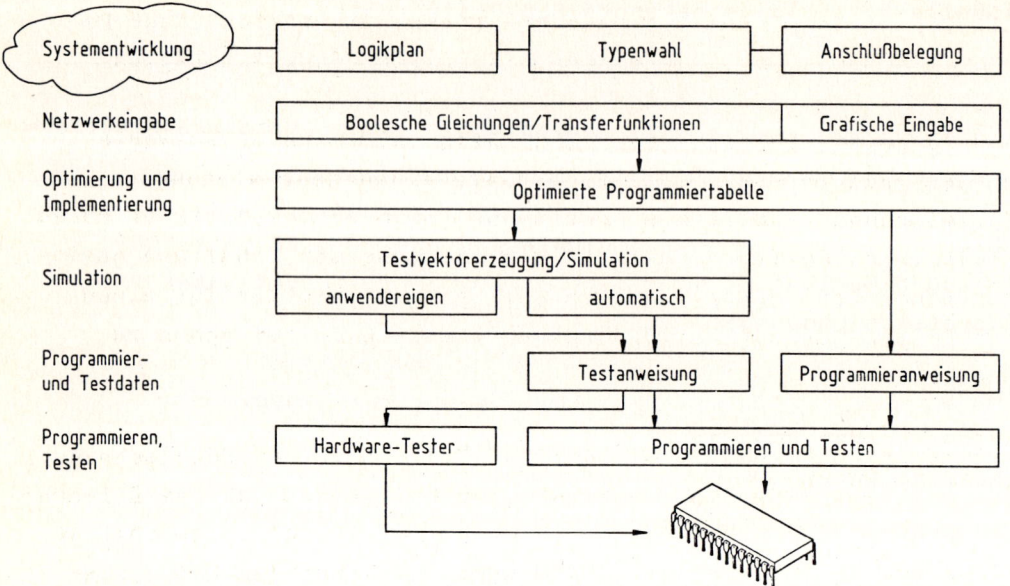

Bild 5.1. Arbeitsablauf beim PLD-Design

das Logik- und Zeitverhalten zu simulieren und das Ergebnis mit
der gewünschten Spezifikation zu vergleichen. Dagegen dienen
automatisch generierte Vektoren dem im Programmiergerät erfol-
genden Hardware-Test. Hierbei wird geprüft, ob sich die Programmieranweisung am fertigen PLD-Baustein in allen Punkten veri-
fizieren läßt.

PLD-Bausteine finden sich oft innerhalb komplexer Systeme. Zur
Überprüfung der Gesamtanlage kann es wünschenswert sein, daß
sich die einzelnen Bausteine auf Anweisung selbst testen. Hierzu
sind zahlreiche Vorschläge gemacht worden [5.1, 5.2]. Philips
(Signetics) plant dementsprechend, einen mit Scan-Technik ausge-
statteten PML-Baustein herauszubringen.

Das Programm AMAZE von Philips erlaubt das Design sämtlicher
PLA- und PAL-Bausteine. Eine bemerkenswerte Weiterentwicklung
stellt das Design-Programm SNAP dar, das die neuen PML-Bausteine
unterstützt und eine anwendergerechte Benutzeroberfläche
bietet. Als wohl einziges Programm enthält es einen Fehler-

simulator und die Möglichkeit der Timing-Simulation unter Berücksichtigung der Verdrahtungs-Kapazität (Back Annotation).

Das Programm LOG/iC nimmt ebenfalls eine bemerkenswerte
Sonderstellung ein [5.3]. Es besitzt einen sehr wirkungsvollen
Optimierungs-Algorithmus und nennt nach Abschluß dieser Phase
diejenigen PLD-Typen, die zur Realisierung der Schaltung geeignet sind. Erst jetzt muß sich der Systementwickler für einen
bestimmten Typ entscheiden, nicht wie in Bild 5.1 schon zu
Beginn.

Eine weitere Besonderheit von LOG/iC liegt in der Unterscheidung
zwischen logischem und konstruktivem Design. So ist dem üblichen
Design-Beginn die sogenannte "Logik-Definition" vorgeschaltet.
In dieser Phase wird die Schaltung in bekannter Weise über
Boolesche Funktionen oder einen Grafik-Editor eingegeben. Zu-
sätzlich ist auch die funktionale Definition von Blöcken möglich
(ROMs, Zähler usw.), aus der das Programm die entsprechenden
Logikschaltungen synthetisiert. Die Logik-Definition geschieht
ohne Festlegung auf die Art der Realisierung, da es hier ledig-
lich um das logische Verhalten der geplanten Schaltung geht. Zur
Überprüfung steht nach Eingabe der Testvektoren ein Funktions-
simulator zur Verfügung.

Erst in der konstruktiven Phase, die dem Abschluß der Logik-
Definition folgt, muß die Entscheidung für eine bestimmte Art
der Realisierung fallen. Wie bei anderen Programmen kann die
Schaltung als PLD (PAL oder PLA) ausgeführt werden, das Programm
LOG/iC bietet aber außerdem die Realisierung als Gate Array-
oder Standardzellen-Design.

Bei der Entscheidung für ein PLD-Design läuft die weitere Ent-
wicklungsarbeit wie üblich nach Bild 5.1 ab, mit Ausnahme der
Typenwahl, die, wie oben begründet, erst nach der Optimierung
erfolgt. Das Ergebnis ist die Programmier- und Testanweisung für
das Programmiergerät. Fällt die Wahl auf ein Gate Array- oder
Standardzellen-Design, erzeugt LOG/iC eine Netzliste, die den
Übergang zu den dort eingeführten CAE-Systemen ermöglicht. Post-

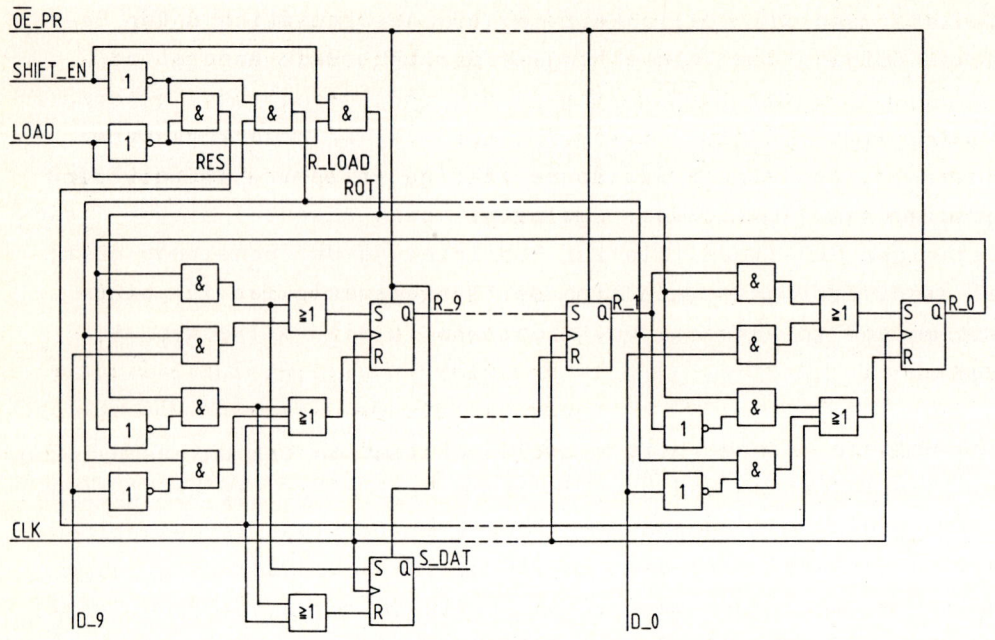

Bild 5.2. Beispiel eines Parallel-Serien-Umsetzers (PSU)

Prozessoren geben der Netzliste das hierzu geeignete Format. Eingeschlossen ist auch der Übergang auf XACT, ein spezielles Programm der Firma Xilinx für das LCA-Design.

Der Ablauf eines PLD-Design soll mit dem Programm AMAZE anhand der Schaltung in Bild 5.2 demonstriert werden. Es handelt sich um einen zehnstufigen Parallel-Serien-Umsetzer (Schieberegister) mit den Dateneingängen D0 bis D9 und dem seriellen Ausgang S_DAT. Liegen die Eingänge SHIFT_EN oder LOAD auf HIGH, bewirkt dies das serielle Auslesen bzw. parallele Laden des Registers. Bleiben beide Eingänge auf LOW, sollen alle Speicher synchron zurückgesetzt werden. Ein weiterer Eingang mit der Bezeichnung OE_PR sieht vor, mit einem HIGH-Signal alle Register asynchron setzen zu können.

Die Schaltung erfordert zehn Zustands- und einen Ausgangsspeicher und besitzt außer dem direkt wirkenden Eingang OE_PR und dem Takteingang CLK zwölf kombinatorische Eingänge. Die Wahl

fällt auf den von mehreren Herstellern angebotenen PLA-Typ
PLS168. Dieser Baustein weist vier Ausgangsspeicher, zehn Zu-
standsspeicher mit Rückführung in die UND-Ebene, zwölf externe
Eingänge und je einen Eingang für den Takt und das asynchrone
Setzen auf. Er hat die geeignete Konfiguration und ist mit der
geplanten Schaltung voll ausgelastet.

Nach der Wahl des Typs folgen das Festschreiben der Anschlußbelegung und die Eingabe der Booleschen Gleichungen. Bild 5.3
zeigt das Eingabeformular, in dem hier zusätzlich für bestimmte
interne Flipflop-Ausgänge eigene Signalnamen vergeben und zur
Vereinfachung einige Abkürzungen verabredet werden.

```
@DEVICE TYPE
PLS168
@DRAWING
@REVISION
@DATE
@SYMBOL
@COMPANY
@NAME
@DESCRIPTION
  Parallel to serial converter
@INTERNAL SR FLIP FLOP LABELS
  R_4, R_5, R_6, R_7, R_8, R_9   "Corresponds to FF P4...P9 in data manual"
@COMMON PRODUCT TERM
  RES =      /SHIFT_EN * /LOAD;
  ROT =       SHIFT_EN * /LOAD;
  R_LOAD = /SHIFT_EN *  LOAD;
@COMPLEMENT ARRAY
@LOGIC EQUATION
  R_0:    S =  R_1 * ROT  +   R_LOAD *  D_0;
          R = /R_1 * ROT  +   R_LOAD * /D_0  +  RES;
  R_1:    S =  R_2 * ROT  +   R_LOAD *  D_1;
          R = /R_2 * ROT  +   R_LOAD * /D_1  +  RES;
  R_2:    S =  R_3 * ROT  +   R_LOAD *  D_2;
          R = /R_3 * ROT  +   R_LOAD * /D_2  +  RES;
  R_3:    S =  R_4 * ROT  +   R_LOAD *  D_3;
          R = /R_4 * ROT  +   R_LOAD * /D_3  +  RES;
  R_4:    S =  R_5 * ROT  +   R_LOAD *  D_4;
          R = /R_5 * ROT  +   R_LOAD * /D_4  +  RES;
  R_5:    S =  R_6 * ROT  +   R_LOAD *  D_5;
          R = /R_6 * ROT  +   R_LOAD * /D_5  +  RES;
  R_6:    S =  R_7 * ROT  +   R_LOAD *  D_6;
          R = /R_7 * ROT  +   R_LOAD * /D_6  +  RES;
  R_7:    S =  R_8 * ROT  +   R_LOAD *  D_7;
          R = /R_8 * ROT  +   R_LOAD * /D_7  +  RES;
  R_8:    S =  R_9 * ROT  +   R_LOAD *  D_8;
          R = /R_9 * ROT  +   R_LOAD * /D_8  +  RES;
  R_9:    S =  R_0 * ROT  +   R_LOAD *  D_9;
          R = /R_0 * ROT  +   R_LOAD * /D_9  +  RES;
  S_DAT:  S =  R_0 * ROT;
          R = /R_0 * ROT  +  RES;
```

Bild 5.3.   Schaltungseingabe über Boolesche Gleichungen

```
PLS168            PSC
" FUNKTIONSTEST
"
" C P <==INPUTS==> <=PSTATE=> <=NSTATE=> POUT FOUT
" L / 11
" K E 109876543210 9876543210 9876543210 3210 3210
"
  C 0 111111111111 HHHHHHHHHH HHHHHHHHHH NNNN NNNN ;
  C 0 010101010101 HHHHHHHHHH LHLHLHLHLH LHLH HHHH ;
  C 0 011010101010 LHLHLHLHLH HLHLHLHLHL HLHL HHHH ;
  C 0 101010101010 HLHLHLHLHL LHLHLHLHLH LHLH HHHL ;
  C 0 101010101010 LHLHLHLHLH HLHLHLHLHL HLHL HHHH ;
  C 0 101010101010 HLHLHLHLHL LHLHLHLHLH LHLH HHHL ;
  C 0 101010101010 LHLHLHLHLH HLHLHLHLHL HLHL HHHH ;
  C 0 101010101010 HLHLHLHLHL LHLHLHLHLH LHLH HHHL ;
  C 0 101010101010 LHLHLHLHLH HLHLHLHLHL HLHL HHHH ;
  C 0 101010101010 HLHLHLHLHL LHLHLHLHLH LHLH HHHL ;
  C 0 101010101010 LHLHLHLHLH HLHLHLHLHL HLHL HHHH ;
  C 0 101010101010 HLHLHLHLHL LHLHLHLHLH LHLH HHHL ;
  C 0 101010101010 LHLHLHLHLH HLHLHLHLHL HLHL HHHH ;
  C 1 011010101010 HLHLHLHLHL HHHHHHHHHH HHHH HHHH ;
  C 0 011010101010 HHHHHHHHHH HHHHHHHHHH HHHH HHHH ;
  C 0 001010101010 HHHHHHHHHH LLLLLLLLLL LLLL HHHL ;
```

Bild 5.4. Funktionssimulation des PSU. C = Taktflanke, Eing.:
0 bis 9 = D0 bis D9, 10 = LOAD, 11 = SHIFT_EN,
P/E = $\overline{\text{OE}}$_PR, Zust.-Register: PSTATE = Previous state,
NSTATE = Next state, Ausgangs-Register: POUT,
Ausgänge: FOUT mit 0 = S_DAT

Ein weiterer Programm-Modul übernimmt die Optimierung und dann
die Implementierung in den gewählten PLD-Typ. Anschließend kann
das Verhalten der Schaltung simuliert werden. Der Ausdruck des
Ergebnisses in Bild 5.4 beginnt in der ersten Zeile mit der
automatischen Initialisierung. In den folgenden beiden Zeilen
bewirken die vom Anwender gewählten Testvektoren das parallele
Laden mit den Werten HLHLHLHLHL und LHLHLHLHLH. Daran schließt
sich in zehn Schritten ein vollständiger Schiebezyklus an. Mit
einem Setz- und Rücksetzvorgang wird die Funktions-Simulation
beendet. Zu beachten ist, daß in der Kopfleiste die Anschluß-
bezeichnungen aus dem Datenblatt des gewählten PLD-Typs eingetragen sind. Ihre Zuordnung zu den aktuellen Signalnamen ist in
der Bildunterschrift angegeben.

Nach Prüfung des Ergebnisses werden die zum Hardware-Test
notwendigen Vektoren automatisch erzeugt und zusammen mit der
Programmieranweisung an das Programmiergerät übertragen.

Der Baustein PLS168 hat nach der üblichen Zählweise [3.4] eine Komplexität von etwa 1000 Gatteräquivalenten. Die Schaltung in Bild 5.2 benötigt 173 Gatter, der Ausnutzungsgrad liegt damit etwas über 17 %.

Im Beispiel waren Transferfunktionen nicht erforderlich. Sie werden zweckmäßig bei der Beschreibung von Zustandsmaschinen benutzt und im Programm AMAZE, wie in anderen Design-Programmen auch, in einer Hochsprache eingegeben. Eine Zustandsänderung läßt sich beispielsweise durch folgende Sequenz ausdrücken:

```
WHILE [St2]
   IF [Cond1]  THEN [St3]
 ELSE [St0].
```

Dies bedeutet, daß die Maschine bei Erfüllung der Bedingung Cond1 vom Zustand St2 in den Zustand St3 und für alle anderen Fälle in den Zustand St0 übergehen soll. Die einzelnen Zustände werden vorher in Form einer Bitfolge definiert.

5.2 Gate Array- und Standardzellen-Design

Ausgangspunkt der Design-Arbeiten ist die vom Anwender erstellte Spezifikation. Wenn die Entscheidung für ein Gate Array- oder ein Standardzellen-Design gefallen ist, lassen sich die daran anschließenden Aktivitäten in vier Phasen gliedern:

- **Schaltungs-Design:** Übertragung der Schaltung auf Makroebene, Gate Count, Partitioning, Testbarkeit, kritische Pfade
- **Simulation:** Netzwerkeingabe, Stimuli-Eingabe, Logik- und Timing-Simulation, Fehlersimulation, Testpattern für die Fertigung
- **Layout:** Plazierung, Verdrahtung, Zusatz-Fanout aus den Leiterbahnkapazitäten für die Nachsimulation
- **Fertigungsdaten:** Übergabe des Design-Paketes mit Masken- und Testpattern-Daten an die Fertigung

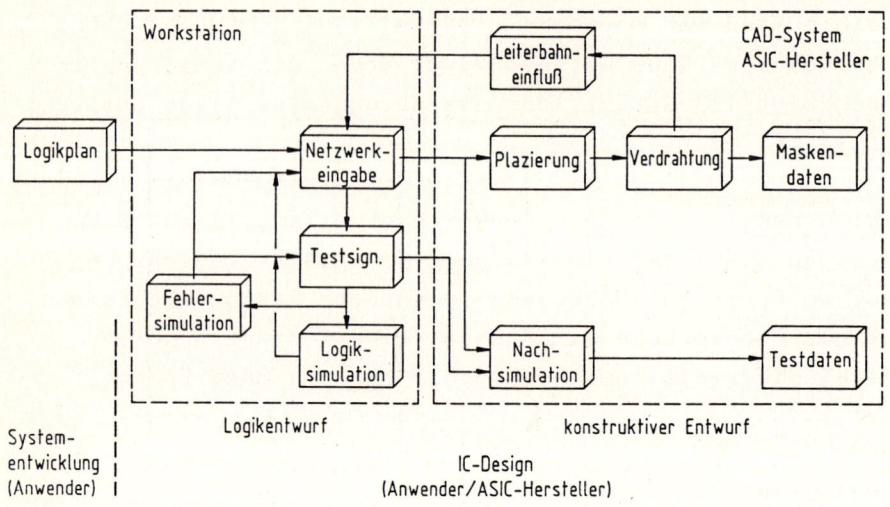

Bild 5.5. Designablauf bei Gate Arrays und Standardzellen-ICs

Bild 5.5 zeigt die genannten Design-Phasen als Flußdiagramm.
Die einzelnen Arbeitspakete und die Frage, wer sie bearbeiten
soll, werden in den nachfolgenden Abschnitten ausführlich behandelt [5.4, 5.5].

5.2.1 Schnittstelle Anwender/Hersteller

Das Schaltungs-Design als erste Phase ist abgeschlossen, wenn
ein Logikplan vorliegt, der ausschließlich Elemente aus einer
Makro-Bibliothek enthält. Die anschließenden Aktivitäten be-
dürfen einer extensiven Rechnerunterstützung. Die Programme beim
Gate Array- und Standardzellen-Design sind dabei gleich, sie
benutzen lediglich andere Bibliotheken. Die Layoutprogramme
dagegen müssen unterschiedlich sein, da in einem Fall vorgefertigte Wafer eingesetzt werden, im anderen Fall aber weitgehende
Entwurfsfreiheit besteht.

Die verschiedenen Arbeitspakete können entweder vom Anwender
selbst oder von einem Design-Zentrum abgearbeitet werden. Das

Tabelle 5.2. Aufteilung der Design-Arbeiten auf Anwender und
Design-Zentrum (ASIC-Hersteller)

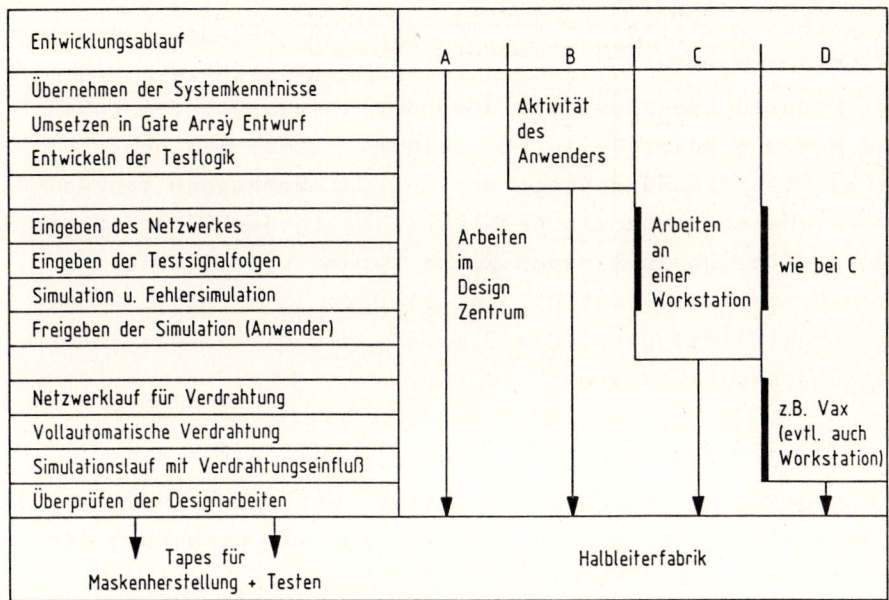

Design Zentrum tritt als Mittler zwischen Anwender und Halbleiterhersteller auf, es kann organisatorisch zu ihm gehören
oder aber selbständig sein und mit mehreren Herstellern, sogenannten Foundries, zusammenarbeiten.

Tabelle 5.2 zeigt die während eines Designs notwendigen Arbeiten
und die Möglichkeiten der Verteilung der Aktivitäten auf Design
Zentrum und Anwender. Die Wahl dieser Schnittstelle beeinflußt
die Kostenstruktur und den zeitlichen Ablauf eines Projektes.

Die Schnittstelle A erfordert ein gründliches Verständnis des
Anwendersystems im Design-Zentrum. Das bedeutet Einarbeitung,
Planung der Prioritäten und die Gefahr von Mißverständnissen.
Für Schnittstelle B ist die Kenntnis des Anwendersystems nicht
mehr in allen Einzelheiten, und für die Schnittstellen C und D
immer weniger notwendig.

Bei Schnittstelle C übernimmt der Anwender die kreativen Phasen
selbst, bis hin zum Abschluß der Logik- und Fehlersimulation.
Im Sinne einer größeren Entwicklungstiefe bleiben System- und
Design-Know-how im eigenen Hause, es entstehen weniger Kommuni-
kationsprobleme, Design-Zeit und -Kosten unterliegen der eigenen
Kontrolle. Deshalb übernimmt der Anwender in zunehmendem Maße
das Design gemäß Schnittstelle C selbst, zumal die heute
erreichte Benutzerfreundlichkeit der CAD/CAE-Werkzeuge technologiespezifische oder Computerkenntnisse weitgehend überflüssig
macht. Für das Design im eigenen Hause werden verschiedene
Workstation-Konzepte angeboten. Sie erlauben im allgemeinen die
grafische Schaltbildeingabe, die Simulation und teilweise auch
die Erstellung des Layout.

Unabhängig von der Verteilung der Arbeitspakete auf den Anwender bzw. das Design-Zentrum ist die Frage, wer die Verantwortung
für den Entwurf zu tragen hat. Hier zeigt die Erfahrung der
vergangenen Jahre, daß allein das Ergebnis der Logik- und
Timing-Simulation sowie der Fehlersimulation als sinnvolle
Schnittstelle zu betrachten ist. Denn nur der Anwender kennt die
Anforderungen genügend genau, so daß nur er beurteilen kann,
mit welchen Eingangssignalmustern die Schaltung simuliert
werden soll und ob sie sich dabei gemäß seiner Spezifikation
verhält. Selbst wenn die Simulation vom Design-Zentrum durchgeführt worden ist (Schnittstellen A und B), trägt aus den genannten Gründen letztlich der Anwender die Verantwortung für
die Beurteilung der Ergebnisse. Der Verantwortung des Design-
Zentrums bzw. des hinter ihm stehenden Halbleiterherstellers
obliegt es dann, Schaltkreise zu liefern, die dem Simulations-
ergebnis voll entsprechen.

Die Layout-Erstellung als die mehr konstruktive Phase bleibt
gegenwärtig meist dem Design-Zentrum überlassen, da sie für den
Systementwickler ungewohnt ist und auch eine gewisse Erfahrung
voraussetzt. Dies gilt im Sinne eines hierarchischen Entwurfs
besonders für die Aufteilung der Chipfläche und die Belegung der
Teilflächen mit den einzelnen Schaltungsblöcken, in der Fachliteratur auch als "Floorplanning" bezeichnet. Aber auch für den

Fall, daß bei hoher Chipausnutzung das CAE-Programm einige Verbindungen nicht herstellen kann, sieht ein erfahrener Designer
meist sehr schnell, wo Engpässe entstanden sind und wie sie
interaktiv am Bildschirm - selbstverständlich unter Rechner-
kontrolle - beseitigt werden können. Dennoch gibt es Anwender,
die gemäß Schnittstelle D auch die Layout-Arbeiten erfolgreich
durchgeführt haben. Diese Bemühungen werden in dem Maße zuneh-
men, in dem die Benutzerfreundlichkeit der Programme den Stand
der für die Simulation eingesetzten Software erreicht.

5.2.2 Schaltungs-Design

Vor dem eigentlichen Design-Beginn ist zu prüfen, ob die For-
derungen des Anwenders mit den Produktspezifikationen zusammen-
passen. Hierbei spielen Betriebsspannung, Temperatur, Verzögerungszeiten, Schaltungskomplexität und die Ausgangsbelastung
durch Kapazitäten und Ströme eine Rolle. Wichtig ist auch die
Frage, ob die Bibliotheken Eingangsschaltungen enthalten, die
je nach Bedarf CMOS- bzw. TTL-kompatible Schwellenspannungen
haben. Wenn Analogkomponenten mitintegriert werden müssen, ist
zu fragen, ob sie in der gewünschten Form als Makros vorliegen
und ob sie die erforderliche Spezifikation haben.

In der Regel wird die bei Semicustom-ICs weit verbreitete CMOS-
Technologie alle Anforderungen erfüllen können. Als besonderer
Vorteil ist die geringe Leistungsaufnahme zu nennen, so daß die
Zahl der Bauelemente pro Chip wesentlich höher sein kann als bei
bipolaren ICs. Außerdem weisen Signallaufzeiten und Flipflop-
Frequenzen für 1,5 μm CMOS bereits günstigere Werte auf als
für Schottky-TTL-Schaltungen (Kapitel 2). Wo diese Werte nicht
ausreichen, setzt man ECL Gate Arrays ein. Sie haben jedoch
einen hohen Leistungsverbrauch und reichen deshalb in ihrer
Komplexität nur bis zu einigen tausend Gattern [5.6].

Die dem Anwender zugänglichen CAD-Werkzeuge für CMOS-ICs sind
in den letzten Jahren immer komfortabler geworden. Auch aus
diesem Grunde gehen die nachfolgenden Überlegungen davon aus,
daß sich der Anwender für das Design einer CMOS-Schaltung

entschieden hat. Schaltungen dieser Art werden in verschiedenen
High-Speed-Prozessen für den Spannungsbereich von 2 bis 6 V und
für Temperaturen von -40 bis +85°C bzw. -55 bis +125°C hergestellt. Ein älterer 4μm-Prozeß ist ebenfalls noch auf dem
Markt. Die hierfür typische Verzögerungszeit eines NAND beträgt
8 ns, der Betriebsspannungsbereich jedoch geht von 3 bis 15 V.
Beide Eigenschaften prädestinieren diesen Prozeß für den Einsatz
im Kraftfahrzeug.

Schaltungs-Design bedeutet zunächst einmal die Erstellung eines
Logikplanes, der ausschließlich Makros aus einer Bibliothek
enthält. Dies muß spätestens bei der Simulation, die unter
Einschluß der Verzögerungszeiten ablaufen soll, eine Bibliothek
des Halbleiterherstellers sein, mit dem man zusammenarbeiten
will. Der Logikplan besteht aus Basis- und damit aufgebauten
Softmakros sowie aus Peripheriemakros und kann nach zwei verschiedenen Methoden entstehen:

- Entwurf mit TTL- oder CMOS-Bausteinen, Aufbau und Test eines
  Breadboards. Ersetzung jedes Bausteines durch Makros. Netzwerkeingabe und Simulation.

- Entwicklung von Beginn an ausschließlich mit Makros aus der
  Bibliothek. Netzwerkeingabe und Test der Schaltung durch
  ausführliche Simulation.

Der erste Weg ist heute noch weit verbreitet. Viele Systementwickler haben jedoch die Vorteile der Rechnersimulation
erkannt und sparen den Umweg über ein Breadboard. In beiden
Fällen jedoch benötigt man eine leistungsfähige Makro-Bibliothek. Sie enthält 200 oder mehr Komponenten und ist z.B ge-
gliedert in

- Gatter (Inverter, NAND, NOR usw.)
- Komplexe Funktionen (UND/ODER, EX-ODER usw.)
- Latches (RS-, D-Latches)
- Flipflops (RS-, D-, JK-Flipflops)
- MSI-Makros (Zähler, Register, Decoder, Addierer usw.)

- Peripherie (Eingänge, Ausgänge, E/A-Schaltungen)

Die Bibliothek steht dem Entwickler als Handbuch zur Verfügung und spezifiziert die logischen und elektrischen Eigenschaften jedes einzelnen Makros. Die gleichen Makros sind in der Datenbank des Rechners gespeichert, wobei die Beschreibung aber noch wesentlich umfangreicher ist und bei Basismakros zusätzlich die geometrische Lage der internen Verdrahtung umfaßt. Das Handbuch informiert den Anwender in zwei Richtungen:

1) Familienspezifikation, gültig für alle Makros
   - Technologie, Komplexität
   - Elektrische Daten für Ein- und Ausgänge
   - Typische Verzögerungszeit für ein NAND

2) Makro-Spezifikationen
   - Makroname, logisches Symbol und Funktionsbeschreibung
   - Interner Aufbau auf Gatterebene
   - Fanin-Werte, maximales Fanout
   - Zeitliches Verhalten
   - Äquivalente Gatterzahl
   - Max. Ausgangsstrom (bei Peripherie-Schaltungen)

Der Anwender hat zu prüfen, ob die vorgesehene Bibliothek die für sein Projekt notwendigen Makros mit den erforderlichen Spezifikationen enthält. Beim Vergleich der Datenblattangaben verschiedener Hersteller ist genau auf die Betriebsbedingungen zu achten, die den Angaben zugrundeliegen. So geben manche Hersteller nur typische, andere nur die ungünstigsten (worst case) Werte an.

Der Logikteil wird von einer Randfläche umgeben, die bei einem Gate Array eine bestimmte Anzahl Bondpads und Peripherie-Schaltungen enthält. Sie bilden die Brücke zur Außenwelt und werden in ihrer Funktion durch Wahl des entsprechenden Makros vom Anwender bestimmt. Beim Standardzollen-Design ist die geometrische Lage der Bondpads und Peripherie-Schaltungen frei wählbar, außerdem können spezielle Anwenderwünsche durch Entwicklung neuer Konfigurationen berücksichtigt werden.

Die Spezifikation der Eingangsschaltungen gibt die Spannungspegel an, bei denen sie mit Sicherheit ein externes HIGH- bzw. LOW-Signal erkennen und zum Logikteil entsprechend weitergeben. Für CMOS-Eingänge liegen diese Pegel bei 70 % bzw. 30 % der Betriebsspannung, für TTL-Eingänge unabhängig von der Betriebsspannung bei 2 bzw. 0,8 V. Daneben findet man Eingangsschaltungen, die mit einem internen Pull-up-Widerstand ausgestattet sind. Sie eignen sich gut als Testpins, da man sie im Betrieb unbeschaltet lassen darf.

Für Ausgangsschaltungen sind Strombelastbarkeit, Signalverzögerung und Flankensteilheit wichtig. Die beiden letzten Größen hängen von der kapazitiven Belastung des Ausgangsanschlusses ab. Sie werden bei der Simulation mit erfaßt. Für den Fall, daß die Strombelastbarkeit nicht ausreicht, kann man zwei gleiche Ausgangsschaltungen verwenden. Man führt ihre beiden Ausgänge über zwei Bondpads an zwei Anschlußstifte und schaltet sie auf dem PC-Board parallel. Ist diese Lösung, die ja einen zusätzlichen Pin erfordert, nicht durchführbar, muß geprüft werden, ob das Anschlußgrid des gewählten Gehäuses das parallele Bonden zweier Ausgangsschaltungen auf einen Anschluß erlaubt. Kriterium ist die zur Verfügung stehende Bondfläche dieses Anschlusses.

Eine dritte Kategorie stellen die Ein-/Ausgangsschaltungen dar (Transceiver), die es ermöglichen, einen Anschluß wechselnd als Eingang oder als Ausgang zu betreiben. In Bild 5.6a ist dies der Anschluß EA, der dann als Eingang wirkt, wenn das Signal EN die Ausgangsschaltung in den Tristate-Zustand schaltet.

In der Peripherie lassen sich meist auch Oszillatoren realisieren. Bild 5.6b zeigt zwei Beispiele. Es handelt sich hierbei um Verstärker, die zwischen benachbarten Bondpads so angeordnet sind, daß sich möglichst geringe Kapazitäten ergeben. Ein Oszillator entsteht durch Beschaltung mit einem Quarz oder durch

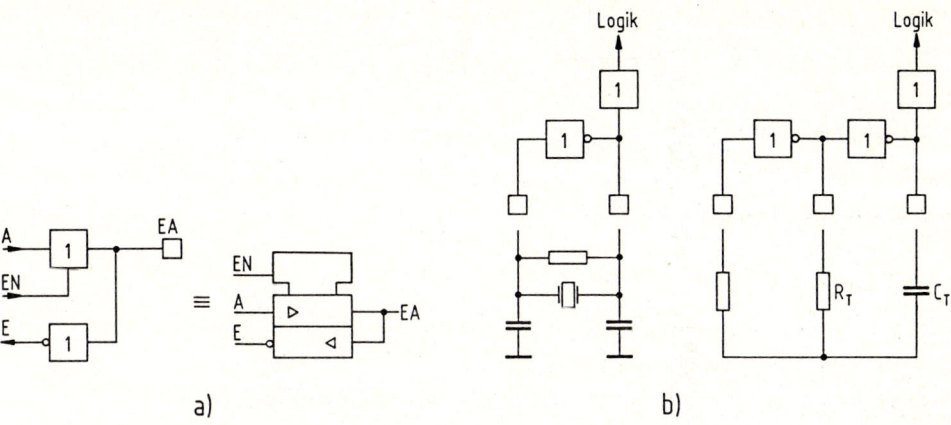

Bild 5.6. Peripherieschaltungen, a) E/A-Schaltung, b) Quarz-
und RC-Oszillator

Verwendung zweier Verstärker in Kombination mit einem RC-Glied.
Die frequenzbestimmenden Elemente wird man wegen der höheren
Genauigkeit außerhalb des ICs anordnen. In besonderen Fällen
kann man sie mitintegrieren, muß den Oszillator für Testzwecke
aber abschaltbar ausführen. In jedem Falle sollte man zwischen
Oszillator und Logik einen Puffer schalten, wobei die Ent-
kopplung besonders wirksam ist, wenn dieser Puffer in räumlicher
Nähe der Oszillatorschaltung liegt.

Oszillatoren arbeiten im Kennlinienfeld der Transistoren bei
etwa der halben Betriebsspannung. Daraus ergibt sich ein
relativ hoher Querstrom, der den Versorgungsstrom der übrigen
Schaltung übersteigen kann. Eine intensive Beratung durch
ein Design Zentrum ist beim Entwurf von Oszillatoren deshalb
unerläßlich.

Hat man sich überzeugt, daß Familien- und Makro-Spezifikationen
zum geplanten Projekt passen, ist die nächste Frage, ob das
Typenspektrum bezüglich der äquivalenten Gatterzahl ausreicht.
Zur Beantwortung ist die Komplexität der zu integrierenden
Schaltung zu ermitteln und mit den Möglichkeiten der Typen-
reihe zu vergleichen. In der Fachliteratur wird dieser Vorgang
als Gate Count bezeichnet.

5.2.2.1 Gate Count

Die Komplexität der geplanten Schaltung ermittelt man durch
Addieren der äquivalenten Gatterzahlen aller in der Schaltung
vorkommenden Makros. Die äquivalente Gatterzahl muß deshalb für
jedes einzelne Makro in der Bibliothek angegeben sein.

Im Interesse einer hohen Funktionsdichte und damit minimalen
Chipfläche sind zwei Maßnahmen besonders wichtig:

- Logikaufbau möglichst nur durch NOR- und NAND-Gatter
- Realisierung logischer Funktionen möglichst als Basismakros

UND- und ODER-Gatter beanspruchen durch die doppelte Invertierung eine größere Chipfläche und haben entsprechend höhere
Verzögerungszeiten.

Logische Funktionen sind UND/ODER- Verknüpfungen, die in den
Bibliotheken oft als Basismakros enthalten sind. Bildet man die
gleiche Funktion aus mehreren einzelnen Gattern, d.h. als Softmakro, ergeben sich größere Chipflächen und längere Verzögerungszeiten (Abschnitt 3.2.2).

Bereits an dieser Stelle ist zu fragen, ob die Schaltung in
der für die Funktion notwendigen Form testbar ist oder ob bei
Bestimmung der Schaltungskomplexität ein Zuschlag für später
zu ergänzende Testlogik einkalkuliert werden sollte. Einige
praktische Hinweise zu diesem Punkt enthält der nachfolgende
Abschnitt 5.2.2.2, während eine systematische Darstellung der
Testproblematik im Kapitel 6 gegeben wird.

Bei älteren Technologien war ein weiterer Zuschlag notwendig,
weil das Plazierungsprogramm evtl. Lücken zwischen den Makros
zur Durchführung von Signalen von einer Verdrahtungsebene zur
nächsten einbaute. Dies ist bei den heute verwendeten Prozessen
mit zwei Metallagen jedoch nicht mehr erforderlich, da hier
genügend solcher Pfade innerhalb der Makros vorhanden sind.

Als letzte Kontrolle ist zu prüfen, ob die Belastbarkeit der verwendeten Makros ausreicht. Dabei darf die Summe aus der Zahl der angeschlossenen Gatter und der durch Leitungskapazitäten entstehenden fiktiven Gatter den vom Hersteller gegebenen Grenzwert nicht überschreiten. Die genauen Leitungskapazitäten sind natürlich erst nach der Layout-Erstellung bekannt, sie können hier nur durch einen pauschalen Faktor von z.B. 1,5 auf die Zahl der wirklich vorhandenen Gatter berücksichtigt werden. Ist die Belastung zu hoch, kann es geschehen, daß der Ausgang auf Signalwechsel am Eingang nicht mehr reagiert.

Die Schaltungskomplexität ist jetzt ausreichend genau bestimmt. Abschließend zeigt ein Vergleich mit dem Produktprogramm des Halbleiterherstellers, auf welche Weise die Realisierung der Schaltung möglich ist. Im Falle eines Gate Array bedeutet dies die Auswahl eines geeigneten Typs. Dabei ist zu berücksichtigen, daß die Schaltungskomplexität bei "wilder" Logik (viele Verbindungen) nicht viel höher als 80 % und bei "regulärer" Logik (wenige Verbindungen) nicht viel höher als 90 % sein sollte. Mit diesen Beschränkungen gelingt meist auf Anhieb eine vollständige Verdrahtung durch das Programm.

Bei "Sea of Gates" gibt es keine separaten Verdrahtungskanäle. Die Aluminium-Leitungen liegen über den Zellen, die dann zum Teil unbenutzt bleiben müssen. Der Anteil der nutzbaren Gatter beträgt deshalb nur 25 bis 70 %.

Wenn zum Gesamtsystem zwei oder mehrere ICs gehören, sollte der Anwender die Schnittstellen so legen, daß die Anschlußstifte wegen deren kapazitiver Belastung mit möglichst niedrigen Frequenzen beaufschlagt werden. Außerdem können durch eine zweckmäßige Aufteilung (Partitioning) möglicherweise Bauelemente geschaffen werden, die auch noch in anderen Systemen des Anwenders einsetzbar sind, so daß sich ein höherer Bedarf und damit niedrigere Stückpreise ergeben. An Standardisierung ist auch zu denken, wenn sich zwei Schaltungen nur geringfügig unterscheiden. Man entwickelt dann nur ein IC und adaptiert es auf die jeweils gewünschte Funktion durch entsprechende Verdrahtung dafür vorgesehener Anschlußstifte.

5.2.2.2 Hinweise zur Testbarkeit

Zur Entwicklung eines integrationsgerechten Schaltbildes
gehören einige Regeln, ohne deren Beachtung das spätere Testen
des IC in der Fertigung erschwert oder gar unmöglich gemacht
wird [5.7]. In diesem Zusammenhang muß man sich bewußt machen,
daß die Schaltung beim abschließenden Hardware-Test nur noch
über die äußeren Anschlußstifte erreichbar ist. Dennoch sollen
alle Schaltungsteile über die Eingänge angesprochen und möglichst alle Fehler am Verhalten der Ausgänge erkannt werden
können. Controllability und Observability sollen also genügend
hoch sein, um einen Fehlerüberdeckungsgrad nahe 100 % zu erreichen [5.8, 5.9]. Außerdem soll aus Kostengründen die für den
Funktionstest erforderliche Zeit möglichst kurz sein.

Das Thema Testbarkeit wird ausführlich in Kapitel 6 behandelt.
Deshalb seien hier nur einige praktische, unbedingt zu beach-
tende Hinweise stichwortartig wiederholt.

Komplexe Schaltungen teilt man in überschaubare, testbare
Einheiten auf. Das gilt z.B. auch für lange Zählerketten, die
sonst eine zu lange Testzeit erfordern. In Bild 5.7a wird dies
durch vier Multiplexer und einen zusätzlichen Testanschluß T
erreicht. Außerdem verbessert der Rücksetzeingang MR die
Testbarkeit, da sich die Schaltung hierdurch schnell in einen
definierten Zustand bringen läßt.

Die Erzeugung einzelner Impulse darf nicht auf Ausnutzung
schaltungsinterner Verzögerungen beruhen, sie erfolgt vielmehr
mit Hilfe einer entsprechend hohen Taktfrequenz. Schaltungen
nach Bild 5.7b sind zu vermeiden. Als Folge einer Flanke an E,
eines definierten Ereignisses also, antwortet der Ausgang A
mit zwei Ereignissen, die zusammen einen Einzelimpuls bilden.
Der Tester registriert nur das stabile Ausgangssignal nach dem
Impuls, und da sich dies gegenüber dem Signal vor der Flanke E
nicht unterscheidet, ist die Schaltung nicht testbar. Die Länge
des Impulses unterliegt außerdem sehr großen Schwankungen.

Eingänge von Makros innerhalb der Logik dürfen nicht fest auf
HIGH oder LOW gelegt werden. Beim Hardware-Test ist ein solcher

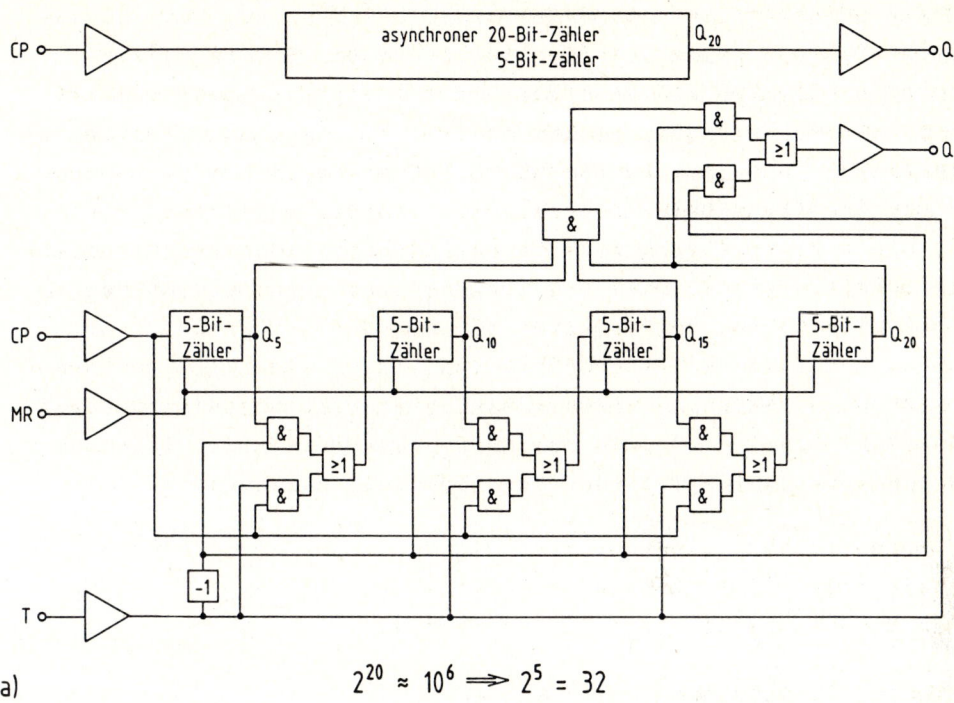

$$2^{20} \approx 10^6 \implies 2^5 = 32$$

a)

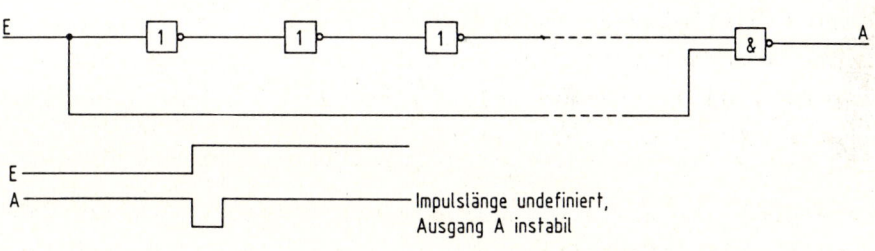

b)

Bild 5.7. Testbarkeit unterschiedlicher Schaltungen,
a) Verbesserung der Testbarkeit eines 20-Bit-Zählers
durch Aufteilung in 4 x 5 bit und Einführung eines
Rücksetzeinganges, b) Nicht testbare Schaltung zur
Erzeugung eines Einzelimpulses

Eingang nicht steuer- und daher nicht testbar. Man kann dieses
Problem lösen, indem man sämtliche, in der Schaltung vorkommenden Eingänge zusammenfaßt und auf einen Gehäuseanschluß
führt. Ökonomischer ist jedoch eine Schaltungsänderung, die ein
festes Potential überflüssig macht. Dies kann durch Weglassen
der mit dem Festpotential verbundenen Gatter geschehen. Ein
Flipflop z.B. läßt sich dann natürlich nicht mehr als Basismakro
realisieren, sondern muß in der reduzierten Form als Softmakro
aufgebaut werden.

Enthält eine Schaltung redundante Logikteile, müssen diese zum
Testen aufgetrennt werden. Der Multiplexer in Bild 5.8a enthält
z.B. mit dem Gatter G1 einen Parallelzweig zwischen den Eingängen A, B und dem Ausgangsgatter G2. Ohne diesen Zweig würde
beim HIGH/LOW-Übergang am Steuereingang S für den Fall A=B=HIGH
ein Störimpuls (Spike) im Ausgangssignal MUX auftreten. Grund
ist die Verzögerungszeit des Inverters SN, während der sich
beide Steuereingänge des Multiplexers auf HIGH befinden. Das
Signal MUX erleidet somit einen kurzen Einbruch nach LOW. Die
Gatter G1 und G2 sorgen dafür, daß dieser Einbruch vom Ausgang F
ferngehalten wird.

Die beschriebene Schaltung besitzt die gewünschte Funktion,
ist jedoch nicht vollständig testbar. Liegt der Ausgang von G1
im Fehlerfall fest auf HIGH, erscheint der Spike als Folgefehler

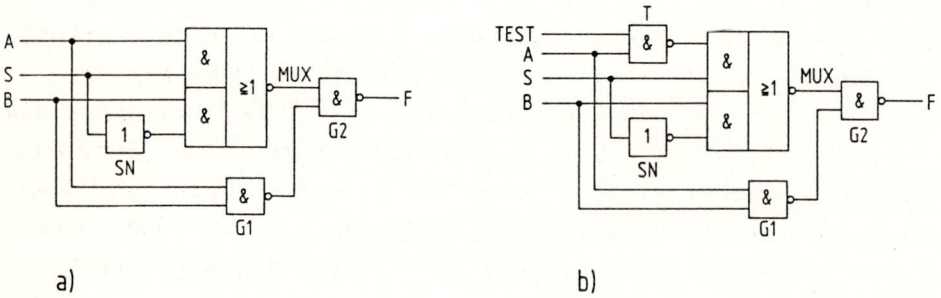

a)   b)

Bild 5.8.   Testbarkeit eines Multiplexers mit Parallelzweig,
            a) nicht vollständig testbar, b) testbar durch
            Test-Gatter T

auch am Ausgang F, im übrigen aber arbeitet die Schaltung einwandfrei. Der Testautomat in der Fertigung registriert die
Ausgangssignale nur zu den Abtastzeitpunkten (Abschnitt 6.1.1)
und kann deshalb den Spike an F nicht entdecken. Das Problem
läßt sich nach Bild 5.7b durch Einbau des UND-Gatters T lösen.
Es trennt einen Parallelzweig des Signals A auf und macht die
Schaltung testbar. Mit der Signalkombination A=B=S=HIGH und
TEST=LOW gehen der Ausgang von G1 auf LOW und die Signale MUX
und F auf HIGH. Liegt jetzt der Ausgang von G1 fehlerhaft fest
auf HIGH, wechselt F bleibend nach LOW, womit der Fehler ent-
deckbar ist. Die Schaltung bedeutet zusätzliche Test-Hardware
auf dem Chip und erfordert einen eigenen Anschlußstift.

Die Zahl der erforderlichen Test-Anschlußstifte ist bei jedem
Projekt möglichst frühzeitig zu betrachten. Maßnahmen zur
Einsparung sind der Einsatz von Multiplexern, Testregistern -
z.B. für die Signaturanalyse auf dem Chip - und die Erweiterung
unidirektionaler Eingänge in bidirektionale. Allgemein gilt, daß
auch die zu Testzwecken hinzugefügten Schaltungsteile testbar
sein müssen.

5.2.2.3 Aufbau interner Busse

Interne Busse dienen der Kommunikation verschiedener Schaltungsteile innerhalb des Chips. Dazu schaltet man die Datensender
über Tristate-Inverter auf eine Busleitung und verbindet diese
mit mehreren Empfängern. Bild 5.9 zeigt eine einfache Konfiguration, die mit dem Grafikprogramm DASH4 der Firma FutureNet
erstellt worden ist. Der Bus besteht hier nur aus einer Leitung
mit dem Namen BUS. Im Vergleich dazu handelt es sich bei den
Signalen D und EN um mehrdrahtige Sammelleitungen, bei denen die
Datensignale D1, D2, D3 bzw. die Freigabesignale ENA, ENB, ENC
ein- und ausgefädelt werden. Wenn der Bus mehrdrahtig ist, wird
er ebenfalls verstärkt gezeichnet, außerdem erhalten auch hier
alle zur gleichen Busleitung gehörenden Signale die gleiche
Bezeichnung.

Für den Bus muß gewährleistet sein, daß immer nur ein Sender
aktiv ist, oder daß bei mehreren aktiven Sendern alle die

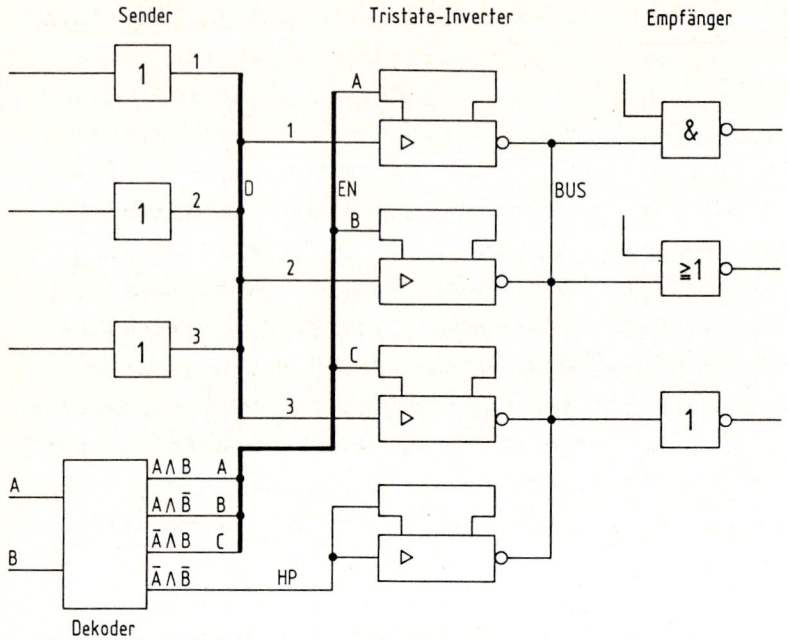

Bild 5.9. Busleitung auf dem Chip

gleichen Daten führen. Andernfalls käme es zu einem Kurzschluß,
der die Zerstörung der Schaltung zur Folge haben kann.

Wenn keiner der Sender aktiv ist, stellt sich der Bus nach
Abfließen der ursprünglichen Ladung durch Leckströme auf einen
hochohmigen Zustand etwa in der Mitte zwischen HIGH- und LOW-
Pegel ein. Man bezeichnet dies als Tristate-Zustand und spricht
vom Floaten des Busses. Bei den als Empfänger angeschlossenen
Invertern sind beide Transistoren leitend, so daß ein Querstrom
von U_{DD} nach U_{SS} fließen kann, der im Extremfall das IC zer-
stört. Setzt man NANDs oder NORs ein, kann man die Auswirkungen
des Floatens vermeiden, wenn man sie für diese Zeit sperrt und
so in einem definierten Zustand hält. Besser ist es, das Floaten
eines Busses kontrolliert zu vermeiden. Hierzu adressiert man
die Sender so, daß immer einer von ihnen aktiv ist und der Bus
nur noch während der Umschaltphasen floatet. Dies ist für eine
Zeit in der Größenordnung der Gatterverzögerungszeit unschäd-
lich. In Bild 5.9 z.B. ist der Bus immer voll dekodiert, d.h. er

ist entweder mit den Daten D1, D2, D3 oder dem Signal HP = HIGH
beaufschlagt.

5.2.2.4 Zeitkritische Pfade
Mit Blick auf die Betriebsfrequenz arbeitet eine Schaltung nur
dann einwandfrei, wenn bei Signalwechsel an irgendeinem Eingang
das gesamte Netzwerk aufgrund vorhergehender Ereignisse voll
eingeschwungen ist. Einzige Ausnahme bildet die passive Taktflanke, es sei denn, sie wird in bestimmten Schaltungsteilen
gleichzeitig als aktive Flanke verwendet. Die CAD/CAE Programme
berücksichtigen die relevanten Gatterlaufzeiten später bei der
Simulation zwar automatisch, doch kann man Design-Zeit gewinnen,
wenn zeitkritische Schaltungsteile von vornherein erkannt
werden.

Bild 5.10 zeigt als Beispiel eine Schaltung wie sie in parallel
ladbaren Schieberegistern zu finden ist. Das Flipflop FF1
braucht nach Eintreffen der aktiven Taktflanke eine bestimmte
Zeit, bis der übernommene Datenwert D1 an Q1 erscheint. Danach
durchläuft dieses Signal den Multiplexer SPS und den Inverter
INV, um als Signal D2 an den Dateneingang von FF2 zu gelangen.
Dessen Vorbereitungszeit (Setup-Time) muß noch abgewartet
werden, ehe die nächste Taktflanke eintreffen darf. Ein solcher
Signalweg ist immer dann als zeitkritisch anzusehen, wenn die
Summe aller relevanten Verzögerungszeiten die Taktperiode
erreicht.

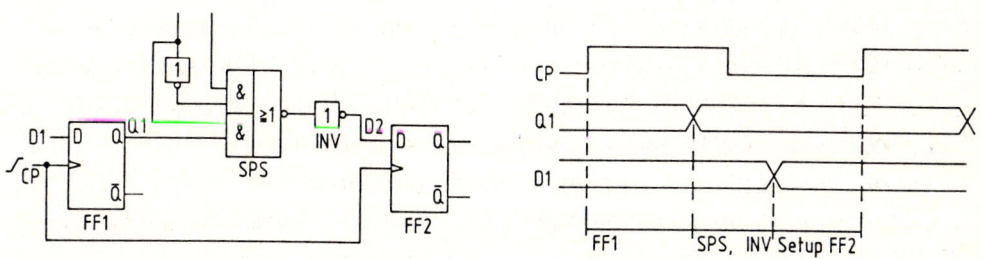

Bild 5.10. Beispiel eines zeitkritischen Pfades

Zur Untersuchung eines als zeitkritisch vermuteten Pfades findet
man die Verzögerungszeiten der einzelnen Makros in den Bibilio-
theken. Sie sind als Funktion der Ausgangslast und in Abhängigkeit von der Richtung des Signalwechsels angegeben. Einzusetzen
sind die höchstmöglichen Zeiten (Worst Case), die man entweder
aus der Bilbliothek direkt entnimmt oder aus den typischen
Werten mit Hilfe der Datenblattangaben berechnet. Hierbei setzt
man als Ausgangsbelastung (Fanout) die Zahl der angeschlossenen
Gatter ein und berücksichtigt die Verdrahtungskapazität durch
einen pauschalen Faktor von etwa 1,5 auf die Gatterzahl.

Ergibt die Analyse, daß tatsächlich ein zeitkritischer Pfad
vorliegt, bedeutet dies im einfachsten Falle die Wahl bzw.
Kombination anderer Makros. Es kann aber auch eine Änderung
des Schaltungskonzeptes oder das Ausweichen auf eine andere
ASIC-Familie bedeuten.

5.2.3 Netzwerkeingabe

Mit der Netzwerkeingabe beginnen die rechnergestützten Design-
phasen. Der nach dem Schaltungsdesign vorliegende integrations-
fähige Logikplan kann entweder alphanumerisch mit Hilfe eines
Editors oder unter Benutzung eines geeigneten Grafikprogrammes
auf einer Workstation eingegeben werden. Bei grafischer Eingabe
erfolgt die Generierung der Netzliste automatisch durch einen
Post-Prozessor.

Die Syntax der alphanumerischen Netzliste ist meist einfach,
so daß eine direkte Eingabe der Schaltung in den Rechner keine
Schwierigkeiten bereitet. Im Vergleich dazu erfordert die
grafische Eingabe die Benutzung eines spezielles CAE-Programms,
in das sich der Anwender vorher einarbeiten muß. Die Vorteile
dieser Methode sind jedoch so evident, daß sie sich weitgehend
durchgesetzt hat. Dem Systementwickler gibt sie die Möglichkeit,
aus schon bekannten und bewährten Softmakros durch Modifikation
auf dem Bildschirm immer wieder neue Makros zu definieren. Dies
spart Zeit und erhöht die Entwurfssicherheit. Außerdem gestattet

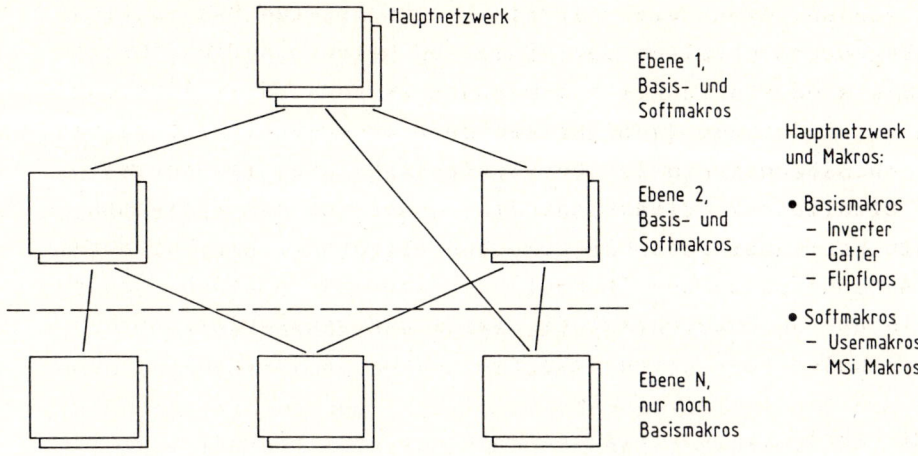

Bild 5.11. Hierarchischer Aufbau eines Netzwerkes

sie allen Betriebsstellen jederzeit den Zugriff auf die jeweils aktuelle Dokumentation.

Netzwerkeingabe und Simulation sollen am Designablauf eines Zufallsgenerators demonstriert werden. Hierzu sei angenommen, daß die Schaltung bereits auf Makro-Ebene vorliegt und alle Hinweise aus dem Abschnitt 5.2.2 berücksichtigt worden sind. Im nächsten Schritt ist die hierarchische Struktur des Netzwerkes festzulegen. Sie stellt die Übersichtlichkeit sicher und erleichtert die späteren Layout-Arbeiten. In Bild 5.11 besteht das Hauptnetzwerk aus mehreren Makros. In dieser ersten Hierarchie-Ebene werden dies neben einigen Basismakros vorzugsweise komplexe Softmakros sein. Letztere können aus Basismakros und aus Softmakros einer niedrigeren Hierarchie-Ebene bestehen, bis hin zur letzten Ebene N, die nur noch Basismakros enthalten darf. Die Zahl der Ebenen ist im Prinzip nicht begrenzt, die Praxis zeigt jedoch, daß die Übersichtlichkeit bei mehr als drei oder vier Ebenen nicht mehr zunimmt.

Der als Beispiel dienende Zufallsgenerator besteht aus drei anwendereigenen, aus Basismakros zusammengesetzten Softmakros und 14 Basismakros.

Die grafische Eingabe kann auf einer Workstation erfolgen.
Weit bekannt sind die Systeme von Daisy, Mentor und Sun, neben
denen von Control Data, Hewlett Packard, Siemens, Silvar-Lisco,
Valid usw. [5.10]. Zu jedem System gehören eigene Software-
Pakete, die mindestens die Netzlistenerzeugung sowie die Timing-
und Logiksimulation umfassen. Oft ist auch eine Fehlersimulation
und in einigen Fällen auch die Layout-Erstellung möglich.

Alternativ hierzu existieren eine Reihe von Konzepten auf PC-
Basis. Die Wahl einer solchen Lösung bietet sich besonders dann
an, wenn der Entwickler-Arbeitsplatz schon aus anderen Gründen
mit einem PC ausgerüstet ist oder werden soll. Die Hardware ist
preisgünstig, der finanzielle Aufwand für die Software bleibt
auch für die mittelständische Industrie in erträglichen
Grenzen. Dabei muß die Leistungsfähigkeit einer PC-Workstation
nicht geringer sein, in bestimmten Eigenschaften kann sie die
der vorher genannten Systeme sogar übertreffen.

Als Beispiel für die Arbeitweise einer PC-Workstation erfolgt
die grafische Eingabe der Schaltung des Zufallsgenerators auf
einem IBM-PC (AT 03, 640 KB Arbeitsspeicher, 20 MB Festplatte,
EGA-Karte) mit Hilfe des Grafikprogramms DASH4 von FutureNet,
einem Unternehmensbereich der Fa. DATA I/O. In gleicher Weise
wäre auch das Grafikprogramm DRAFT der Fa. OrCAD Systems Corp.
geeignet. Für die nachfolgenden Designarbeiten wird das Soft-
ware-Paket LESIM von Philips (Valvo) benutzt. Es umfaßt Post-
Prozessoren zur Erzeugung der Netzliste und Teilprogramme für
Netzwerklauf, Simulation, Fehlersimulation und Ergebnisanalyse.
Ein Vorteil von LESIM besteht auch darin, daß es kompatibel zu
den firmeneigenen Programmen auf der VAX der Philips Design
Zentren ist, so daß keine Transferprogramme erforderlich sind.

Bild 5.12 zeigt die eingegebene Schaltung als Ausdruck eines
Matrixdruckers. Die stark ausgezogenen Linien mit den Bezeichnungen R, N und CT bedeuten Leitungsbündel, deren Ein- und Aus-
fädelungen jeweils durch Ziffern gekennzeichnet sind. Die
Signalnamen ergeben sich aus der Zusammensetzung beider Teile,
für das Bündel R beispielsweise R2 bis R8. Eine weitere Beson-

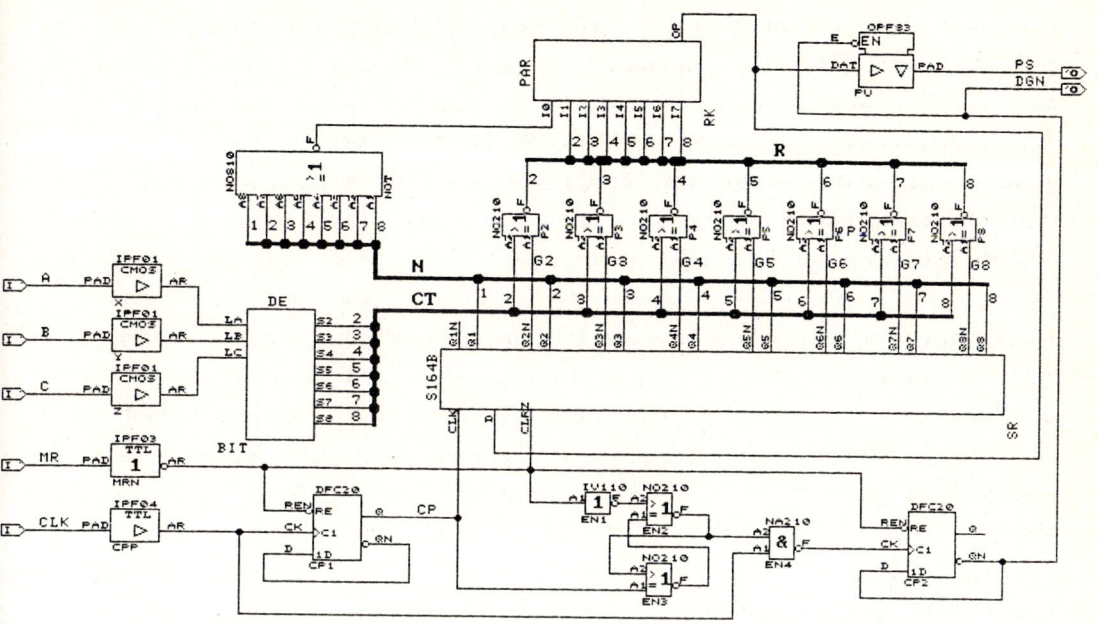

Bild 5.12. Schaltung zur Erzeugung von Pseudo-Zufallsfolgen

derheit liegt in der Namensgebung der Ausgangssignale bei
Makros, die nur einen Ausgang haben. Vergibt der Anwender keinen
eigenen Namen, setzt der Netzlisten-Prozessor automatisch den
Blocknamen ein. Das Ausgangssignal des NOR-Gatters NO810 mit dem
Blocknamen NOT heißt automatisch ebenfalls NOT, das des Blocks
PU dagegen PS.

Die Schaltung erzeugt Pseudo-Zufallsfolgen, wie sie zur Untersuchung von analogen und digitalen Systemen häufig benötigt
werden. Den Kern stellt das 8-Bit-Schieberegister S164B mit dem
Blocknamen SR dar, das über das anwendereigene Makro PAR (Block-
name RK) rückgekoppelt ist. Es enthält baumartig kaskadierte
Exklusiv-ODER-Gatter und wird am Ausgang nur dann HIGH, wenn die
Anzahl der auf HIGH oder LOW liegenden Eingangssignale ungerade
ist (Parity-Checker). Die wirksame Stufenzahl des Schieberegisters soll gemäß Aufgabenstellung zwischen drei und acht
einstellbar sein, so daß die Länge der nichtperiodischen Bitfolge sieben bis 255 bit betragen kann. Die Einstellung der

Tabelle 5.3. Wahl der Rückkopplungs-Anschlüsse und der
Kodierung der Stufenzahl

Stufenzahl		3	4	5	6	7	8
Schieberegister-		G3	G4	G5	G6	G7	G8,G7
Anschlüsse		G2	G3	G3	G5	G4	G5,G3
Kodierung der	A	L	L	H	H	H	H
Steuersignale	B	H	H	L	L	H	H
	C	L	H	L	H	L	H

L = LOW, H = HIGH

Stufenzahl erfolgt durch Steuerung der zwischen den Ausgängen
des Schieberegisters und den Eingängen der Rückkopplung liegenden NOR-Gatter P2 bis P8. Welche Gatter aktiviert werden, entscheiden die Eingangssignale A, B und C über eine Dekodier-
schaltung DE mit dem Blocknamen BIT. Auf jeden Fall benötigt man
immer den letzten Ausgang. Welche Ausgänge sonst noch mit der
Rückkopplungslogik verbunden werden müssen, hängt von der Länge
des Schieberegisters ab [5.11]. Tabelle 5.3 gibt die Lage der
Rückkopplungs-Anschlüsse und die Kodierung der Steuersignale an.

Ein NOR-Gatter ist offen, wenn der Kontrolleingang CT auf LOW
liegt. Dreistufiger Betrieb bedeutet somit CT2 = CT3 = LOW,
achtstufiger Betrieb CT3 = CT5 = CT7 = CT8 = LOW. Die Code-
wandlung leistet das anwendereigene Makro DE, wobei von den
acht möglichen Kombinationen der Steuersignale A,B,C zwei
ungenutzt bleiben. Wählt man sie dennoch, gehen alle Kontroll-
signale CT auf HIGH und sperren die NOR-Gatter. Bei der Simulation wird sich herausstellen, daß sich diese Zustände gut
für Testzwecke verwenden lassen.

Die Zufallsfolge kann an sich mit jedem beliebigem Anfangszustand beginnen, eine Ausnahme bildet lediglich der Rücksetz-
zustand des Schieberegisters. Die Q-Anschlüsse (Signale N1 bis

N8) und der Ausgang der Rückkopplungslogik (Signal RK) liegen
dann auf LOW, so daß ein Wechsel des Dateneingangs des Schieberegisters auf HIGH zu keinem Zeitpunkt mehr zustandekommen
kann. Ein solcher Zustand könnte während des Betriebs auch die
Folge einer Störung sein. Tritt er ein, gehen die Ausgänge des
NOR-Gatters NOT und der Rückkopplungslogik RK auf HIGH. Das
gleiche Signal liegt am Dateneingang des Schieberegisters und
sorgt für einen erlaubten Anfangszustand.

Die Zufallsfolge kann am Ausgang jeder in Betrieb befindlichen
Schieberegister-Stufe oder am Ausgang der Rückkopplungslogik
abgenommen werden. Dies ist in Bild 5.12 das Signal RK.

Der Schieberegister-Takt CP wird durch Frequenzteilung des externen Taktes CLK im Block CP1 gewonnen. Gleichzeitig gelangt
das invertierte Signal CLK an einen zweiten Frequenzteiler CP2,
so daß ein weiterer, um 90° gegen CP verschobener Takt entsteht.
Dieser Takt läßt das Ausgangssignal RK nur während der passiven
Flanke von CP zum Anschluß PS gelangen (DGN = LOW). In der
übrigen Zeit geht PS in den Tristate-Zustand, so daß Umschalt-
impulse auf den Signalen NOT und RK als Folge der aktiven Taktflanke von CP unterdrückt werden.

Der externe Takt CLK erreicht das Flipflop CP2 über ein inver-
tierendes NAND-Gatter (EN4), dessen zweiter Eingang vom RS-
Flipflop EN2/EN3 angesteuert wird. Diese Einrichtung hält den
Ausgang PS während des Rücksetzens und bis zur ersten aktiven
Flanke des Taktes CP im Tristate-Zustand. Die Schaltung arbeitet
auf diese Weise - z.B. nach dem Rücksetzen - unabhängig von der
Phasenlage des externen Taktes CLK.

Bild 5.13 zeigt den Aufbau der drei anwendereigenen Makros DE,
PAR und S164B. Das letztgenannte verdient besondere Beachtung,
da es aus dem in der Bibliothek enthaltenen MSI-Makro S164 durch
Modifikation am Bildschirm hervorgegangen ist, ein Vorteil, den
in dieser Form nur die grafische Eingabe bietet.

Die gesamte Logik ist in NOR- bzw. NAND-Technik aufgebaut, um

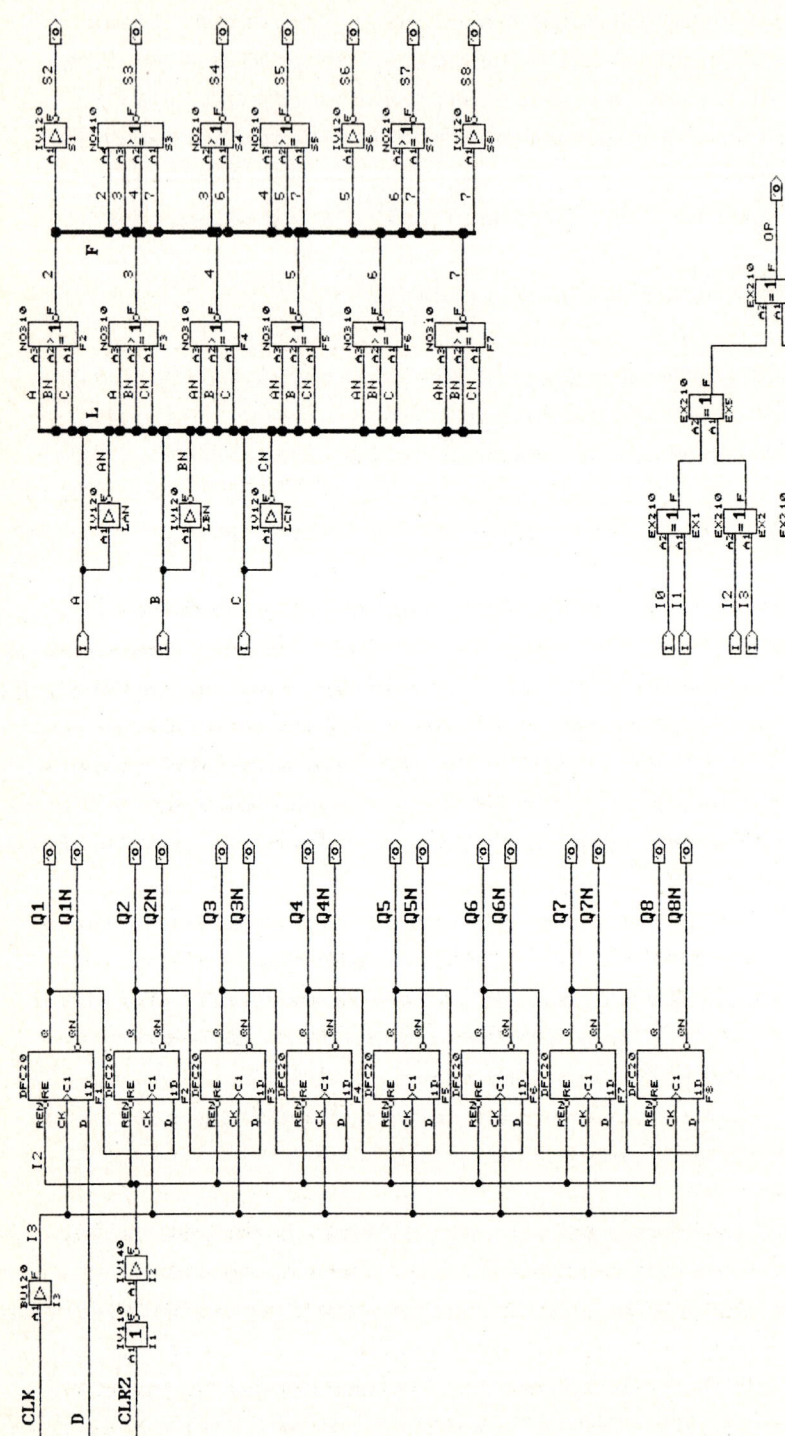

Bild 5.13. Die anwendereigenen Makros DE, PAR und S164B

gemäß Abschnitt 5.2.2.1 Chipfläche und Verzögerungszeiten zu
minimieren.

Die Kommunikation mit der Außenwelt übernehmen die Peripherie-
Schaltungen IPF01, IPF03, IPF04 (mit den Blocknamen X, Y, Z,
MRN, CPP) sowie der schon erwähnte Tristate-Ausgang OPF83 (PU),
der einen maximalen Strom von 8 mA zuläßt.

Nach Abschluß der grafischen Eingabe erzeugt ein Post-Prozessor
die Netzliste. Damit verbunden ist eine umfangreiche Prüfung,
deren Ergebnis in einem Protokoll erscheint, das etwaige Fehler
bzw. Warnungen nicht kodiert, sondern im Klartext ausgibt. Der
Prozessor untersucht die Schaltung u.a. auf Kurzschlüsse, offene
Ein- und Ausgänge und richtige Bezeichnung der Signale,

Die Netzliste ist zusammen mit einem Ausschnitt der Makro-
Definitionen in Bild 5.14 wiedergegeben. Zwischen den Schlüssel-
wörtern NETSTART und NETEND findet sich ganz links eine Liste
mit allen im Netzwerk vorkommenden Blocknamen. In der nächsten
Spalte sind die zugehörigen Makronamen und danach die Eingangs-
und Ausgangs-Signallisten eingetragen. Kommt ein Signal in einer
Liste mehrfach vor, bedeutet dies, daß es bei dem betreffenden
Makro mehrfach angeschlossen werden muß. Solche Verbindungen
sind in der Bibliothek nicht abgespeichert, weil sie aus Platz-
gründen nicht innerhalb der Zellen-Reihen verlaufen können.
Vielmehr werden sie, wie die anwenderspezifischen Verbindungen,
vom Layout-Programm in den benachbarten Verdrahtungskanälen
angeordnet.

Kommt das gleiche Signal sowohl in einer Eingangs- als auch in
einer Ausgangs-Signalliste vor, erkennen die im Design-Ablauf
nachfolgenden LESIM-Programme eine elektrische Verbindung. Der
Aufbau der Netzliste und damit deren Interpretation ist also
relativ einfach.

Das in den Makro-Definitionen erscheinende Symbol Z steht als
Platzhalter für den aktuellen Blocknamen, der bei Verwendung des
Makros in der Netzliste automatisch an dessen Stelle trill. Der

```
*********************** Drawing PAR        ***********************
*
 MACRO
Z               PAR         I(I1,I0,I3,I2,I5,I4,I7,I6) O(OP)
Z.EX1           EX210       I(I1,I0) O(Z.EX1)
Z.EX5           EX210       I(Z.EX2,Z.EX1) O(Z.EX5)
Z.EX2           EX210       I(I3,I2) O(Z.EX2)
Z.EX7           EX210       I(Z.EX6,Z.EX5) O(OP)
Z.EX3           EX210       I(I5,I4) O(Z.EX3)
Z.EX6           EX210       I(Z.EX4,Z.EX3) O(Z.EX6)
Z.EX4           EX210       I(I7,I6) O(Z.EX4)
 MEND
*

*********************** Drawing S164B       ***********************
*
 MACRO
Z               S164B       I(CLK,D,CLRZ) O(Q1,Q1N,Q2,Q2N,Q3,Q3N,Q4,
# Q4N,Q5,Q5N,Q6,Q6N,Q7,Q7N,Q8,Q8N)
Z.I3            BU120       I(CLK) O(Z.I3)
Z.F1            DFC20       I(Z.I3,Z.I3,Z.I2,Z.I2,Z.I2,D) O(Q1,Q1N)


*********************** Drawing DE         ***********************
*
 MACRO
Z               DE          I(LA,LC,LB) O(S2,S3,S4,S5,S6,S7,S8)
Z.LAN           IV120       I(LA) O(Z.LAN)
Z.F2            NO310       I(LC,Z.LBN,LA) O(Z.F2)


*********************** Drawing ZG         ***********************
*
 NETSTART
RK              PAR         I(R2,NOT,R4,R3,R6,R5,R8,R7) O(RK)
PU              OFF83       I(RK,DGN,RK,DGN,RK,DGN,RK,DGN) O(PS)
NOT             NO810       I(N8,N7,N6,N5,N4,N3,N2,N1) O(NOT)
P2              NO210       I(G2,CT2) O(R2)
P3              NO210       I(G3,CT3) O(R3)
P4              NO210       I(G4,CT4) O(R4)
P5              NO210       I(G5,CT5) O(R5)
P6              NO210       I(G6,CT6) O(R6)
P7              NO210       I(G7,CT7) O(R7)
P8              NO210       I(G8,CT8) O(R8)
X               IFF01       I(A) O(X)
BIT             DE          I(X,Z,Y) O(CT2,CT3,CT4,CT5,CT6,CT7,CT8)
Y               IFF01       I(B) O(Y)
SR              S164B       I(CP,RK,MRN) O(N1,SR,N2,G2,N3,G3,N4,G4,
# N5,G5,N6,G6,N7,G7,N8,G8)
Z               IFF01       I(C) O(Z)
MRN             IFF03       I(MR) O(MRN)
EN1             IV110       I(MRN) O(EN1)
EN2             NO210       I(EN3,EN1) O(EN2)
CP1             DFC20       I(CPP,CPP,MRN,MRN,MRN,CP1) O(CP,CP1)
CP2             DFC20       I(EN4,EN4,MRN,MRN,MRN,DGN) O(CP2,DGN)
CPP             IFF04       I(CLK) O(CPP)
EN4             NA210       I(CPP,EN2) O(EN4)
EN3             NO210       I(CP,EN2) O(EN3)
 NETEND
*
********************* Primary inputs and outputs *********************
*
 NETIN  A,B,C,MR,CLK
 NETOUT DGN,PS
```

Bild 5.14. Netzliste des Zufallsgenerators. Die Definitionen der User-Makros S164B und DE sind nur im Ausschnitt wiedergegeben

übrige Aufbau der Makro-Beschreibungen entspricht dem der Netzliste.

Wenn eine fehlerfreie Netzliste vorliegt, kann als Vorbereitung
der Simulation der Netzwerklauf aufgerufen werden. Das entsprechende LESIM-Programm prüft auf Syntax- und Schaltungsfehler
und auf Einhaltung des maximal zulässigen Fanouts. Außerdem löst
es alle Makros bis auf Gatterebene auf. Man bezeichnet diesen
Vorgang auch als Expandierung und spricht von einem "flachen"
Netzwerk, das keine hierarchische Struktur mehr besitzt. Außerdem berechnet und speichert das Programm für jedes Basismakro,
in Abhängigkeit vom jeweiligen Fanout, die kürzesten, die
typischen und die längsten Verzögerungszeiten. Auf diese Werte
greift später das Simulationsprogramm zu. Dabei kann das Fanout
auch unter Berücksichtigung der kapazitiven Belastung durch die
Verdrahtung berechnet werden. Ist dieser Einfluß noch nicht
bekannt, läßt sich ein Faktor eingeben, mit dem die Zahl der angeschlossenen Gatter pauschal multipliziert wird.

Eine wichtige Information aus dem Netzwerklauf ist die Zahl der
äquivalenten Gatter, die das Netzwerk bezüglich seines Platz-
bedarfs auf dem Chip repräsentiert. Für den Zufallsgenerator ermittelt das Programm 167 äquivalente Gatter. Es benötigt für den
gesamten Netzwerklauf 12 s.

5.2.4 Simulation

Die Integration einer Schaltung erfordert eine hohe Entwurfssicherheit. Ein späteres Redesign, insbesondere bei einem Gate
Array, ist zwar zu relativ niedrigen Kosten möglich, doch läßt
sich der Zeitaufwand wegen der Anfertigung neuer Verdrahtungs-
Masken nicht beliebig klein halten. Die Simulation ist deshalb
eine wichtige und auch kreative Phase im Ablauf eines Gate
Array- oder Standardzellen-Design. Aufgabe des System-Entwick-
lers ist es, Testsignale (Stimuli) zu beschreiben, mit denen
die Eingänge des die Schaltung nachbildenden Software-Modells
beaufschlagt werden sollen. Dies können beliebige Signalmuster

sein, insbesondere auch solche, die Situationen erfassen, die im
System normalerweise nicht vorkommen, dennoch aber denkbar sind.

Das Simulations-Programm ermittelt die Reaktion an jedem gewünschten Schaltungsknoten und speichert sie in einer Ergebnis-
Datei ab. Alle Signalmuster können zusammen mit der Zeitachse
in alphanumerischer Form oder als Impulsdiagramm ausgedruckt
oder auf dem Bildschirm dargestellt werden. Der Vergleich mit
der Spezifikation zeigt dann, ob die Schaltung wie gewünscht
arbeitet. Dabei sollte die Spezifikation möglichst alle im
Gesamtsystem vorkommenden Situationen beschreiben. Je mehr
Sorgfalt der Systementwickler an dieser Stelle aufwendet, desto
sicherer vermeidet er ein späteres Redesign. Denn bei der
nachfolgenden Umsetzung des Entwurfs in eine integrierte
Schaltung sind nur noch CAD/CAE-Programme beteiligt, so daß
Fehler dort selten auftreten und kaum einen Grund für ein Redesign bilden.

Viele Entwickler bauen aus TTL- oder CMOS-4000-Bausteinen einen
Prototypen (Breadboard) auf und prüfen damit das Zusammenspiel
im Gesamtsystem. Diese Methode kann jedoch nur eine Funktions-
prüfung sein. Der Einfluß von Bauelemente-Toleranzen, Temperatur
und Verzögerungszeiten läßt sich so nicht untersuchen, da sich
die integrierte Schaltung völlig anders als der diskrete Aufbau
verhält. Messungen an einem Breadboard können deshalb die
Simulation nicht ersetzen.

Komplexe Netzwerke wird man am Anfang nicht vollständig simulieren. Vielmehr empfiehlt sich eine Aufteilung in überschaubare
Blöcke, die man getrennt bearbeiten kann. Erst am Schluß fügt
man sie zusammen und führt die vollständige Simulation durch.

Der Simulationslauf generiert wahlweise auch die Testpattern für
den Hardware-Test. Man hat deshalb streng zwischen den Stimuli
für die Funktions-Prüfung und denen für die Erzeugung der Testpattern zu unterscheiden. Sie können völlig unterschiedlich
sein und auch von zwei verschiedenen Entwicklern erarbeitet
werden. Im ersten Falle geht es ausschließlich um das Austesten

der vom Anwender gewünschten Funktion, während beim Aufstellen
der Signalmuster für den Hardware-Test eine möglichst vollständige Fehlerüberdeckung bei möglichst kurzer Testzeit im Vordergrund steht.

Als Beispiel dient der im Abschnitt 5.2.3 vorgestellte Zufallsgenerator. Bei der ersten Simulation steht die Funktion im
Vordergrund, d.h. es soll geprüft werden, ob die Schaltung bei
Einstellung des Schieberegisters auf drei bis acht Stufen auch
wirklich Zufallsfolgen mit den jeweils entsprechenden Längen
erzeugt. So soll die Signalbeschreibung für den Funktionstest
in Bild 5.15 eine 7-Bit-Zufallsfolge bewirken. Sie dauert nach
dem Rücksetzen (RESET) noch für vier Takte an, dann aber wird
ohne Rücksetzen auf vierstufigen Betrieb umgeschaltet. Die
15-Bit-Folge soll zweimal durchlaufen werden, um zu prüfen, ob
sie sich periodisch wiederholt. In ähnlicher Weise kann die
Signalbeschreibung bis zum achtstufigen Betrieb ausgedehnt
werden.

Das erste Schlüsselwort im Testsignal-File ist STAB (Stability).
Ändert sich irgendein Eingangssignal, prüft der Simulator an
allen Schaltungsknoten, ob die Signalwechsel, die aufgrund eines
vorhergehenden Ereignisses ausgelöst worden sind, voll abgeschlossen sind, ob also Stabilität herrscht. Mit dem Schlüsselwort TRAC (Transition Check) ermittelt das Programm alle
Signale, die während der Simulation keinen Signalwechsel erfahren haben. Dieser Test ist besonders für die Frage des Fehlerüberdeckungsgrades wichtig (Abschnitt 5.2.5).

Im P-Befehl sind alle Signale aufgelistet, deren Verhalten im
Ergebnis-File erscheinen soll. Dabei bewirken zusätzliche
Komma-Zeichen entsprechend größere Spaltenabstände im alpha-
numerischen Ausdruck.

Für das Rücksetzen wurde hier eine Subroutine RESET geschrieben.
Im S-Befehl (Sequence) beginnt das Signal MR mit HIGH, wechselt
nach 200 ns auf LOW und verharrt in diesem Zustand. Der nach-

folgende SU-Befehl (Simulate Until) besagt, daß die davor eingegebene Anweisung für 400 ns gelten soll.

Bei den Zahlenangaben handelt es sich im Grunde um Zeitschritte,
doch ist der LESIM-Simulator so eingerichtet, daß bei der
Stimuli-Eingabe ein Zeitschritt immer eine Nanosekunde bedeutet.
Davon unabhängig ist die Auflösung, mit der beim Simulationslauf
die Verzögerungszeiten berechnet werden. Diese ist in Stufen bis
auf 0,01 ns herab bei jedem Programmaufruf erneut wählbar.

Die eigentliche Stimuli-Beschreibung beginnt mit der Initiali-
sierung. Im Software-Modell sind im Gegensatz zur realen
Schaltung zum Zeitpunkt Null alle internen Signale und die Signale aller Ausgänge unbekannt. Die erste Aufgabe besteht deshalb
immer darin, ein Eingangs-Signalmuster einzugeben, das alle
Schaltungsknoten in möglichst kurzer Zeit in einen definierten
Zustand versetzt. Dies geschieht hier mit Hilfe des IT-Befehls
(Initialize To), der die fünf Eingänge des Zufalls-Generators in
die vor der Klammer aufgelisteten Zustände bringt. Sind mehr
Signale als Zustände vorhanden, werden sie automatisch in den
zuletzt genannten Zustand gesetzt. In gleicher Weise wirkt der
ST-Befehl (Set To), der nach 200 ns das Signal MR wieder auf
LOW zurückbringt.

Der externe Takt CLK bekommt eine Periodendauer von 400 ns, der
daraus abgeleitete interne Takt CP hat dementsprechend eine
Länge von 800 ns. Am Anfang des Funktionstests empfiehlt es
sich, Takt- und Datenraster zeitlich gleich zu wählen, um das
Netzwerk überhaupt erst einmal in Betrieb zu nehmen. Die Daten
an A,B,C und MR werden deshalb im Raster des internen Taktes
geändert. Allerdings mit einer Phasenverschiebung, damit Änderungen nicht mit Taktflanken zusammentreffen und außerdem nur
dann auftreten, wenn sich der Ausgang im Tristate-Zustand
befindet.

Das zu den Stimuli aus Bild 5.15 gehörende Impulsdiagramm in
Bild 5.16 macht die getroffenen Maßnahmen deutlich und zeigt den
gewünschten Verlauf. Die Schaltung erreicht schnell einen defi-

```
**********************************************************
*        PROJEKT:       ZUFALLSGENERATOR                 *
*        VERSION:       8.8                               *
*        BEARBEITER:    B.BEISPIEL                        *
*        DATUM:         8.8.88                            *
**********************************************************
 STAB
 TRAC
 P       .,CLK,CP,DGN,,MR,,EN2,EN4,,,A,B,C,,PS,RK,,,
 #       R2,R3,R4,R5,R6,R7,R8,,NOT,,,,
 #       CT2,CT3,CT4,CT5,CT6,CT7,CT8,,,,
 #       N1,N2,N3,N4,N5,N6,N7,N8
**********************************************************
*    SUBROUTINE
**********************************************************
         SUB     RESET
         S       1(200)MR
         SU      TIME=*+400
         END
**********************************************************
*    INITIALISIERUNG
**********************************************************
 PC       INITIALISIERUNG'
 IT      1011(A,B,C,MR,CLK)
 SU      TIME=*+200
 ST      0(MR)
 SU      TIME=*+100
**********************************************************
*    FUNKTIONSTEST
**********************************************************
 S       1(100,300,400,ETC)CLK
 SU      TIME=*+200
 PC      'SCHIEBEREGISTER DREISTUFIG, 1 PERIODE'
 ST      010(A,B,C)
 SU      TIME=*+5600
 CALL    RESET
 PC      'NOCH WEITERE 4 CP-TAKTE IM DREISTUFIGEN BETRIEB'
 *       KEIN WECHSEL DER KONTROLLSIGNALE A,B,C
 SU      TIME=*+3200
 PC      'SCHIEBEREGISTER VIERSTUFIG, 2 PERIODEN'
 ST      011(A,B,C)
 SU      TIME=*+24000
 CALL    RESET
**********************************************************
 F
**********************************************************
```

Bild 5.15. Stimuli für die Funktion des Zufalls-Generators

nierten Zustand, erkennbar am Verschwinden der Dreifach-Balken im gedehnten Anfangsteil des Impulsdiagramms, außerdem haben Taktraster TR und Datenraster DR die zuvor geforderte Lage.

Die Initialisierung ist nicht immer so einfach. Bei parallel ladbaren Schieberegistern z.B. verwendet man Flipflops ohne Rücksetzeingang. Um sie in einen definierten Zustand zu bringen, muß ein parallel anstehendes Bitmuster durch einen Taktimpuls übernommen werden.

190

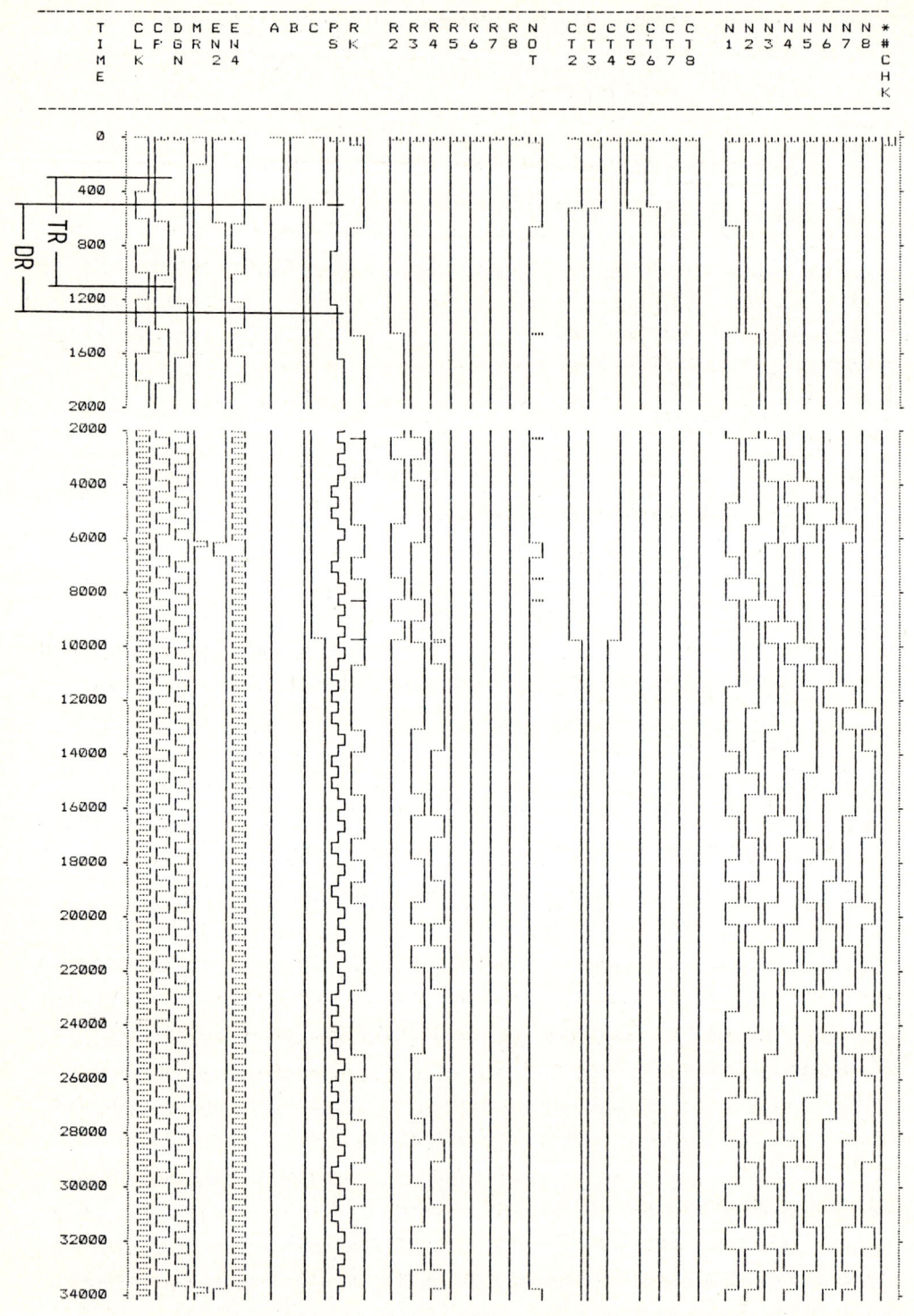

Bild 5.16. Impulsdiagramm als Ergebnis einer Simulation mit
den Stimuli aus Bild 5.11. TR = Taktraster,
DR = Datenraster

Der LESIM-Simulationslauf kann mit den kürzesten, den typischen
oder den längsten Verzögerungszeiten durchgeführt werden. Man
bezeichnet diese Fälle als BC (Best Case), NC (Nominal Case) und
WC (Worst Case), wobei das Programm die Einflußgrößen wie folgt
berücksichtigt:

BC: Halbleiter-Prozeß mit kürzesten Zeiten,
    höchste Spannung, niedrigste Temperatur
NC: Nominalwerte für alle Größen
WC: Halbleiter-Prozeß mit längsten Zeiten,
    niedrigste Spannung, höchste Temperatur

Darüberhinaus kann der Anwender eigene Werte für Temperatur und
Spannung eingeben, sofern sie von der Spezifikation der gewählten Technologie gedeckt werden.

Die Stimuli in Bild 5.15 beschränken sich auf vierstufigen
Betrieb, so daß einige Signale unbewegt bleiben. Die Simulator-
Antwort findet sich wie nach einem Netzwerklauf im Protokoll
LESIM.ERR. Bild 5.17a zeigt einen Ausdruck.

Die Stabilitätsmeldungen in Bild 5.17b gehören zu einem anderen
Projekt und sollen nur die Art des Ausdrucks zeigen. Sie bezie-
hen sich auf einen Ausgang QN und einige Signale innerhalb von
Basismakros. Außerdem sind die Vorbereitungszeit (Setup time)
und die Haltezeit (Hold time) an einem Dateneingang sowie die
erforderliche Taktimpuls-Breite nicht eingehalten.

Weitere Untersuchungen am Zufallsgenerator müßten sich auf die
Erweiterung bis zum achtstufigen Betrieb, auf die Phasenlage
von CLK und die Ermittlung der maximalen Betriebsfrequenz be-
ziehen. In dieser Phase ist der Designer völlig frei, so daß

```
Message(s) from simulator at timeslot 34100

    TRAC.........Signals without 1-0 transition:
    List is blank

    TRAC.........Signals without 0-1 transition:
    R6              R5              R8              R7              RK.EX6
    RK.EX3          RK.EX4          CT3             CT4             A
    X               BIT.LBN         BIT.F4          BIT.F5          BIT.F6
    BIT.F7          @8              @10             @12             @14
    End of list

    TRAC.........Signals without any transition:
    CT7             CT8             @9              @11             @13
    End of list
```

a)

```
Message(s) from simulator at timeslot 206

    STAB.........Unstable signals :
      @1
    End of list
    Setup time    10 violated from data D

Message(s) from simulator at timeslot 208

    STAB.........Unstable signals :
      @2
    End of list
    Hold time     2 violated from data D

Message(s) from simulator at timeslot 216

    STAB.........Unstable signals :
    QN              @6
    End of list
    Pulse width was <=   12 for clock CP
```

b)

Bild 5.17. Protokoll LESIM.ERR, a) fehlende Signalwechsel,
b) Nichteinhaltung zeitlicher Abstände

Datenänderungen auch zu beliebigen Zeitpunkten vorgenommen
werden können. Bei der abschließenden Funktions-Simulation sind
jedoch folgende Regeln zu beachten:

- Initialisierung in möglichst kurzer Zeit
- Berücksichtigung der kapazitiven Last durch die Verdrahtung
  (Einführung dieses Zusatz-Fanout beim Netzwerklauf, siehe
  Abschnitt 5.2.3)

- Beachtung der maximalen Gatterlast der einzelnen Makros
  (meldet der Netzwerklauf)
- Beachtung der externen kapazitiven Last an den Ausgängen
- Einhaltung vorgegebener Grenzen für Vorbereitungs-, Halte-
  und Impulszeiten (meldet der Simulationslauf)
- Vermeidung des Floatens von Bussen.

Würde man die bisher betrachtete, auf acht Stufen erweiterte
Simulationsanweisung für den Funktionstest auch zur Ableitung
der Testpattern für den Hardware-Test verwenden, käme man auf
mehr als 10^3 Eingangs-Signalmuster. Arbeitet der Tester z.B. mit
einem Takt von 1 μs, müßte man allein für die 167 äquivalenten
Gatter des Zufallsgenerators eine Testzeit von 1 ms aufwenden.

Für einen effizienten Hardware-Test muß die Zahl der Testpattern
so klein wie möglich sein. Sie entstehen aus den Stimuli durch
ein Programm, das als Testpattern nur die Signalmuster an den
primären Eingängen und deren Reaktion an den primären Ausgängen
berücksichtigt. Zusätzlich werden die Zeiten ermittelt, die das
Netzwerk jeweils bis zum Erreichen eines stabilen Zustandes
maximal benötigt. Maßgebend für das Aufstellen der hier relevanten Stimuli ist also nicht die Funktion, sondern die Frage,
welche Vorgänge ablaufen müssen, damit die Makros wenigstens
einmal in jeden möglichen Zustand gebracht werden. Ein ladbares
4-Bit-Schieberegister z.B. wird man nicht testen, indem man
nacheinander alle 16 Bitmuster einliest, vielmehr genügt es,
wenn alle Flipflops einmal den LOW- und einmal den HIGH-Zustand
übernehmen und danach der Schiebemodus simuliert wird.

Außer den für die Funktions-Simulation gültigen Gesichtspunkten
gelten für die Testpattern noch folgende Regeln:

- Zahl der Testpattern so klein wie möglich halten
- Alle Knoten müssen mindestens einen Signalwechsel erfahren
- Keine Datenänderungen zur Zeit von aktiven oder passiven
  Taktflanken, am besten Wahl zeitlich gleicher, jedoch phasen-
  verschobener Takt- und Datenraster.
- Mehrere Datenwechsel nur dann zur gleichen Zeit, wenn vom

Tester herrührende, unterschiedliche Einstell-Verzögerungen
keinen Einfluß auf das Verhalten der Schaltung haben
- Die Reaktion an den Ausgängen muß für die Simulation mit
  den kürzesten und längsten Zeiten identisch sein,
- Der Fehlerüberdeckungsgrad sollte möglichst hoch sein
  (Abschnitt 5.2.5)

Die Stimuli in Bild 5.18 bilden die Basis für den Hardware-Test
des Zufallsgenerators. Dem Konzept liegt die Überlegung zu-
grunde, in jeder Betriebsart so viel Takte wirken zu lassen wie
Stufen vorhanden sind. Das galt ursprünglich auch für die beiden
letzten Stufen, jedoch zeigte die Fehlersimulation später, daß
fünf bzw. zwei Takte ausreichen. Eine weitere Konsequenz war die
Prüfung des Signals N8 durch Sperrung aller Gatter N2 bis N8.
Ohne diese Maßnahme hätte man im achtstufigen Betrieb die volle
Taktzahl (255!) vorsehen müssen. Die Zahl der Testpattern konnte
so von mehr als eintausend auf 150 verringert werden, dennoch
beträgt der Fehlerüberdeckungsgrad 100 %.

Die Simulation mit den Stimuli aus Bild 5.18 benötigt auf der
PC-Workstation etwa 2 s und verläuft ohne Fehlermeldungen oder
Warnungen. Die daraus erkennbare hohe Geschwindigkeit des LESIM-
Simulators ergibt z.B. bei Netzwerken mit etwa 10000 äquiva-
lenten Gattern eine Simulationszeit von weniger als 5 min.

Abschließend sei bemerkt, daß die Befehlssätze der meisten Ein-
gabesprachen auch noch komplexere Befehle enthalten, z.B. die
Behandlung von Variablen und die Bildung von Programmschleifen.
So hätte man für den Takt eine Subroutine mit einer darin enthaltenen Schleife bilden können:

```
      SUB    TAKT
      SETV   N,0                  (Setzen der Variablen N = 0)
LOOP  S      1(100,300,400)CLK
      SU     TIME=*+400
      INCR   N,1                  (Erhöhung von N um +1)
      IFV    N<M  GT  LOOP        (Rücksprung solange N<M)
      END
```

```
****************************************************************
*         PROJEKT:      ZUFALLSGENERATOR                       *
*         VERSION:      8.8                                    *
*         BEARBEITER:   B.BEISPIEL                             *
*         DATUM:        8.8.88                                 *
****************************************************************
  STAB
  TRAC
  P       ,,CLK,CP,DGN,,MR,,EN2,EN4,,,,A,B,C,,FS,RK,,,
  #       R2,R3,R4,R5,R6,R7,R8,,NOT,,,,,
  #       CT2,CT3,CT4,CT5,CT6,CT7,CT8,,,,
  #       N1,N2,N3,N4,N5,N6,N7,N8
****************************************************************
*     SUBROUTINE
****************************************************************
            SUB     RESET
            S       1(200)MR
            SU      TIME=*+400
            END
****************************************************************
*     INITIALISIERUNG
****************************************************************
  PC      'INITIALISIERUNG'
  IT      1011(A,B,C,MR,CLK)
  SU      TIME=*+200
  ST      0(MR)
  SU      TIME=*+100
****************************************************************
*     STIMULI ALS BASIS FUER HARDWARE-TEST
****************************************************************
  S       1(100,300,400,ETC)CLK
  SU      TIME=*+200
  PC      'SCHIEBEREGISTER DREISTUFIG, 3 TAKTE'
  ST      010(A,B,C)
  SU      TIME=*+2400
  PC      'SCHIEBEREGISTER VIERSTUFIG, 4 TAKTE'
  ST      011(A,B,C)
  SU      TIME=*+3200
  PC      'SCHIEBEREGISTER FUENFSTUFIG, 5 TAKTE'
  ST      100(A,B,C)
  SU      TIME=*+4000
  PC      'SCHIEBEREGISTER SECHSSTUFIG, 6 TAKTE'
  ST      101(A,B,C)
  SU      TIME=*+4800
  PC      'SCHIEBEREGISTER SIEBENSTUFIG, 5 TAKTE'
  ST      110(A,B,C)
  SU      TIME=*+4000
  PC      'SCHIEBEREGISTER ACHTSTUFIG, 2 TAKTE'
  ST      111(A,B,C)
  SU      TIME=*+1600
  CALL    RESET
****************************************************************
  PC      'PRUEFUNG N8'
  ST      000(A,B,C)
  SU      TIME=*+6400
  CALL    RESET
****************************************************************
  F
****************************************************************
```

Bild 5.18. Stimuli als Basis für den Hardware-Test

Der Aufruf

```
SETV    M,5
CALL    TAKT
```

würde beispielsweise bedeuten, daß der Simulator fünf Takte
erzeugt und erst danach den nächsten Befehl bearbeitet.

5.2.5 Fehlersimulation in der Praxis

Die Forderung nach einem Hardware-Test, der möglichst alle
Fehler aufdeckt, hat zur Entwicklung von Fehlersimulatoren geführt. Das für die PC-Workstation bei Philips (Valvo) erhält-
liche Programm SIMFLT ist Teil des LESIM-Paketes und zielt in
zwei Richtungen. In einem ersten Durchgang leitet es aus den bei
der Simulation benutzten Stimuli die Testpattern für den Hardware-Test ab. Hierbei werden nur die an den Anschlußstiften zugänglichen Signale abgespeichert, alle anderen werden ignoriert.
Außerdem ermittelt das Programm die Zeit zwischen dem Anlegen
eines neuen Eingangs-Signalmusters und dem Erreichen des neuen
stabilen Signalzustandes an den Ausgängen. Die so generierten
Testpattern müssen den im Abschnitt 5.2.4 genannten Bedingungen
genügen. Deren Erfüllung untersucht der Fehlersimulator im
gleichen Lauf.

Im zweiten Durchgang erfolgt die eigentliche Fehlersimulation.
Die dabei angewandte Stuck-at-Methode geht davon aus, daß sich
die in der Praxis vorkommenden Fehler so auswirken, als ob bestimmte Signale innerhalb der Schaltung auf einem festen Potential gehalten würden. So setzt das Programm jeden Knoten einmal
auf LOW und dann auf HIGH, führt jedesmal eine Simulation durch
und stellt fest, ob das Ausgangs-Signalmuster Abweichungen zum
Ergebnis einer ungestörten Simulation zeigt. Ist dies der Fall,
wird ein fehlerhaftes Verhalten des betreffenden Knotens im
Hardware-Test entdeckt. Das Verhältnis zwischen entdeckbaren
und unentdeckbaren Fehlern bezeichnet man allgemein als Fehlerüberdeckungsgrad. Er sollte möglichst 100 %, mindestens aber
85 % betragen. Diese Werte gelten für Fehlersimulatoren, die

nach dem Haftfehler-Modell arbeiten und dabei nicht nur die Ausgänge, sondern auch sämtliche Eingänge untersuchen. Werden lediglich die Ausgänge mit Haftfehlern belegt, sollte ein Fehlerüberdeckungsgrad von 97 % angestrebt werden (Abschnitt 6). Im Einzelfall ist das Ausfallrisiko gegen den Aufwand abzuwägen, den man zur Verbesserung des Fehlerüberdeckungsgrades treiben muß.

Benutzt man die Stimuli aus Bild 5.18, erhält man ein Ergebnis, das ausschnittsweise in Bild 5.19 dargestellt ist. Der Fehler-überdeckungsgrad erreicht mit nur 150 Testpattern 100 %. Außerdem zeigt die Grafik die Wirksamkeit der einzelnen Testpattern, wobei die Zahl der Pattern, die den Fehlerüberdeckungsgrad nicht direkt erhöhen, möglichst klein sein soll. Die Grafik führte im Beispiel des Zufallsgenerators zur Reduzierung der Taktzahl im sieben- und achtstufigen Betrieb (Abschnitt 5.2.4).

In keinem Fall kann man jedoch erwarten, daß jedes einzelne Eingangs-Signalmuster einen Beitrag zum Fehlerüberdeckungsgrad liefert. Einige Pattern werden immer erforderlich sein, um den jeweils nächsten Sprung in der Grafik überhaupt erst möglich zu machen. Das gilt z.B. für die passiven Taktflanken. Auch die Stagnation zwischen Pattern-Nr. 111 und 141 ist als Vorbereitung der Prüfung des Signals N8 unvermeidbar.

Das Festhalten eines Knotens auf HIGH oder LOW kann beim Ablauf der Fehlersimulation nur während der Zeitabschnitte entdeckt werden, in denen sich das fehlerfreie Signal im jeweils ent-gegengesetzten oder im Tristate-Zustand befindet. Hier liegt der Grund für die Forderung, daß die Testpattern jeden Knoten im Verlauf der Simulation mindestens einmal zu einem Wechsel der am Knoten möglichen Signale veranlassen.

Für den Fehlerzustand HIGH der Signale N1 bis N8 ist der Test z.B. gleich nach dem Rücksetzen möglich, da alle Knoten den Sollzustand LOW aufweisen und Abweichungen hiervon am primären Ausgang PS sichtbar werden. Daher rührt der große Sprung des

1. RUN CONDITIONS:

NAME OF NETWORK FILE	= ZG.BIN
NAME OF STIMULI FILE	= ZG.SCL
SIMULATION MODE	= EXHAUSTIVE
POTENTIAL DETECTION THRESHOLD	= OFF
FAULT SIMULATION RUN	= SERIAL
ELAPSED TIME (HH:MM:SS)	= 0: 0:27

2. FAULT LIST:

TOTAL NUMBER OF SIGNALS	= 163
NUMBER OF NAMED SIGNALS	= 69
NUMBER OF CIRCUIT FAULTS	= 134
NUMBER OF INSERTED FAULTS	= 105
NUMBER OF COLLAPSED FAULTS	= 29

3. FAULT DETECTION:

NUMBER OF HARD DETECTED FAULTS	= 130
NUMBER OF POTENTIALLY DETECTED FAULTS	= 4
NUMBER OF UNDETECTED FAULTS	= 0

4. FAULT COVERAGE:

HARD DETECTION FAULT COVERAGE	= 97.0 %
POTENTIAL DETECTION FAULT COVERAGE	= 3.0 %
TOTAL DETECTION FAULT COVERAGE	= 100.0 %

PATTERN#	%
1	2.2
4	4.5
7	38.8
10	61.2
13	61.2
16	62.7
19	67.2
22	67.2
25	72.4
28	73.1
31	74.6
34	74.6
37	82.1
40	84.3
43	84.3
46	84.3
49	85.1
53	85.1
56	85.1
59	86.6
62	87.3
65	88.8
68	88.8
71	88.8
74	88.8
77	88.8
80	89.6
83	89.6
86	90.3
89	90.3
92	92.5
95	92.5
98	92.5
102	92.5
105	94.0
108	95.5
111	95.5
114	96.3
117	96.3
120	96.3
123	96.3
126	96.3
129	96.3
132	96.3
135	96.3
138	96.3
141	96.3
144	97.0
147	97.0
150	97.0

(Horizontal axis: 0   20   40   60   80   100)

Bild 5.19. Ausschnitt aus dem Ergebnisprotokoll des LESIM-Fehlersimulators

Fehlerüberdeckungsgrades auf fast 40 % gleich bei den ersten
Testpattern.

Bleibt dagegen eines dieser Signale im Fehlerfall fest auf LOW,
ist die Entdeckung etwas schwieriger. Für N1 bis N7 benötigt man
nur wenige Takte, beim Signal N8 stellt sich jedoch heraus, daß
im achtstufigen Betrieb ein voller Durchlauf mit 255 Taktimpul-
sen nötig wäre. Eine andere Möglichkeit, die sehr viel weniger
Testpattern erfordert, ergibt sich nach Sperrung der NOR-Gatter
P1 bis P8 durch das im Betrieb nicht vorkommende Eingangs-
Signalmuster A=B=C=LOW. Mit acht Takten läßt sich jetzt ein
Zustand einstellen, bei dem im fehlerfreien Netzwerk die Signale
N1 bis N7 auf LOW und nur N8 auf HIGH gesetzt sind. Der Ausgang
des NOR-Gatters NOT befindet sich somit im LOW-Zustand. Bleibt
N8 aber wegen eines Fehlers auf LOW liegen, geht NOT in den
HIGH-Zustand. Diese Abweichung läßt sich auch am Ausgang PS
feststellen, so daß N8 getestet werden kann.

Im Ergebnis-Protokoll (Bild 5.19) tauchen die Begriffe "hard
detected faults" und "potentially detected faults" auf. Der
erste beschreibt den Fall, daß der Fehler mindestens an einem
der vorhandenen primären Ausgänge einen definierten Signalwechsel verursacht, wobei die Zustände LOW, HIGH oder TRISTATE
beteiligt sein dürfen. Als "potentially detected" gilt ein
Fehler, wenn er einen oder mehrere Ausgänge des Software-
Modells von einem definierten Signalzustand in den Zustand
"unbekannt" versetzt. Man geht davon aus, daß ein solcher Fehler
mit großer Wahrscheinlichkeit im Test erkannt wird, da die reale
Schaltung immer in irgendeinen definierten, vom Soll-Ergebnis
abweichenden Signalzustand fallen wird. Dies ergibt sich in der
Regel bei Rücksetz-Eingängen. Hält der Fehlersimulator den
Eingang auf einem Potential fest, das den Rücksetzvorgang verhindert, erscheint an den betroffenen Ausgängen das Signal
"unbekannt".

Der LESIM-Fehlersimulator benutzt den Kern des Simulators und
arbeitet wie dieser mit hoher Geschwindigkeit. So benötigt das
Programm für den Zufallsgenerator mit 167 äquivalenten Gattern

insgesamt 27 s. Andere Netzwerke mit 2500 und 8500 Gattern
brauchten 2,5 bzw. 30 Stunden.

5.3 Gehäusebauformen

Parallel zu den Fortschritten der Halbleiter-Technologie gibt
es auch bei der Suche nach geeigneten Gehäusen ständig neue
Entwicklungen. Sie haben zum Ziel, die elektrischen und mecha-
nischen Eigenschaften weiter zu verbessern, die Zahl der Anschlußstifte zu erhöhen, die geometrischen Abmessungen trotz
höherer Anschlußzahl zu verringern und nicht zuletzt die Herstellungskosten zu reduzieren. Die gegenwärtige Situation soll
hier in einer Übersicht behandelt werden, eine mehr ins Detail
gehende Darstellung findet sich in [5.12].

Integrierte Schaltungen wurden lange Zeit überwiegend in DIP-
bzw. DIL-Gehäusen aus Kunststoff untergebracht (Dual-In-Line-
Package). Dies war auch die Situation, als um 1982 die Bedeutung
der Gate Arrays und Standardzellen-ICs in CMOS-Technologie stark
anzusteigen begann.

DIP-Gehäuse sind für Einsteckmontage gedacht, bei der die Anschlüsse in die Bohrungen einer Leiterplatte hineingesteckt und
dann auf der Gegenseite im Schwallverfahren eingelötet werden.
Die Anschlußstifte haben einen Abstand von 2,54 mm. Dies führt
zu relativ großen Gehäusen, die bei höherer Anschlußzahl eine
eingeschränkte mechanische Stabilität aufweisen. Die Abmessungen
eines DIP-40-Gehäuses im Vergleich mit neueren Konstruktionen
verdeutlicht Bild 5.20. Die rechteckige, langgestreckte Form der
DIP-Gehäuse bedingt außerdem lange interne Zuleitungen, verbunden mit hohen Induktivitäten und großen Kapazitäten zwischen
den Leitungen. Bei Ausführungen mit hoher Anschlußzahl herrschen
besonders ungünstige Bedingungen wegen des großen Unterschiedes
zwischen den kürzesten und den längsten Zuleitungen. Aus den
genannten Gründen muß die Grenze der praktischen Anwendung bei
64 Anschlußstiften gesehen werden.

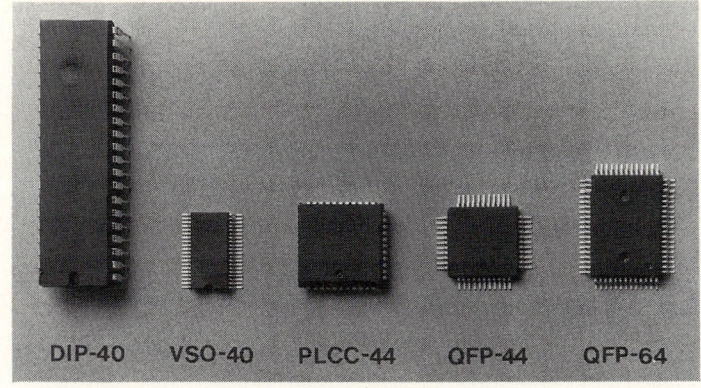

Bild 5.20. Unterschiedliche Kunststoffgehäuse mit 40, 44 bzw. 64 Anschlußstiften

Einen großen Fortschritt brachte die Entwicklung der Kunststoff-SO-Gehäuse, auch als SOIC bekannt (Small Outline IC). Sie werden mit 8 bis 28 Anschlußstiften hergestellt, deren Rastermaß einheitlich 1,27 mm beträgt. Der Wärmewiderstand nach Einlöten in eine Leiterplatte liegt reziprok zur Anschlußzahl bei 50 bis 140 K/W. An den Längsseiten sind die Anschlüsse herausgeführt und zu kurzen schwingenförmigen Lötfahnen (gull wings) gebogen. Die Schmalseiten bleiben frei, so daß sich zwischen den Stiftreihen leicht eine Anzahl Leitungen auf der gedruckten Platine hindurchführen lassen. Die internationale Normung der Gehäuse-Abmessungen gelang im Jahre 1985 (JEDEC MS-013-AD, Ausgabe A).

Die Forderung nach mehr Anschlüssen erfüllen die VSO-Gehäuse (Very Small Outline) mit 40 bzw. 56 Stiften. Das Rastermaß beträgt nur 0,76 bzw. 0,75 mm, so daß diese Gehäuse sehr klein sind (siehe Bild 5.20). Ebenso wie die SO-Gehäuse sind sie für Oberflächenmontage konstruiert. Hierbei wird das Lot als Paste im Siebdruck auf die Anschlußflecken der Leiterplatte aufgebracht, das Bauelement hineingedrückt und die Verbindung durch Schmelzen der Lötpaste unter einer Wärmequelle hergestellt (SMT, Surface Mount Technology).

Die bisher besprochenen Gehäuse bedingen, besonders bei großen Chipflächen, rechteckige Kristalle mit stark unterschiedlichen

Kantenlängen. Das quadratische PLCC-Gehäuse (Plastic Leaded Chip Carrier) überwindet diese Einschränkung, gleichzeitig öffnet es den Weg zu sehr hohen Anschlußzahlen. Als kostengünstiges Standardgehäuse hat es in kurzer Zeit eine weite Verbreitung gefunden.

PLCC-Gehäuse haben ein Rastermaß von 1,27 mm und sind international genormt (JEDEC MO-047-AA, Ausgabe A, 1984). Bild 5.21 zeigt den Aufbau eines PLCC-44. Die Zahl der Anschlüsse liegt gegenwärtig zwischen 20 und 156. Sie sind an allen vier Seiten herausgeführt und J-förmig unter das Gehäuse gebogen. Auch diese Anschlüsse sind für Oberflächenmontage eingerichtet, da sie aber ihre Form unempfindlich gegen mechanische Beanspruchungen macht, eignen sie sich ebenso gut für Sockelmontage. Vorteilhaft ist auch der geringe Wärmewiderstand. Er liegt reziprok zur Anschlußzahl bei 25 bis 65 K/W und ist bei gleicher Anschlußzahl deutlich kleiner als der von SO-Gehäusen.

Nachteilig bei PLCC-Gehäusen ist, daß sie durch die Form der Anschlüsse fast die Bauhöhe der DIP-Gehäuse (ca. 5 mm) erreichen. Außerdem liegen die Lötstellen unter dem Gehäuse, so daß eine visuelle Kontrolle nicht möglich ist.

Einen Durchbruch stellt die Entwicklung des QFP-Gehäuses dar (Quad Flat Pack). Wie beim PLCC sind die Anschlüsse an allen

Bild 5.21. Aufbau eines PLCC-44-Gehäuses

Bild 5.22. Aufbau eines QFP-48-Gehäuses

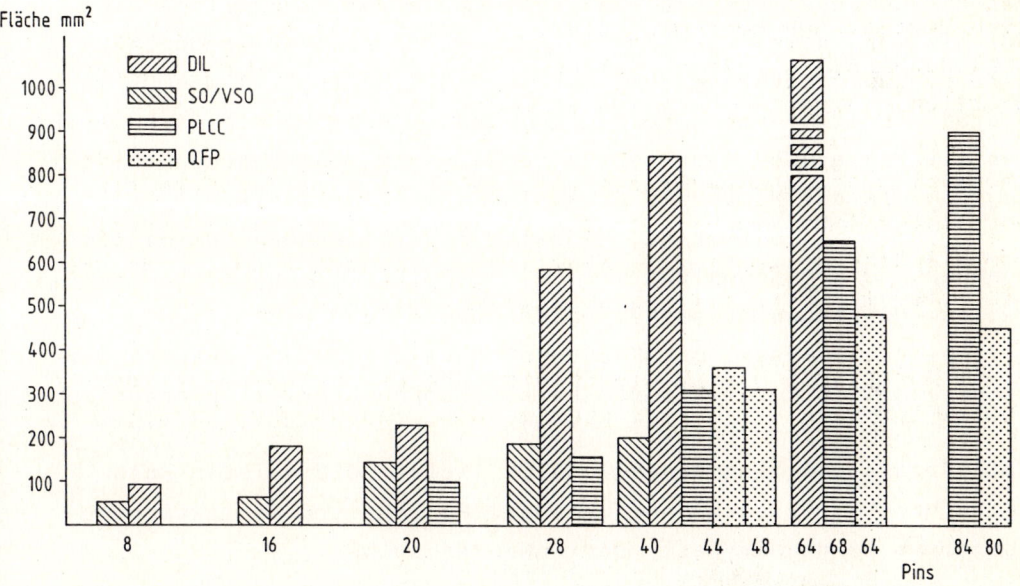

Bild 5.23. Flächenbedarf von Kunststoff-Gehäusen auf der
Leiterplatte

vier Seiten herausgeführt, haben aber die nach außen gekröpfte
Form der SO-Anschlüsse (gull wings). Das Rastermaß wurde drastisch reduziert und beträgt je nach Typ 1, 0,85, 0,75 oder
0,65 mm. Auf diese Weise sind kostengünstig 44 bis 240 und mehr
Anschlüsse realisierbar. Bild 5.20 zeigt neben dem QFP-44 das

QFP-64, Bild 5.22 verdeutlicht den inneren Aufbau des QFP-48.
Die Standardisierung dieser Gehäuse ist in Vorbereitung.

Das Balkendiagramm in Bild 5.23 gibt für Gehäuse bis zu 84 Anschlußstiften den Flächenbedarf auf der Leiterplatte an. Deutlich ist der Vorteil der QFP-Gehäuse ab 44 Pins sichtbar. Dabei
beanspruchen QFP-48 und -80 wegen ihres kleineren Rastermaßes
eine noch geringere Fläche als QFP-44 und -64.

Für besondere Anwendungen bieten die Halbleiterhersteller auch
Gehäuse aus Keramik an. Bedeutung haben hier das DIP-Gehäuse, in
der Form ähnlich der Kunststoff-Ausführung, und das PGA-Gehäuse
(Pin Grid Array) erlangt. Beide eignen sich für Einsteckmontage.
Das PGA-Gehäuse besitzt massive, runde Anschlußstifte, die
parallel zu allen vier Seiten aus einer Keramik-Grundplatte
herausragen. Der Rasterabstand beträgt immer 2,54 mm. Da aber
die Stifte in mehreren Reihen angeordnet sein können, sind trotz
des relativ groben Rasters zweihundert und mehr Anschlußstifte
möglich. In der Mitte der Grundplatte wird der Kristall in einer
Montageöffnung befestigt, wobei die Verbindungen von dessen
Bondpads zu den Anschlußstiften innerhalb der Grundplatte verlaufen (Mehrlagen-Keramik). Das Gehäuse kann hermetisch dicht
verschlossen werden. Die Kosten sind relativ hoch, deshalb versucht man, die Keramik durch Leiterplattenmaterial zu ersetzen.

Gate Arrays und Standardzellen-ICs liefern die meisten Halbleiterhersteller auch ohne Gehäuse. Montage und Kontaktierung
übernimmt in diesem Falle der Anwender selbst.

Die Wahl des Gehäuses richtet sich nach der Chipfläche und der
in der Anwendung benötigten Zahl der Anschlußstifte. Für Gate
Arrays veröffentlichen die Halbleiterhersteller entsprechende
Tabellen, aus denen die Zuordnung des Typs zu den möglichen
Gehäusen hervorgeht. Wegen der unterschiedlichen Kosten
empfiehlt es sich, bereits zu Beginn der Entwicklung über die
Gehäusefrage zu entscheiden, am besten in Zusammenarbeit mit
dem Hersteller.

6 Test von Semicustom-Schaltungen

Zu den herkömmlichen Randbedingungen beim Entwurf von integrierten Schaltkreisen - Fläche, Taktfrequenz und Verlustleistung - kommt immer stärker die Forderung nach möglichst vollständiger Testbarkeit der gefertigten Bauelemente [6.1, 6.2]. In den folgenden Abschnitten wird gezeigt, warum das Thema Testbarkeit eine so große Beachtung verdient [6.3, 6.4], wie man die Testbarkeit einer Schaltung ermittelt [6.5], und durch welche Maßnahmen beim Schaltungsentwurf ("Design for Testability") die Testbarkeit verbessert werden kann [6.6, 6.7].

6.1 Motivation für das Testen

Fällt ein Gerät oder gar eine ganze Anlage aus, weil ein ASIC-Baustein innerhalb einer Unterbaugruppe nicht korrekt arbeitet, so können sich Konsequenzen bis zur Gefährdung von Menschenleben ergeben. Je später ein solcher Fehler entdeckt wird, desto katastrophaler bzw. kostspieliger sind im allgemeinen die Folgen. Hersteller und Anwender von ASICs tun daher gut daran, der Qualitätssicherung höchste Beachtung zu schenken.

Besteht ein System aus n Bauteilen, die alle mit der Wahrscheinlichkeit k korrekt funktionieren, so ergibt sich daraus die Wahrscheinlichkeit P, mit der das Gesamtsystem einwandfrei arbeitet:

$$P = k^n \ . \hspace{6cm} (6.1)$$

Fordert man also für eine Produktion von Platinen mit je 40
Bauelementen (n = 40), daß höchstens eine von 100 Platinen durch
IC-Defekt ausfällt (P > 0,99), so darf von 3980 eingesetzten
Chips nur einer fehlerhaft sein (k = $P^{1/n}$ = 3979/3980). Je
mehr Stufen die Systemhierarchie vom Chip bis zum Gesamtsystem
aufweist (Chip, Platine, Unterbaugruppe, Baugruppe,...), desto
höhere Anforderungen müssen die einzelnen Bauelemente erfüllen.

Die gleiche Argumentation gilt auch innerhalb eines ASICs,
das ja seinerseits aus vielen Komponenten zusammengesetzt ist
[6.8]. Die Halbleiterhersteller führen daher während und nach
der Fertigung umfangreiche Tests durch, um dem Anwender garan-
tieren zu können, daß eine vorher vereinbarte Defektrate nicht
überschritten wird. Diese Tests sollen Fertigungsfehler aufdecken, die z.B. durch Schmutzpartikel in der Luft oder durch
dejustierte Belichtungsmasken verursacht werden. Entwurfsfehler
müssen schon vor der Fertigung durch Simulationen ausgemerzt
werden. Denn Tests erfassen nur solche Entwurfsfehler, die eine
Schaltung besonders empfindlich gegen Streuungen der Techno-
logie-Eigenschaften machen.

6.1.1 Testarten

Das fertige IC im Gehäuse muß zwei Arten von Tests bestehen:
Parametrische Tests und Funktionstests.

Beim parametrischen Test prüft der Testautomat [6.9] die
Spannungspegel an den Ausgängen, die Ströme an den Eingängen
und den Gesamtstromverbrauch. So können grobe Fehler wie Kurzschlüsse und abgerissene Bond-Drähte erkannt werden. Durch
einen Reset- oder Test-Eingang sollte man das ASIC leicht in
einen definierten Anfangszustand versetzen können. Nur so kann
der Testautomat Pegel und Ströme auf ihre spezifizierten Werte
untersuchen. Mit Hilfe parametrischer Tests lassen sich in der
Regel mehr als 95 % aller fehlerhaften Chips herausfinden. Ein
besonders aussagekräftiger Parameter ist der Ruhestrom. CMOS-
Schaltungen nehmen nur im Fehlerfall nennenswerten Strom auf.
Spezialzellen, die einen meßbaren Ruhestrom aufweisen, (z.B.

Oszillatoren, Referenzspannungsquellen) sollten in einen strom-
losen Test-Mode geschaltet werden können.

Enthält die Schaltung an irgendwelchen Eingängen Pull-up-
oder Pull-down-Widerstände, fließt durch sie ein zusätzlicher
Strom. Eine Messung des unverfälschten Ruhestroms kann der
Tester bei Pull-up-Widerständen deshalb nur noch in der Masse-
leitung, bei Pull-down-Widerständen nur noch in der positiven
Versorgungsleitung vornehmen. Die Kombination beider Wider-
standsarten sollte der Entwickler vermeiden, weil dann eine
saubere Ruhestrommessung nicht mehr möglich ist [5.4].

Im Funktionstest stellt der Testautomat fest, wie das zu
testende Bauelement auf Signaländerungen an den Eingängen
("Stimuli") reagiert. Ein aussagekräftiger Funktionstest soll
möglichst alle Schaltungsteile stimulieren und die resultierenden Schaltungszustände zu Ausgangsanschlüssen durchschalten.
Eine Mindestanforderung dafür ist, daß jedes Signal wenigstens
einen Wechsel von LOW auf HIGH oder umgekehrt durchläuft. Man
spricht dabei von der Kontrollierbarkeit ("Controllability")
der Schaltung. Zeigt ein Signal fehlerhaftes Verhalten und ist
dies an den Ausgangsanschlüssen erkennbar, spricht man von der
Beobachtbarkeit ("Observability") von Signalen.

Der Funktionstest vergleicht die Ausgangssignale mit Simulationsergebnissen oder mit Meßergebnissen an einem Muster-ASIC.
Der Vergleich zwischen Soll und Ist findet nur zu bestimmten
Abtastzeitpunkten statt. Signalverläufe stimmen also für den
Testautomaten genau dann überein, wenn sie im Abtastzeitpunkt
die gleichen logischen Pegel aufweisen. Die Zeitspanne zwischen
der Signaländerung am Eingang und dem Abtasten der Ausgangssignale muß so lang sein, daß sämtliche transienten Vorgänge
innerhalb des IC abgeklungen sind. Aus diesem Grunde werfen
interne Taktgeneratoren auf dem Chip Probleme auf. Sie müssen
für den Test von außen abschaltbar oder zumindest synchroni-
sierbar sein. Bild 6.1 zeigt den zeitlichen Ablauf eines
Funktionstests.

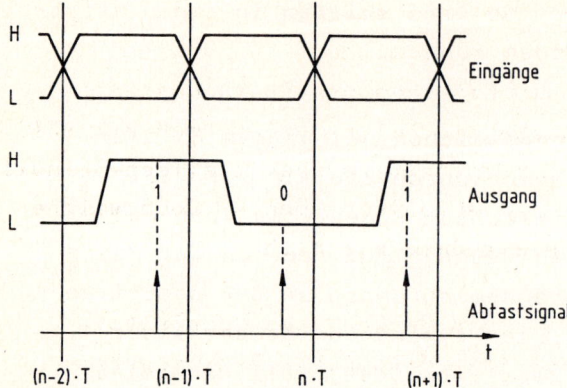

Bild 6.1. Zeitlicher Ablauf eines Funktionstests

Stellt der Testautomat eine Abweichung von den Sollparametern oder von den Sollverläufen der Ausgangssignale dar, so ist das Testergebnis eindeutig: Das getestete IC enthält mindestens einen Fertigungsfehler und ist daher nicht oder nur einge- schränkt verwendbar. Leider gilt der umgekehrte Schluß nicht. Ein IC, das alle Tests bestanden hat, kann immer noch einen Fehler enthalten, der nicht von den Tests abgedeckt wurde. Man kann nur die Anwesenheit von Fehlern beweisen, nicht deren Abwesenheit.

Enthält das zu testende ASIC neben einem digitalen Teil analoge Blöcke (Operationsverstärker, Oszillatoren, AD-Wandler), so muß dies im Testkonzept berücksichtigt werden. Um Analog- und Digital-Teil unabhängig von einander testen zu können, sollte der Analogteil im Test-Mode transparent betrieben werden können. Das läßt sich z.B. durch Bypass-Schalter erreichen. Besonders wichtig ist, daß der Ruhestrom im Test-Mode möglichst klein bleibt. Der Digitalteil wird während des Analogtests so ange- steuert, daß auf dem Chip an der Analog-Digital-Schnittstelle die geeigneten Signalzustände auftreten. Dazu ist es oft erfor- derlich, eine Reihe von zusätzlichen Testanschlüssen vorzusehen. Die Tatsache, daß sich Testkonzepte für analoge Schaltungen nur mit relativ großem Aufwand erstellen lassen, erschwert den Einsatz analoger Zellen in ASICs.

6.1.2 Fehlermodelle

Damit man aus dem erfolgreichen Bestehen des Funktionstests
mit hinreichender Wahrscheinlichkeit folgern kann, daß ein ASIC
wirklich keine Fertigungsfehler enthält, müssen die Test-Stimuli
jeden möglichen Fertigungsfehler aufdecken können. Doch welche
Fehler können auftreten und wie äußern sie sich?

Die Fehlermechanismen bei den heute verwendeten Halbleiter-
prozessen sind äußerst vielfältig und komplex. Man versucht
daher gar nicht erst, jeden möglichen Fehler vorherzusehen.
Statt dessen werden die möglichen Auswirkungen von Fertigungs-
fehlern betrachtet. In der Praxis hat sich das relativ einfache
Modell der sogenannten Haftfehler ("Stuck-at-Faults") bewährt.
Es besteht in der Annahme, daß durch jeden Fertigungsfehler
mindestens ein Signal innerhalb der Schaltung statisch auf LOW
oder HIGH festgehalten wird. Test-Stimuli für einen vollständigen Funktionstest müssen demzufolge in der Lage sein, für
jedes Signal innerhalb der zu testenden Schaltung festzustellen,
ob es durch einen Fehler statisch festgehalten wird. Bild 6.2
macht das Haftfehler-Modell an einem NAND-Gatter deutlich.

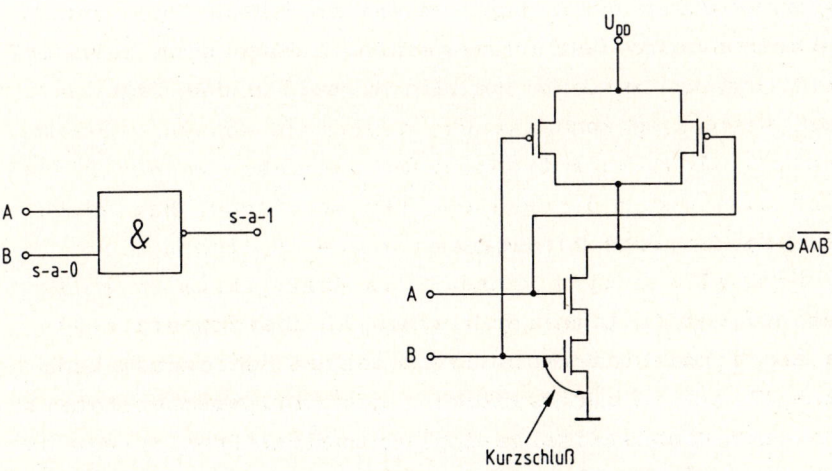

Bild 6.2. Stuck-at Fehler an einem NAND-Gatter

In seltenen Fällen kann es vorkommen, daß mehrere Fehler einander aufheben. Dieser Effekt wird normalerweise vernachlässigt. Man geht vielmehr von Einzelfehlern aus und nimmt an, daß durch Testen sämtlicher Einzelfehler auch alle Mehrfachfehler gut erfaßt werden.

Zusätzliche Modelle neben dem Haftfehler-Modell werden seit einigen Jahren in der Literatur diskutiert. Die wohl wichtigsten sind das Stuck-open-Modell (durch einen Fehler wird eine Leitung unterbrochen), das Stuck-bridge-Modell (Leitungen werden im Fehlerfall miteinander verbunden) und das Delay-Fehler-Modell. Mit zunehmender Integrationsdichte kommt solchen erweiterten Fehlermodellen eine steigende Bedeutung zu. Zukünftige CAD-Werkzeuge zur Entwicklung von Funktionstests werden dies berücksichtigen müssen.

Aus Schwankungen der Prozeßparameter können Delay-Fehler resultieren. Es kommt dann zu Verzögerungszeiten, die nicht in dem vom Hersteller spezifizierten Bereich liegen. Solche Fehler lassen sich im Funktionstest schlecht aufdecken, da der Test meist nicht mit der Taktfrequenz der späteren Anwendung abläuft. Mit Testschaltungen auf jedem Wafer werden die Prozeßparameter bei der Halbleiterfertigung ständig kontrolliert, um so die auftretenden Streuungen gering zu halten. Trotzdem sollte der Schaltungsentwickler alles tun, um seinen Entwurf möglichst unempfindlich gegen Delay-Fehler zu machen. Lassen sich zeitkritische Schaltungsteile nicht vermeiden, sollte das Testkonzept darauf abgestimmt sein.

6.1.3 Fehlerabdeckung und Defektrate

Unabhängig vom zugrundegelegten Fehlermodell charakterisiert man die Güte eines Funktionstests durch dessen Fehlerabdeckung ("Fault Coverage"). Die Fehlerabdeckung gibt an, welcher Anteil der innerhalb eines Fehlermodells möglichen Einzelfehler vom Test entdeckt wird. Ein vollständiger Test hat demnach eine Fehlerabdeckung von 100 %.

Bezeichnet man die Fertigungsausbeute des Herstellers, d.h. den Prozentsatz der korrekt arbeitenden ICs, mit Y ("Yield") und die Fehlerabdeckung mit F, so ergibt sich unter einigen vereinfachenden Annahmen [6.10] die Wahrscheinlichkeit D, daß ein IC trotz bestandener Tests defekt ist:

$$D = 1 - Y^{(1-F)} \ . \tag{6.2}$$

Man kann (6.2) herleiten, indem man die Wahrscheinlichkeit dafür berechnet, daß der vom Funktionstest nicht abgedeckte Teil des Chips nicht funktioniert, während im getesteten Teil kein Fehler festgestellt wird.

Durch Auflösen von (6.2) nach der Fehlerabdeckung F folgt:

$$F = 1 - \frac{\log (1-D)}{\log Y} \tag{6.3}$$

Bild 6.3 zeigt den nach (6.3) ermittelten Zusammenhang. Für eine angenommene Fertigungsausbeute nach den parametrischen Tests von Y = 95 % muß die Fehlerabdeckung des Funktionstests demnach

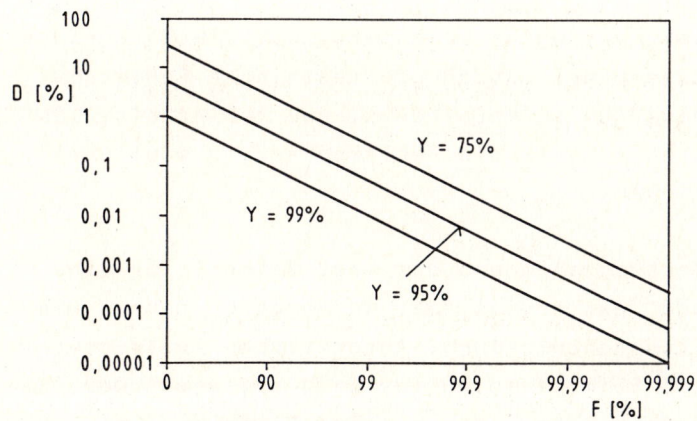

Bild 6.3. Defektrate D in Abhängigkeit von Fehlerabdeckung F und Ausbeute

F = 99,51 % sein, um die im obigen Beispiel geforderte Defektrate von eins auf 3980 garantiert einzuhalten. Eine derart hohe
Fehlerabdeckung läßt sich jedoch in der Praxis selten erreichen.
Denn leider zeigt die Erfahrung, daß der zusätzliche Entwicklungsaufwand für Test-Stimuli immer stärker ansteigt, je näher
die Fehlerabdeckung an die 100 % Marke herankommt.

Die meisten Halbleiterhersteller vereinbaren mit ihren Anwendern
eine untere Grenze für die Fehlerabdeckung. Der Anwender liefert
im allgemeinen die Test-Stimuli und hat es also selbst in der
Hand, die Vollständigkeit des Tests und damit die mögliche Defektrate zu beeinflussen. Durch spezielle Testschaltungen auf
jedem Wafer versuchen die Hersteller, möglichst viele Fertigungsfehler von vornherein aufzudecken und so die Anforderungen
an den ASIC-Test herabzusetzen. Ein großer Teil der Fertigungsfehler äußert sich schon im parametrischen Test, vor allem im
Ruhestrom. In der Praxis kann deshalb die Fehlerabdeckung des
Funktionstests niedriger sein als (6.3) fordert.

6.2 Entwicklung von Testmustern

Im vorangegangenen Abschnitt wurde erläutert, daß die Güte eines
Funktionstests im allgemeinen durch die erreichte Fehlerabdeckung ausgedrückt wird. Um zu verhindern, daß fehlerhafte ICs
den Funktionstest bestehen, soll die Fehlerabdeckung möglichst
nahe an 100 % heranreichen.

Die Entwicklung des Testkonzepts und der Test-Stimuli für eine
komplexe Schaltung kann fast soviel Zeit in Anspruch nehmen wie
die eigentliche Schaltungsentwicklung. Automatische Testmuster-
Generatoren können Test-Stimuli in kurzer Zeit erzeugen. Der
Entwickler muß sich jedoch sehr genau an eine Reihe von Entwurfsregeln halten, damit der Generator erfolgreich arbeiten
kann (siehe Abschnitte 6.2.2 und 6.3.2).

Bei einem Gate-Array- oder Standardzellen-Design muß der Entwickler die Test-Stimuli meist noch von Hand erstellen. Sei es, weil kein automatischer Testmuster-Generator zur Verfügung steht, sei es, weil eine asynchron entworfene Platine ohne gravierende Änderung der Schaltung integriert werden soll. Auch der Einsatz von Sonderzellen (Analogschaltungen, Mikroprozessor-Blöcke) kann eine manuelle Erstellung der Test-Stimuli notwendig machen.

6.2.1 Fehlersimulation

Zur manuellen Entwicklung von Test-Stimuli enthalten die meisten CAD-Umgebungen einen Fehlersimulator, mit dem man die erreichte Fehlerabdeckung feststellen kann. Der Fehlersimulator kann gezielte Hinweise auf zu wenig getestete Schaltungsteile geben und so den Entwickler bei der Verbesserung der Stimuli wirksam unterstützen [6.11].

Der Fehlersimulator simuliert die eingegebene Schaltung zunächst ohne angenommene Fehler. Anschließend baut er nacheinander jeden Fehler ein, der nach dem zugrundeliegenden Fehlermodell möglich ist. Mit jeweils einem Fehler wird die Schaltung solange simuliert, bis sich an den Ausgängen ein Unterschied zur fehlerlosen Schaltung feststellen läßt. Erkennt der Fehlersimulator keinen Unterschied zur fehlerlosen Schaltung, so wird der gerade betrachtete Fehler als "nicht erkannt" vermerkt. Kommt es zu einem direkten LOW/HIGH bzw. HIGH/LOW Unterschied, d.h. zu einem bestimmten Abtastzeitpunkt differieren die fehlerbehaftete und die fehlerfreie Schaltung an mindestens einem Ausgang, wird der Fehler als "erkannt" angesehen.

Es gibt auch Fehler, die im Software-Modell der Schaltung lediglich zu einer Signaländerung von LOW bzw. HIGH nach UNKNOWN führen. Der Testautomat kennt aber nur die Pegel HIGH und LOW, weshalb solche Fehler als "wahrscheinlich erkannt" registriert werden. Sie treten vorzugsweise im Zusammenhang mit festgehaltenen Rücksetzleitungen von Registern auf. Hierbei kann angenommen werden, daß die Ausgänge der physikalischen Schaltung

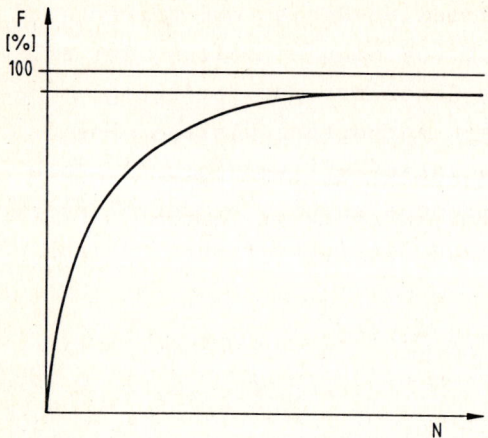

Bild 6.4. Typische Zunahme der Fehlerüberdeckung F mit der
             Anzahl der Testmuster N

trotz Fehlverhaltens des Rücksetzeingangs auf HIGH oder LOW
gehen. Ergibt sich ein Unterschied zum Soll-Muster, wird der
Fehler erkannt.

Die Test-Stimuli sind dann besonders leistungsfähig, wenn jedes
Eingangssignal-Muster (Test-Pattern) zur Erhöhung des Fehlerüberdeckungsgrades beiträgt. Dabei darf nicht übersehen werden,
daß es neben den wirksamen immer auch vorbereitende Signalmuster
geben muß, wie z.B. beim Test eines Zählers. Einen typischen
Verlauf der Zunahme des Fehlerüberdeckungsgrades mit der Anzahl
der Testmuster zeigt Bild 6.4.

Simuliert der Fehlersimulator die gesamte Schaltung für jeden
möglichen Fehler, ergeben sich schon für einfache Schaltungen
große Rechenzeiten. Daher hat man diverse Techniken entwickelt,
um die Fehlersimulation zu beschleunigen.

Die Zahl der zu betrachtenden Fehler läßt sich beträchtlich
reduzieren, indem man Fehler, die sich auf die gleiche Weise
auswirken, zusammenfaßt und nur jeweils einen Repräsentanten
einer Fehlergruppe simuliert. So braucht man bei einem NAND-
Gatter an den Eingängen keine stuck-at-0-Fehler zu betrachten,

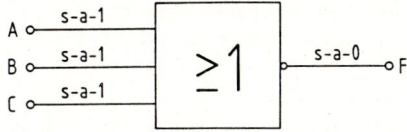

Bild 6.5. Fault Collapsing an einem NOR-Gatter: Alle eingezeichneten Fehler sind äquivalent

da sie sich genauso auswirken wie ein stuck-at-1-Fehler am
Ausgang des Gatters. Das Zusammenfassen äquivalenter Fehler wird
allgemein als "Fault Collapsing" bezeichnet. Bild 6.5 macht dies
an einem NOR-Gatter deutlich.

Statt die Fehler nacheinander zu simulieren, kann man auch
mehrere Fehler parallel betrachten. Bei der parallelen Fehlersimulation wird meist die Wortbreite des verwendeten Rechners
(z.B. 16 bit bei PCs) ausgenutzt, um die für die Simulation erforderlichen Booleschen Verknüpfungen bitparallel mit den vorhandenen Prozessorbefehlen ausführen zu können. Ein paralleler
Fehlersimulator simuliert mehrere Kopien der betrachteten
Schaltung parallel, wobei die eingebauten Fehler in jeder Kopie
an einer anderen Stelle der Schaltung liegen. Wird eine Kopie
ohne Fehler mitsimuliert, so hat der Fehlersimulator die Soll-
werte zur Verfügung, ohne sie zuvor abgespeichert zu haben.

Parallele Fehlersimulatoren simulieren die Verzögerungszeiten
innerhalb der Schaltung nicht so exakt wie serielle Simulatoren.
Gerade bei CMOS-Schaltungen hängen die Laufzeiten der einzelnen
Gatter von der Flankenrichtung am Gatterausgang ab (Abschnitt
3.2.3). Wollte ein paralleler Fehlersimulator diesen Effekt
nachbilden, so würden die Schaltvorgänge in den parallel simulierten Kopien der Schaltung zu unterschiedlichen Zeitpunkten
auftreten, womit der Vorteil der zeitlichen Parallelität verloren ginge. Ein anderes Problem besteht darin, daß die parallel
simulierten Fehler im Verlauf der Simulation normalerweise
unterschiedlich spät als "erkannt" registriert werden können.
Dadurch reduziert sich der Geschwindigkeitsvorteil gegenüber
dem seriellen Fehlersimulator, der sich ja immer sofort dem

nächsten Fehler zuwendet, sobald er einen Fehler als "erkannt"
verbuchen kann.

Bei der Fehlersimulation nach dem sogenannten "Concurrent" Algo-
rithmus [6.12] werden gleichzeitig sämtliche Fehler betrachtet.
Der Fehlersimulator leitet von einer fehlerfreien Normalsimula-
tion die Konsequenzen jedes Fehlers ab und findet auf diese
Weise heraus, welche Fehler vom Test sicher oder nur eventuell
erkannt werden. Die bei dieser Art der Fehlersimulation anfallenden Listen von Fehlerkonsequenzen können den Bedarf an Speicherplatz stark anwachsen lassen. Ist die zu simulierende
Schaltung so klein oder der verwendete Rechner so groß, daß der
Speicherplatz und die Zugriffsgeschwindigkeit kein Problem darstellen, so gilt dieses Verfahren als die derzeit schnellste
Methode zur Fehlersimulation auf Universalrechnern.

Noch eine Größenordnung schneller sind Fehlersimulatoren, die
auf speziellen Simulationsrechnern ablaufen ("Simulation
Engines", [6.13]). Solche Hardware-Beschleuniger (z.B. von der
Firma Zycad) bestehen meist aus parallelen Spezialprozessoren,
die die Verwaltung und Berechnung von Signalverläufen besonders
effizient abarbeiten können. Sie werden vor allem in großen
Unternehmen eingesetzt, wo viele Fehlersimulationen anfallen.
Außer in den hohen Kosten besteht das Problem bei der Benutzung
solcher Simulationsrechner darin, daß sie keine funktionalen
Modelle abarbeiten können. Sie werden bisher nur für Simula-
tionen auf Schalter- oder Gatterebene angeboten.

Für rein kombinatorische Schaltungen ohne Speicher, Register
oder speichernde Rückkopplungen gibt es besonders schnelle
Fehlersimulatoren, da man bei solchen Schaltungen das Delay-
Verhalten der einzelnen Gatter nicht simulieren muß. Durch die
sogenannte Scan-Technik (Abschnitt 6.3.2) lassen sich auch
sequentielle Schaltungen so entwerfen, daß sie sich beim Test
rein kombinatorisch verhalten.

Die sogenannte statistische Fehlersimulation ist in der Praxis
umstritten. Hier wird nur eine Stichprobe aller möglichen

Fehler simuliert und dann auf die Gesamtheit hochgerechnet. Da
nicht erkannte Fehler oft benachbart auftreten, muß das Verfahren, mit dem die Fehlerauswahl getroffen wird, eine "glück-
liche Hand" haben, um zu realistischen Ergebnissen zu gelangen.

Ähnlich umstritten sind Verfahren, die die Testbarkeit einer
Schaltung durch Berechnung von Testbarkeitsmaßen ohne eine Fehlersimulation beurteilen [6.14]. Solche "Testability Analyzer"
schätzen die Kontrollierbarkeit und die Beobachtbarkeit jedes
Signals in der Schaltung [6.15]. Wenn es von außen kontrollier-
bar und beobachtbar ist, gilt es als (gut) testbar. Über die
Eignung der verwendeten Stimuli sagen solche Verfahren nichts
aus. Da sie außerdem Schwierigkeiten mit Schaltungen haben, die
viele Register und Rückkopplungen aufweisen, werden sie meist
nur verwendet, um frühe Hinweise auf möglicherweise schlecht
testbare Schaltungsteile zu erhalten.

Wenn es Signale gibt, die während der Logiksimulation ihren
Zustand nicht geändert haben, müssen die Stimuli geändert
werden, um Fehler an solchen Signalen erkennen zu können.

Beispiele für kommerziell bzw. für jeden Anwender verfügbare
Fehlersimulatoren sind:

Fehlersimulator	Anbieter
DISIM 3	AEG/Dosis
Verifault	Gateway
System Hilo	GenRad
Cadat	HHB Systems
Quickfault	Mentor Graphics
SimFlt	Philips/Valvo
SMILE (Sitest 300)	Siemens

Fehlersimulatoren leisten oft mehr als lediglich die Fehlerabdeckung zu bestimmen. Eine wesentliche Anwendung besteht
darin, die von der Logiksimulation stammenden Stimuli so auf-
zubereiten, daß man sie in einen Testautomaten einspeisen kann

[6.16 - 6.18]. Dazu werden bei jeder Änderung an einem Schal-
tungseingang die Zustände sämtlicher Eingänge in einem Test-
Vektor abgelegt. Man nennt solche Test-Vektoren auch Testmuster
("Test Pattern"). Im gleichen Vektor faßt der Fehlersimulator
die Zustände der Schaltungsausgänge zum Abtastzeitpunkt, d.h.
nach dem Stabilisieren des Schaltungszustandes, zusammen.

6.2.2 Automatische Testmustergenerierung

Heute eingesetzte Testmuster-Generatoren, z.B. AMSAL von Philips
[6.19, 6.20], SOCRATES (Teil von Sitest 300) von Siemens [6.21],
setzen voraus, daß die zu testende Schaltung sich zumindest
während des Tests rein kombinatorisch verhält. Speichernde
Elemente (Flipflops) werden zum Testen als sogenannter Scan-Path
betrieben - ein synchron getaktetes Schieberegister, über das
sich die restliche Logik stimulieren und abfragen läßt
(Abschnitt 6.3.2).

Vor der Berechnung der Testmuster prüft der Testmuster-Generator, ob die zu testende Schaltung rein kombinatorisch ist bzw.
sich mit der Scan-Technik testen läßt. Er muß sicherstellen,
daß keine Rückkopplungen außerhalb von Scan-Registern vorkommen.
Sämtliche Scan-Ketten müssen an beiden Enden mit primären Ein-/
Ausgängen verbunden sein. Wenn nur ein zentraler Takt verwendet
wird, muß er mit allen Scan-Registern verbunden sein. Leistungsfähige Programmpakete wie AMSAL erlauben, mehrere Taktsysteme
und auch voneinander abgeleitete Takte nebeneinander einzusetzen.

Art und Zahl der Entwurfsregeln, die man einhalten muß, um den
Testmuster-Generator ohne Nacharbeit einsetzen zu können, hängen
stark vom verwendeten Programm ab. Oft gibt es Beschränkungen
hinsichtlich der verwendbaren Schaltungselemente. Manche Generatoren haben z.B. Probleme mit Bussystemen, andere verbieten
Transmission-Gates, Multiplexer oder Gatter mit Tristate-Aus-
gängen. Um unliebsame Überraschungen zu vermeiden, sollte man
diese Beschränkungen schon beim Schaltungsentwurf berücksichtigen.

Eine gängige Strategie bei der automatischen Testmustergenerierung besteht darin, mit wenigen Mustern zu beginnen. Sie
stammen aus einem Zufallsgenerator oder werden vom Anwender vorgegeben. Ein Fehlersimulator stellt dann fest, welche Fehler in
der zu testenden Schaltung bereits von den vorliegenden Testmustern abgedeckt werden. Dann trifft der Testmuster-Generator
unter den noch nicht abgedeckten Fehlern eine Auswahl und
berechnet für diese zusätzliche Testmuster. Diese Testmuster
können außer den ausgewählten weitere Fehler abdecken. Der
Zyklus aus Fehlersimulation, Fehlerauswahl und Testmuster-
Berechnung wird solange wiederholt, bis die gewünschte Fehlerabdeckung erreicht oder die zulässige Rechenzeit abgelaufen ist.
Um die Anzahl der Testmuster zu reduzieren, schließt sich unter
Umständen eine Testmuster-Kompression an. Hierbei versucht man,
die Testmuster so zu ordnen, daß eine möglichst große Zahl der
Muster weggelassen werden kann, ohne die zuvor erreichte
Fehlerabdeckung zu verringern.

Mit welchen Algorithmen man zu einem vorgegebenen Fehler ein
Testmuster berechnen kann, beschreiben z.B. [6.5] und [6.12] in
Übersichten der bekannten Verfahren (siehe auch [6.21 - 6.23]).

Für das Testen von RAMs, ROMs und PLAs benötigt man andere
Algorithmen zur Generierung von Testmustern als für Gatterlogik.
Meist müssen solche Bausteine sowohl an den Eingängen als auch
an den Ausgängen direkt oder über Scan-Register zugänglich sein,
damit man sie gut testen kann.

Auch die automatische Testmuster-Generierung entbindet den
Entwickler nicht davon, ein Testkonzept zu erstellen. Die zahl-
reichen Entwurfsbeschränkungen können dazu führen, daß die
Testmuster doch von Hand mit Hilfe eines Fehlersimulators entwickelt werden. Auf jeden Fall erfordert die automatische Generierung der Testmuster eine enge Mitarbeit des Schaltungsent-
wicklers; sie kann nicht "per Knopfdruck" in der Testabteilung
des Halbleiterherstellers durchgeführt werden.

6.2.3 Test-Regeln

Testautomaten legen dem Entwickler der Testmuster in der Regel
einige Bechränkungen auf, deren Einhaltung mit speziellen
Programmen oder schon durch den Fehlersimulator geprüft wird.

Eine wichtige Grenze ist die Anzahl der Testmuster. Bei Testautomaten, die nur wenig Speicherplatz haben, verlängern sich
die Testzeiten beträchtlich, wenn wegen der vielen Testmuster
häufig von einem langsamen Sekundärspeicher nachgeladen werden
muß.

Die Anzahl der Eingänge und Ausgänge der Schaltung ist normalerweise unkritisch, wenn der Testautomat des Herstellers verwendet
wird. Will der Anwender mit seiner eigenen Ausrüstung testen,
muß er natürlich auch diesen Punkt berücksichtigen. Es werden
inzwischen Testautomaten mit bis zu 512 Anschlüssen und 200 MHz
Datenrate angeboten. Solche Maschinen kosten jedoch mehrere
Millionen Dollar.

Tests bei ASICs laufen je nach verwendetem Testautomaten mit
Taktfrequenzen von 300 kHz bis 10 MHz ab. Schaltungen, die in
der späteren Anwendung nur mit wenigen kHz betrieben werden,
müssen so ausgelegt sein, daß sie die beim Test auftretenden
Taktfrequenzen verarbeiten können.

Obwohl der Testautomat alle Eingänge parallel mit den Zuständen
aus dem jeweiligen Testmuster ansteuert, kann es doch geringe
zeitliche Verschiebungen zwischen Flanken an verschiedenen Eingängen geben. Unterschiedliche Leitungsführungen und schaltungs-
technische Asymmetrien verhindern absolut zeitgleiche Flanken.
Eine Schaltung, bei der es eine Rolle spielt, ob Eingang A
Bruchteile einer Nanosekunde vor oder nach Eingang B angesteuert
wird, bereitet daher Testprobleme. Fehlersimulatoren, die solche
Abhängigkeiten überprüfen und ggf. Hinweise auf zeitkritische
Eingänge geben, ersparen dem Schaltungsentwickler aufwendige
Nacharbeit.

Andere Test-Regeln, die vom Fehlersimualtor überprüft werden
können, sind:

- Bidirektionale Anschlüsse müssen in der richtigen Richtung
  betrieben werden, um Kurzschlüsse beim Testen zu vermeiden.
  Sie sind mindestens einmal in jeder Richtung zu bewegen.
- Lediglich Eingänge dürfen stimuliert werden, wobei die Zustände UNKNOWN und TRISTATE ausgeschlossen sind.
- Die Schaltung muß sich bis zum Abtastzeitpunkt stabilisiert
  haben.
- Wegen der Leitungsinduktivität beim Testen sollen nicht zu
  viele Ausgänge gleichzeitig umschalten.

Daneben gibt es eine Reihe von allgemeinen Design-Fehlern
(unbeschaltete Gattereingänge, überlastete Gatterausgänge,
falsch dimensionierte Treiber), die vom Simulator oder von einem
speziellen Prüfprogramm erkannt werden sollten.

6.3 Testfreundlicher Schaltungsentwurf

Die Testaspekte sollten im Verlauf des Schaltungsentwurfs so
früh wie möglich einfließen, denn je später dies geschieht,
desto höher ist erfahrungsgemäß der zusätzliche Aufwand, um zu
einem gut testbaren ASIC zu kommen. Leider ist es nicht immer
möglich, eine Schaltung von Anfang an testfreundlich (Design for
Testability [6.24]) zu entwerfen. Das gilt vor allem, wenn eine
vorhandene Platine in ein oder mehrere ASICs umgesetzt werden
soll. Um eine komplette Neuentwicklung zu vermeiden, bleiben
dann oft nur Ad-hoc-Maßnahmen. Entwurfsziel ist ein korrekt ar-
beitender Baustein, bei dem man von außen jedes interne Signal
kontrollieren und beobachten kann.

6.3.1 Allgemeine Maßnahmen

Die Schaltung sollte sich leicht in einen definierten Ausgangszustand bringen lassen und keine internen Taktgeneratoren ent-

halten, die sich nicht während des Tests abschalten oder syn-
chronisieren lassen. Ist der Sollzustand einer Schaltung nicht
bekannt, so fehlen dem Testautomaten Vorgaben, gegen die er
testen kann.

Wären die Zahl der Anschlüsse und die zur Verfügung stehende
Chipfläche beliebig groß, so könnte es nur noch beim Testen
zeitkritischer Schaltungsteile Schwierigkeiten geben. In der
Praxis bringt jedoch jeder zusätzlich benötigte Testanschluß und
jeder zusätzliche Quadratmillimeter Chipfläche kommerzielle und
technische Probleme mit sich. Deshalb muß die Testbarkeit meist
mit möglichst wenig Aufwand sichergestellt werden. Da in den
letzten fünf Jahren die Anzahl der auf einem Chip integrierbaren
Gatter etwa zehnmal stärker gestiegen ist als die Anzahl der
verfügbaren Anschlüsse, lassen sich zusätzliche Schaltungsteile
oft eher in Kauf nehmen als zusätzliche Anschlüsse.

Folgende Möglichkeiten bieten sich an, um Testanschlüsse zu
sparen:

- Statt vorhandener unidirektionaler Anschlüsse bidirektionale
  Anschlüsse verwenden.
- Test-Stimuli und Testresultate nicht parallel, sondern seriell
  einspeisen bzw. auslesen.
- Durch Multiplexer und Demultiplexer vorhandene Anschlüsse
  mehrfach nutzen.

Zur Vermeidung schlecht testbarer Schaltungsteile empfiehlt sich
die Beachtung folgender Regeln:

- Keine unbenutzten Eingänge vorsehen, die statisch mit HIGH
  oder LOW verbunden sind. Solche Eingänge sind nicht kontrol-
  lierbar und deshalb nicht testbar.
- Ausgänge von Gattern oder Treibern nicht parallelschalten, da
  man nicht testen kann, ob alle Ausgänge korrekt arbeiten
  (Bild 6.6).
- Eingänge von Gattern nicht parallelschalten.
- Redundante Gatter vermeiden, da sie nicht beobachtbar sind.

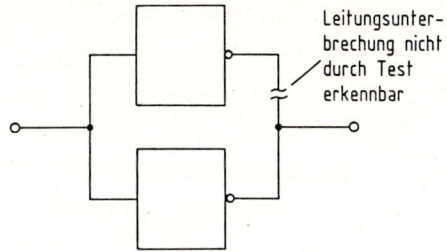

Bild 6.6. Parallelgeschaltete und deshalb nicht testbare
Inverter

- Rückkopplungen auftrennbar gestalten, so daß die Schaltung
  kombinatorisch wird.
- Zählerketten zum Testen in kleinere Einzelzähler auftrennen
  und parallel ansteuern, um Testzeit zu sparen.
- Ein Rücksetzsignal für die gesamte Schaltung vorsehen, um sie
  schnell in einen definierten Ausgangszustand bringen zu
  können.
- Große RAMs, ROMs und PLAs im Interesse einer kurzen Testzeit
  möglichst direkt von außen zugänglich machen.
- Schaltung partitionieren und über Zwischenregister testen,
  so daß ein unabhängiger Test von Schaltungsteilen möglich ist.

6.3.2 Scan-Techniken

Wie in Abschnitt 6.2.2 geschildert, läßt sich die aufwendige
Entwicklung von Test-Stimuli vollautomatisch durchführen, wenn
die zu testende Schaltung rein kombinatorisch ist. "Kombinatorisch" bedeutet, daß die Zustände der Ausgangssignale immer nur
von den aktuellen Zuständen an den Eingängen abhängen. Kombinatorische Schaltungen haben kein "Gedächtnis" in Form von
Speichern, Registern oder bistabilen (speichernden) Rückkopplungen. Für kombinatorische Schaltungen existieren eine Reihe
von Verfahren, mit denen man die Test-Stimuli automatisch
generieren kann. Bekannte Beispiele sind der D-Algorithmus,
PODEM, FAN, SOCRATES und LASAR (Details in [6.5, 6.12, 6.21 -
6.23]).

Praktische Schaltungen sind in den wenigsten Fällen kombinatorisch. Um sie dennoch wie kombinatorische Schaltungen testen zu
können, muß man die speichernden Anteile getrennt behandeln.
Dazu werden alle Flipflops der zu testenden Schaltung so miteinander verbunden, daß sie zumindest im Test-Mode Schieberegister bilden, deren Enden von außen zugänglich sind. Das
Prinzip macht Bild 6.7 deutlich. Flipflops, die nicht ohnehin
Teil eines Schieberegisters sind, müssen "scan-fähig" ausgeführt
sein. Dazu erhalten sie einen Multiplexer am Eingang, der im
Normal-Mode den Dateneingang und im Test-Mode den Testdaten-
eingang durchschaltet [6.5, 6.25].

Der Test geht dann für jedes Testmuster in drei Phasen vor sich:

Scan-In : Die Bits des Testmusters werden im Test-Mode seriell
          in die Scan-Register getaktet.
Clock   : Die Schaltung wird einmal im Normal-Mode getaktet.

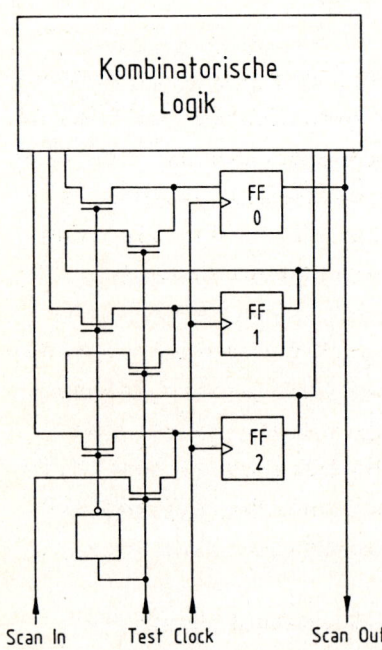

Bild 6.7. Scan-Path Technik

Scan-Out: Die resultierenden Signalzustände an den Ausgängen der kombinatorischen Schaltungsteile werden im Test-mode seriell über die Scan-Register ausgelesen. Dabei wird zeitgleich das nächste Testmuster eingelesen (Scan-In).

In der Praxis werden die verschiedensten Scan-Techniken unter einer Vielzahl von Namen eingesetzt. Die verschiedenen Ansätze unterscheiden sich hauptsächlich in der Art der verwendeten Flipflops (flankengetriggert, pegelgetriggert) und in der Art der Taktung (eine oder zwei Takt-Phasen).

Unabhängig von der verwendeten Scan-Technik muß der Entwickler dafür sorgen, daß die Schaltung von außen gezielt in den Test- und den Normal-Mode gebracht werden kann. Wenn Eingangskombi-nationen existieren, die im Normalbetrieb nicht auftreten, kann man die Mode-Umschaltung ohne zusätzliche Testanschlüsse bewerk-stelligen. Auch die Ein- und Ausgänge der Scan-Register lassen sich oft über vorhandene Anschlüsse führen, die im Normal-Mode anderweitig beschaltet sind.

Die Frequenz, mit der Scan-Register gefüllt und geleert werden können, ist meist deutlich höher als die sonst zulässige Takt-frequenz. Spezielle Automaten für Scan-Tests takten die Register mit 10 MHz, während sie für den Normal-Mode im allgemeinen unter 1 MHz bleiben. Voraussetzung ist dabei natürlich, daß die Scan-Register nicht allzu ungünstig auf dem Chip angeordnet sind.

Testautomaten, die nicht speziell für Scan-Tests ausgelegt sind, testen ständig mit der gleichen Frequenz, also relativ langsam. Sie haben außerdem das Problem, daß sie jedes Bit eines Scan-Testmusters als ein eigenes Testmuster abspeichern müssen. Nur wenn die Testmuster parallel abgespeichert und seriell angelegt werden, können Scan-Tests ökonomisch ablaufen.

Schaltungstechnisch gesehen bedeutet der Scan-Test Mehraufwand für die Scan-Flipflops und zusätzliche Verdrahtung für Test-signale und Bildung der Scan-Register [6.25]. Scan-Flipflops

sind etwas langsamer als ihre normalen Pendants und müssen
synchron getaktet werden.

Trotz der Nachteile durch die größere Chipfläche und die
längeren Verzögerungszeiten haben sich die verschiedenen Scan-
Techniken im professionellen Schaltungsentwurf weitgehend durchgesetzt. Gründe dafür sind die hohe Entwurfssicherheit bei
synchronen Schaltungen und die Möglichkeit, Testmuster automatisch generieren zu lassen.

6.3.3 Selbsttest

Mit zunehmender Komplexität der zu testenden Schaltung wächst
die Zahl der Testmuster, die an die Eingänge angelegt und an
den Ausgängen überprüft werden müssen. Besonders umfangreiche
Tests können erforderlich sein, wenn sich im Inneren der Schaltung von außen schlecht zugängliche RAMs, ROMs oder PLAs
befinden. Für solche Anwendungen kann sich ein Selbsttest
lohnen.

Selbsttests kommen in vielerlei Gestalt vor [6.27]. Schon bei
Speicherbausteinen mit eingebauter Parity-Prüfung könnte man
von Selbsttest sprechen. Viele Prozessoren und Multi-Prozessor-
Systeme sind heute in der Lage, sich selbst durch ein Testprogramm zu überprüfen. Soll ein Selbsttest die Elemente eines
herkömmlichen Tests enthalten, so müssen mindestens ein Stimuli-
Generator und eine Beobachtungs-Schaltung vorhanden sein. Der
Generator (z.B. ein Zähler, ein Zufallsgenerator oder ein ROM)
stimuliert den zu testenden Teil der Schaltung. Die Beobachtungs-Schaltung registriert an verschiedenen internen Test-
punkten die resultierenden Signalverläufe und erzeugt das
Testergebnis in Form eines Fehlersignals oder Fehlermusters.

In der Literatur wird der BILBO-Ansatz [6.27, 6.28] häufig als
Paradebeispiel für eingebauten Selbsttest angeführt. BILBO steht
für "Built-In Logic Block Observer". Im allgemeinen werden
mindestens zwei gleichartig aufgebaute BILBO-Register verwendet,
die sich jeweils in vier verschiedenen Modi betreiben lassen:

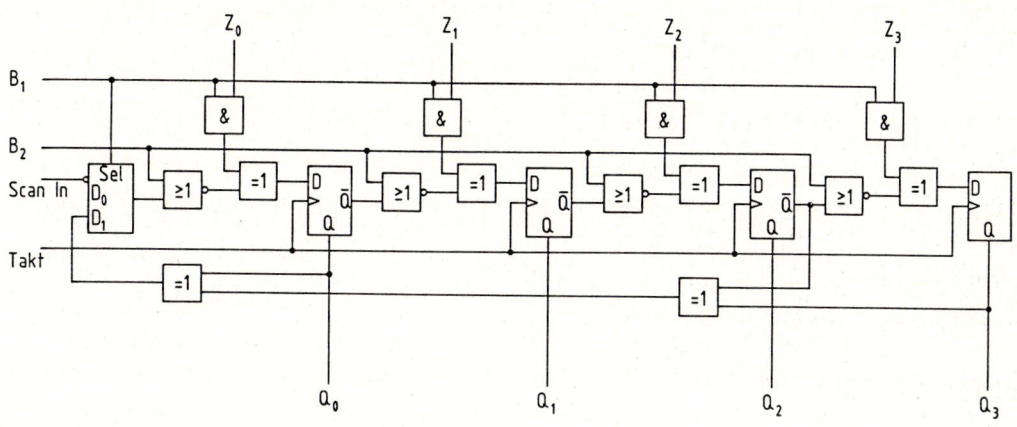

B_1	B_2	
0	0	Scan-Schieberegister
0	1	Reset
1	0	Signaturanalyseregister (Pseudozufallsgenerator für feste Z_i)
1	1	Parallel ladbares Register

Bild 6.8. Built-In Logic Block Observer: BILBO

als Generator für pseudozufällige Signalfolgen (ähnlich dem Beispiel in 5.2.3), als datenkomprimierende Beobachtungs-Schaltung,
als Scan-Schieberegister und als eine Anzahl von Flipflops für
den Normalbetrieb. Bild 6.8 zeigt das Prinzip.

Der BILBO-Ansatz geht von der Idee aus, mit einem Schieberegister sowohl pseudozufällige Signalfolgen zu generieren [6.29]
als auch vorhandene Signalfolgen in eine für sie charakteri-
stische Signatur abzubilden. Dazu muß das Schieberegister in
geeigneter Weise über Exklusiv-ODER-Gatter rückgekoppelt werden. Die Signatur wird seriell im Scan-Mode ausgelesen und mit
einem Sollwert verglichen, um Fehler in den beobachteten Signalfolgen von außen feststellen zu können.

Wie das nachfolgende Beispiel verdeutlicht, handelt es sich bei
der Signaturanalyse [6.30, 6.31] um eine Form der Datenreduk-
tion. In einer synchronen Schaltung sollen n = 16 Signale über
t = 1000 Taktperioden beobachtet werden. Geht man von zwei Signalzuständen aus (HIGH u.LOW), ergeben sich n·t = 16000 bit, die
im Testautomaten mit Sollwerten verglichen werden müssen. Theo-
retisch sind $2^{16000} \approx 10^{4816}$ verschiedene Verlaufskombina-

tionen der 16 Signale denkbar, da jeder der 16000 Abtastwerte richtig oder falsch sein kann. Registriert man die 16 Signalverläufe in einem Signaturregister aus 16 Flipflops, so ergibt sich eine 16-stellige Signatur. Entspricht diese Signatur dem durch Simulation ermittelten Vorgabewert, so kann man zwar nicht mit absoluter, aber doch mit sehr großer Sicherheit davon ausgehen, daß auch die jeweils 16 Signale mit ihren Vorgaben übereinstimmten. Bei 16 Flipflops sind 2^{16} = 65536 verschiedene Signaturen möglich und bei geschickt gewählter Rückkopplung auch etwa gleich wahrscheinlich. Die Wahrscheinlichkeit, daß sich trotz unterschiedlicher Signalverläufe gleiche Signaturen ergeben, liegt also bei 100/65536 = 0,0015 % und ist somit vernachlässigbar klein.

Attraktiv an Selbsttest-Schaltungen wie dem BILBO ist, daß durch die relativ geringe zu- und abzuführende Testdatenmenge Testzeit und Speicherplatz im Testautomaten eingespart werden können. Fehlersimulationen sollten jedoch sicherstellen, daß der Selbsttest eine ausreichend hohe Fehlerabdeckung aufweist.

Negativ schlagen beim Selbsttest, außer etwaigen Problemen mit der Fehlerabdeckung, der zusätzliche Schaltungsaufwand von bis zu einem Drittel [6.32] und die niedrigere Taktfrequenz zu Buche. Durch die Rückkopplungen und die Mode-Umschaltung werden die Register nämlich größer und langsamer.

Für große RAMs, die sich aus Mangel an externen Anschlüssen oder wegen der großen Zahl erforderlicher Testmuster auf herkömmliche Weise schlecht testen lassen, kann der Selbsttest die rettende Alternative darstellen [6.33].

Literaturverzeichnis

Kapitel 1

1.1 Hoffmann, H.; Weinerth, H.: Schlüsselindustrie
Mikroelektronik, 3.Teil: Basisinnovation IC-Technik.
Elektronik 2(1989)82-87

1.2 Eggers, J.: Entwurf kundenspezifischer integrierter
MOS-Schaltungen. Berlin: Springer in Vorbereitung

1.3 Stephanblome, H.; Weinerth, H.: Schlüsseltechnologie
Mikroelektronik, 8.Teil: Märkte und Anwendungen.
Elektronik 7(1989)86-94

Kapitel 2

2.1 Ruge, I.: Halbleiter-Technologie. Reihe "Halbleiter-
Elektronik", Bd. 4. Berlin, Heidelberg: Springer 1984

2.2 Zimmer, G.: CMOS-Technologie. München, Wien: Oldenbourg
1982

2.3 ULA Product Guide 1986. Ferranti Semiconductors

2.4 Porst, A.: Bipolare Halbleiter. München: Hüthig und Pflaum
1979

2.5 Seifert, M.: Digitale Schaltungen. Berlin: Verlag Technik
1988

230

2.6   ASICs '87: Sonderheft der Elektronik. München: Franzis
      1987

2.7   ASICs '88: Sonderheft der Elektronik. München: Franzis
      1988

2.8   Voigt, M.: Gate-Array-Familie für Gigahertzanwendungen.
      Design&Elektronik 7(1988)121-122

2.9   Philips/Valvo: ACE Family, Datenblatt Oct.1985

2.10 Fischer, W.-J.; Schüffny, R.: MOS-VLSI-Technik.
      Berlin: Akademie 1987

2.11 Schulz, R.: Qualität von CMOS-Logikschaltungen.
      Valvo Technische Information 880622

2.12 Ludwig, P.: Gate-Array-Technologien im Vergleich.
      Design&Elektronik 23(1987)113-115

2.13 Rothermel, A.; Zimmer, G.: BiCMOS-Schaltungen für die
      digitale Video-Signalverarbeitung. GME-Fachbericht
      4(1989)219-224, Berlin: VDE-Verlag 1989

2.14 Greeneich, E.W.; McLaughlin, K.L.: Analysis and
      characterization of BiCMOS for high-speed digital logic.
      IEEE journ. solid state circuits 2(1988)558-565

2.15 Freyer, U.: BiCMOS-Gate-Arrays. Elektronik 14(1987)53-54

2.16 Zehner, B.; Klose, H.; Feige, D.; Wieder, A.: BiCMOS,
      a technology for high-speed/high-density ICs.
      Siemens Forsch.- u. Entw.-Berichte 6(1988)278-283

2.17 Seegebrecht, P.: SOI-Technologien. GME-Fachbericht
      4(1989)97-102, Berlin: VDE-Verlag 1989

2.18   Jonson, G.: Eine Lanze für Silicon-on-Saphire.
        Markt&Technik 5(1987)30 u.32

2.19   Greiling, P.T.; Krumm, C.F.: The future impact of GaAs
        digital integrated circuits. VLSI Electronics
        Microstructure Science 11(1985)133-171

2.20   Berchthold, K.: Leistungsmerkmale gegenwärtiger und
        zukünftiger Halbleitertechnologien, Teil 2: Gallium
        Arsenid und andere III-V-Technologien.
        GME-Fachbericht 3(1988)27-29, Berlin: VDE-Verlag 1988

2.21   Pengue, L.; Waters, E.: Examine and verify GaAs IC
        performance. EDN 17(1986)127-138

2.22   Pryce, D.: Off-the-shelf GaAs ICs serve both military
        and commercial applications. EDN 17(1987)63-72

2.23   Donnerbauer, R., Kippels, D.: Dr.Peter Draheim:
        Galliumarsenid wird eine Nischen-Technologie bleiben -
        eine erfolgreiche! VDI nachrichten magazin 11(1987)22-23

Kapitel 3

3.1   Bostok, G.: PLD - Today's choice for logic design.
        New Electronics 23.July(1985)37-45

3.2   Schöfbeck, O.: Das JEDEC-Format in Theorie und Praxis.
        Elektronik Sonderheft 208(1985)77-83

3.3   Agrawal, O.P.; Laws, D.A.: Welche Rolle spielen PALs.
        Elektronik Sonderheft 208(1985)5-13

3.4   Voldan, W.: Berechnung der Gatterkomplexität von
        PAL-Bauelementen. Elektronik Sonderheft 208(1985)50

3.5   Cole, B.C.: Programmable logic devices:
        The second generation. Electronics 10(1988)61-63

3.6   Hövelmann, R.; Knacke, I.: IFL-Bausteine in der Praxis.
        Elektronik Sonderheft 208(1985)27-30

3.7   Valvo: Integrierte programmierbare Logikschaltungen.
        Datenbuch 1987

3.8   Monolithic Memories: PAL Handbook.
        Datenbuch 1986

3.9   Small, CH.H.: Programmable-logic devices.
        EDN 3(1987)112-133

3.10   Dietmeyer, D.L.: Logic Design of Digital Systems.
        Boston: Allyn and Bacon 1978

3.11   Jay, Ch.: XOR PLDs simplify design of counters and
        other devices. EDN 11(1987)205-210

3.12   Voldan, W.: Neuentwicklungen bei PALs.
        Der Elektroniker 6(1986)43-47

3.13   Voldan, W.: Der "Super-PAL-Baustein".
        Elektronik 20(1986)71-80

3.14   Voldan, W.: Systementwicklung mit "MegaPALs".
        Elektronik Sonderheft 208(1985)65-69

3.15   Cavlan, N.: Third Generation PLD architecture breaks
        AND-OR bottleneck.
        Southcon '86 Conf.Record, Orlando, USA, March 18-20 1986
        (1986)11.1.1-11.1.8

3.16   Monolithic Memories Inc.: Datenblatt M2064/M2018,
        June '87

3.17   Special Report: Gate-Array Directory.
        EDN 13(1987)134-151

3.18   Schulz, W.: Kundenspezifische Schaltkreise unter-
       schreiten Mikrometerschwelle. VDI Nachrichten 1(88)7

3.19   Michel, P.; Mitchell,R.: CMOS-Zellenbibliotheken für
       ASIC-Bausteine. Design & Elektronik 13(1987)97-100

3.20   Wagner, C.: Maßgeschneiderte Chips mit einer Komplexität
       von bis zu 50000 Gatterfunktionen.
       Design & Elektronik 18(1986)125-129

3.21   Sychowski, H.-G.: Systems-on-silicon
       Markt & Technik 14(1986)160-170

3.22   Ammon, P.: Erweiterte Einsatzmöglichkeiten von
       CMOS-ASICs im Digital- und Analogbereich.
       Elektronik Informationen 19(1987)70-72

3.23   Mikron: Digital-analoge Gate Arrays durch strukturiertes
       Layout. Design & Elektronik 7(1987)19

3.24   Giese, U.: Schnellere und sparsamere Gate-Arrays mit Hilfe
       der Bi-CMOS-Technologie.
       Design & Elektronik 13(1987)101-105

3.25   Carey, J.: Standardzellen-Design mit Prozessorkernen der
       MC68HC05-CPU. Design & Elektronik 22(1987)92-96

3.26   Raza, S.A.; Fillmore, R.; Gulett, M.R.; Martin, J.:
       Channelless Architecture: A New Aproach for Standard CMOS
       Cell Design.
       IEEE Custom Integrated Circuit Conference (1985)12-14

3.27   Schmidt, D.: Compilerzellen für ASIC-Entwürfe.
       Design & Elektronik 26(1987)106-108

3.28   Rowson, J.: A Compiler for Semicustom Solutions.
       Electronics 3(1987)62-64

3.29   Burich, M.R.: Programming Language makes Silicon
       Compilation a tailored Affair.
       Electronic Design 29(1985)135-138,140,142

3.30   Duzy, P.; Lauxmann, Th.; Michel, P.: Vom Handentwurf zur
       Strukturanalyse. Elektronik 12(1988)114-120

3.31   Preiß, E.: Digitales und Analoges auf einem Chip.
       Elektronik 10(1987)135-138

3.32   Ammon, P.: Realisierung von analogen Funktionen unter
       Verwendung von anwendungsspezifischen ICs.
       Design & Elektronik 18(1986)167-171

3.33   Brewer, B.; Hunter, K.: Analog und Digital.
       Elektronik 6(1986)140-144

3.34   Bloom, M.: Analog Standard Cells still more custom than
       semicustom. Computer Design 6(1986)28-31

3.35   Kiese, B.: Gleichzeitige Simulation von analogen und
       digitalen Funktionen. Elektronik 12(1988)139-142

3.36   Kiel, E.: Drehstrommotor von ASIC gesteuert.
       Elektronik 19(1987)111-117

3.37   Patelay, W.: Einplatinencomputer auf ECB-Karte.
       ASICs, Elektronik-Sonderheft Nr. 237(1987)

3.38   Martin, S.L: PLDs provide fast lane to semiconductor
       design. Computer Design 5(1987)28-36

3.49   Giese, U.: Neuartiges Konzept zur Entwicklung von
       Standardzellen-IS. Elektronik Entwicklung 4(1986)24-28

Kapitel 4

4.1 Newton, A.R.; Sangiovanni-Vincentelli, A.L.: Computer-
    Aided Design of VLSI-Circuits. Computer Apr.(1986)38-60

4.2 Ammon, P.: ASIC-Praxis. München: Franzis 1988

4.3 Gosh, S.: Software Techniques in ADA for High-Level
    Hardware-Descriptions. IEEE Circuits and Devices Magazine
    March(1986)32-47

4.4 Ramming, F.J.: Multilevel Simulation Techniques.
    Proc. CompEuro, Hamburg (1987)188-192

4.5 Bartlett, K.; Cohen, W.; de Geus, A.; Hachtel, G.D.:
    Synthesis and Optimization of Multilevel Logic under
    Timing Constraints. IEEE Trans. on Computer-Aided Design
    Vol. CAD-5 4(1986)

4.6 Brayton, R.K.; Hachtel, G.D.; McMullen, C.T.;
    Sangiovanni-Vincentelli, A.L.: Logic Minimization
    Algorithms for VLSI Synthesis.
    Boston: Kluwer Academic Publishers 1984

4.7 Biehl, G.; Ditzinger, A.: LOGE - Programmierbare Logik
    problemlos entwerfen. Elektronik 7(1983)

4.8 Lipp, H.M.: Strukturiertes Entwerfen in der Digitaltechnik.
    ntz Archive 1(1982)3-9

4.9 De Micheli, G.; Brayton, R.K.; Sangiovanni-
    Vincentelli, A.L.: Optimal State Assigment for Finite State
    Machines. IEEE Trans. on CAD, Vol. CAD-4 3(1985)269-284

4.10 De Micheli, G.: Symbolic Design of Combinational and
     Sequential Logic Circuits Implemented by Two-Level
     Logic Macros. IEEE Trans. on CAD, Vol. CAD-5 4(1986)597-616

4.11 Amann, R.; Baitinger, U.G.: Der Zähler als intelligenter
     Zustandsspeicher in Steuerwerken höchstintegrierter
     Schaltungen. NTG Tagung Großintegration, Baden-Baden
     (1987)253-260

4.12 d'Abreau, M.A.: Gate Level Simulation. IEEE Design&Test
     Dec.(1985)63-71

4.13 Breuer, M.A.: Digital System Design Automation: Languages,
     Simulation & Data Base. London: Pitman 1977

4.14 N.N.: Marktübersicht Simulations-Software.
     Markt&Technik Jan.(1989)72-74

4.15 Sakurai, T.: Approximation of Wiring Delay in MOSFET LSI.
     IEEE Journal of Solid-State Circuits 4(1983)418-426

4.16 Quinn, N.R.; Breuer, M.A.: A forced directed component
     placement procedure for printed circuit boards. IEEE Trans.
     on Circuits and Systems 6(1979)377-388

4.17 Lauther, U.: An Overview of placement and routing
     techniques. Proceedings CompEuro, Hamburg (1987)615-620

4.18 Damm, E.: Im Labyrinth des automatischen Routing.
     CAD/CAM 5(1985)106-115

4.19 Aylor, J.H.; Waxman, R.; Scarratt, C.: VHDL - Feature
     Description an Analysis. IEEE Design&Test Apr.(1986)17-27

4.20 Gilman, A.S.: VHDL - The Designer Environment.
     IEEE Design&Test Apr.(1986)42-47

4.21 Lipsett, R.; Marchner, E.; Shahdad, M.:
     VHDL - The Language. IEEE Design&Test Apr.(1986)28-41

4.22 Nash, J.D.; Saunders, L.F.: VHDL Critique.
     IEEE Design&Test Apr.(1986)54-65

4.23 Waxman, R.: Hardware Design Languages for Computer Aided
     Design and Test. Computer Apr.(1986)90-97

4.24 N.N.: VHDL Tutorial for IEEE Standard 1076 VHDL.
     CAD Language Systems, Inc., 51 Monroe St. Suite 606,
     Rockville, MD 20850, June(1987)

4.25 Barton, D.L.: Behavioural Descriptions in VHDL.
     VLSI Systems Design June(1988)28-33

4.26 IEEE: VHDL Language Reference Manual. IEEE Standard
     1076-1987, IEEE Computer Society, Publications Department,
     Los Angeles, Calif., Dec.(1987)

4.27 Marschner, E.: A VHDL Design Environment. VLSI Systems
     Design Sept.(1988)40-49

4.28 EDIF Steering Committee: EDIF Electronic Design Interchange
     Format Version 2.0.0, ANSI/EIA 548 - 1987 (EDIF).
     Electronic Industries Association, EIA Standard Sales,
     2001 Eye Street, NW, Washington DC 20006, May(1987)
     In Europa: American Technical Publishers Ltd.,
     68a Willbury Way, Hitchin, Hertfordshire SG4 0TP, GB

4.29 N.N.: Introduction to EDIF. American Technical
     Publishers Ltd. 1988

4.30 Marx, E.; Switzer, H.; Waters, M.: Designer's Guide
     to EDIF - Part 1-4. EDN Jan.22nd, Feb.5th, Feb.19th,
     Mar.4th (1987)

4.31 Mead, C.; Conway, L.: Introduction to VLSI Systems.
     Reading Mass.: Addison-Wesley 1980

4.32 N.N.: Marktübersicht Unix-Workstations.
     Markt&Technik 30(1988)60-80

Kapitel 5

5.1   Varma, P.; Ambler,A.P.; Baker,K.: On-chip testing of
       embedded p.l.a.s. Journal of Electronic and
       Radio Engineers 9(1985)306-310

5.2   Saluja, K.K; Upadhyaya, S.J.: A built-in self testing
       PLA design with high fault coverage. Proc. of the Int.
       Conf. on Computer Design. VLSI in Computers,
       Port Chester, USA, October 6-9(1986)596-599

5.3   Ditzinger, A.; Tatje, J.: ASIC-Entwicklung ohne CAE-
       Unterstützung nicht denkbar. Elektronik 9(1988)64-67

5.4   Kern, W.: Anwendungsspezifische Integrierte Schaltungen.
       Heidelberg: Hüthig 1986

5.5   Ammon, P.: Gate Arrays. Heidelberg: Hüthig 1985

5.6   Bursky, D.: Advanced ECL family boosts performance
       threefold. Electronic Design 17(1987)41-42,44,46

5.7   Gerner, M.; Grüter, O.; Laßmann, R.: Entwicklung von
       kundenspezifischen Bausteinen, 4.Teil: Prüfvorbereitung,
       und Prüfstrategie. Elektronik 22(1984)129-133

5.8   Häringer, H.-P.: Die Testbarkeit analysieren.
       Elektronik 22(1986)92-96

5.9   Jacomet, M.; Reber, A.: Testbarer Schaltungsentwurf -
       eine Übersicht. Bulletin Schweizerischer Elektro-
       technischer Verein 11(1987)638-643

5.10   Wadsworth, B.: The role of personal workstations in
       gate array design. Electronic Engineering 731(1987)57-62

5.11   Tietze, U.; Schenk, Ch.: Halbleiterschaltungstechnik.
       8. Aufl. Berlin, Heidelberg: Springer 1986

5.12   Hacke, H.-J.: Montage Integrierter Schaltungen.
       Berlin, Heidelberg: Springer 1987

Kapitel 6

6.1   Weste, N.; Eshraghian, K.: Principles of CMOS VLSI Design,
      A Systems Perspective. Addison-Wesley 1985

6.2   McCluskey, E.J.: Logic Design Principles.
      Englewood Cliffs: Prentice Hall 1986

6.3   Turino, J.: Circuit testability is critical for product
      success. EDN 19(1988)219-232

6.4   Weyerer, M.; Goldemund,G.: Prüfbarkeit elektronischer
      Schaltungen. München: Hanser 1988

6.5   Wojtkowiak, H.: Test und Testbarkeit digitaler Schaltungen.
      Stuttgart: Teubner 1988

6.6   Ammon, P.: ASIC-Praxis. München: Franzis 1988

6.7   Lala, P.K.: Fault tolerant and fault testable
      hardware design. London: Prentice Hall 1985

6.8   Bennets, R.G.: Status of Digital Testing: A Tutorial
      Review. CompEuro '87: Tutorial I, IEEE Hamburg, May(1987)

6.9   Marktübersicht: IC-Testsysteme.
      Markt&Technik 4(1989)74-77

6.10 Williams, T.W.; Brown, N.C.: Defect level as a function
      of fault coverage. IEEE Trans. Comp., 12(1981)987-988

6.11 Goering, R.: Fault simulation strives for designer
      acceptance. Computer Design 1(1987)37-44

6.12 Miczo, A.: Digital Logic Testing and Simulation.
New York: Harper & Row 1986

6.13 Abramovici, M.; Levendel, Y.H.; Premachandran, R.M.:
A logic simulation machine. IEEE Trans. on Computer-Aided
Design 2(1983)82-94

6.14 Savir, J.: Good Controllability and Observability Do Not
Guarantee Good Testability. IEEE Comp. 12(1983)1198-1200

6.15 Goldstein, L.H.: Controllability/Observability Analysis
of Digital Circuits. IEEE Trans. Circuits and Systems
9(1979)685-693

6.16 Kurth, M.: Testpattern mit Simulationsprogramm erzeugt.
Elektronik 11(1986)58-60

6.17 Bäz, U.; Bräuer, M.: ASIC Design Manual.
Philips, Valvo Design Zentrum (1988)

6.18 Bäz, U.; Bräuer, M.; Kemper, A.; Lewe, V.: Philips Personal
Design Station user manual. Valvo, Hamburg (1988)

6.19 Hapke, F.: Automatic Test Program Generation for a Block
structure VLSI Chip Design. European Test Conference,
Paris, April(1989)

6.20 Schönemann, H.: AMSAL, ein Software-Tool zur Generierung
von Testpattern für scantest-fähige VLSI-Schaltungen.
ITG Fachberichte 98, Berlin: VDE-Verlag 1987,283-286

6.21 Schulz, M.H.: Testmustergenerierung und Fehlersimulation
in digitalen Schaltungen mit hoher Komplexität.
Informatik Fachberichte, Berlin: Springer 1988

6.22 Roth, J.P.: Computer Logic, Testing, and Verification.
London: Pitman 1980

6.23 Fujiwara, H.: FAN: A Fanout-Oriented Test Pattern
      Generation Algorithm. Proceedings ISCAS (1985)671-674

6.24 Williams, T.W.; Parker, K.P.: Design for Testability -
      A Survey. IEEE Trans. Comp. 1(1982)2-15

6.25 Jaconet, M.; Reber, A.: Entwurfsmethoden für testbare
      Schaltungen. Design&Elektronik 24(1987)119-127

6.26 Aylor, J.H.; Johnson, B.W.: Structured Design for
      Testability in Semicustom VLSI. IEEE Micro 1(1986)51-58

6.27 Wang, L.-T.; McCluskey, E.J.: Built-in Self Test for
      Random Logic. Proceedings ISCAS (1985)1305-1308

6.28 Könemann, B.; Mucha, J.; Zwiehoff, G.: Built-in Logic
      Block Observation Techniques. Proc. IEEE Test Conference,
      Cherry Hill N.J. (1979)37-41

6.29 Peterson, W.W.; Brown, D.T.: Cyclic Codes for Error
      Detection. Proceedings of the IRE 1(1961)228-235

6.30 Piubeni, S.C.: Digital Troubleshooting with Signature
      Analysis. Byte 9(1982)466-474

6.31 Nadig, H.J.: Signature analysis - concepts and guidelines.
      Hewlett-Packard Journal May(1977)15-21

6.32 Klotz, D.: Selbsttestverfahren für anwendungsspezifische
      Digitalschaltungen. Elektronik 21(1988)153-158

6.33 Chen, C.L.; Hsiao, M.Y.: Error-Correcting Codes for
      Semiconductor Memory Applications: A State-of-the-Art
      Review. IBM Journ. Research and Development 2(1984)124-134

Sachverzeichnis

D. Bräunig

Wirkung hochenergetischer Strahlung auf Halbleiterbauelemente

1989. 190 S. 164 Abb. (Mikroelektronik) Brosch. DM 88,–
ISBN 3-540-50891-0

Inhaltsübersicht: Einführung. – Wechselwirkung zwischen Strahlung und Materie. – Schädigungsmechanismen im Silizium und Siliziumdioxid. – Bauelementbezogene Schädigung. – Bestrahlungstests und Schädigungsvorhersage. – Literatur. – Sachregister.

H.-J. Hacke

Montage Integrierter Schaltungen

1987. X, 211 S. 100 Abb. (Mikroelektronik) Brosch. DM 88,–
ISBN 3-540-17624-1

Das Buch liefert eine Einführung in die **Montage Integrierter Schaltungen,** also in die Verfahrensschritte, die einen Halbleiter-Chip in eine verwendungsfähige Form bringen. Dies beginnt mit der Beschreibung von Halbleitern und Substraten, behandelt dann interne Verbindungs- und Kontaktierverfahren und endet bei der Umhüllung bzw. den üblichen Gehäusebauformen.
Neu ist die geschlossene Darstellung des gesamten Montagegebietes in leicht verständlicher Art, wobei auf die ausführliche Erläuterung der Kontaktiergrundverfahren besonderer Wert gelegt wird. Das Buch liefert den Fachleuten eine Zusammenfassung ihres Gebietes. Darüber hinaus finden Studenten und alle, die sich in das Thema einarbeiten wollen, eine fundierte und verständliche Einführung.
Das Buch ist ein Band der Reihe **Mikroelektronik.** Sie behandelt aktuell, praxisnah und in speziell den Bedürfnissen der Anwender von integrierten Schaltungen angemessener Weise Einzelthemen der Mikroelektronik.
Die Reihe beinhaltet folgende Themenschwerpunkte:
A Grundlagen
B Entwurf (CMOS, Bipolar, Fullcustom, Semicustom)
   Simulation (physikalisch, logisch)
C Fertigung (Prozeßtechnologie, Montage)
D Test (Intern, extern, prozeßbegleitend)
E Produkte und Anwendungen
Die Reihe wendet sich an Ingenieure in der industriellen Praxis, aber auch an Studenten an Universitäten und Fachhochschulen.

Springer-Verlag Berlin Heidelberg New York London Paris Tokyo Hong Kong

Springer

A. Heuberger (Hrsg.)

Mikromechanik

Mikrofertigung mit Methoden der Halbleitertechnologie

1989. XVII, 501 S. 285 Abb. Geb. DM 178,– ISBN 3-540-18721-9

Inhaltsübersicht: Aufgabenstellung der Mikromechanik. – Physikalische Grundlagen der Mikromechanik: Mechanische und thermische Eigenschaften von Strukturen und Materialien für die Mikromechanik. Physikalische Effekte zur Signalwandlung. – Die Technologie der Mikromechanik: Abriß der Siliziumtechnologie als gemeinsame Grundlage von Mikroelektronik und Mikromechanik. Naßchemische Tiefenätztechnik. Einsatz von Ionentechniken. Neue Prozeßtechniken in der Mikromechanik. Tiefenlithografie und Abformtechnik. Laserinduzierte Prozesse. Integration von Mikromechanik und Mikroelektronik auf einem Siliziumchip. – Nutzung der Mikromechanik in Anwendungen: Grundstrukturen und Elemente der Mikromechanik. Anwendungen mikromechanischer Bauelemente und Komponenten. Bauelemente für konstruktive Probleme in verschiedenen Bereichen der Technik. Mikromechanik in der integrierten Optoelektronik. Mikromechanik und Chipverbindungstechnik. – Die Mikromechanik als zukünftige Basis der Systemintegration. – Sachverzeichnis.

W. Rosenstiel, R. Camposano

Rechnergestützter Entwurf hochintegrierter MOS-Schaltungen

Hochschultext

1989. VIII, 261 S. 172 Abb. Brosch. DM 39,– ISBN 3-540-50278-5

Inhaltsübersicht: Einleitung. – Technologische Entwicklung. – MOS-Grundschaltungen. – Entwurfsstil. – Einführung in die Entwurfsautomatisierung. – Rechnerunterstützte Layout-Erstellung. – Masken- und Waferherstellung. – Literaturverzeichnis. – Sachregister.

Springer-Verlag Berlin
Heidelberg New York London
Paris Tokyo Hong Kong

Springer